"十三五"国家重点图书出版规划项目

地球观测与导航技术丛书

数字高程模型

（第三版）

李志林　朱　庆　谢　潇　著

科学出版社

北　京

内 容 简 介

针对数字地球建设与智慧地球发展对高精度、高分辨率、精细化数字高程模型数据的广泛需求，结合倾斜摄影测量、激光扫描测量、干涉雷达测量和三维地理信息系统等当代地球空间信息技术，本书系统介绍数字高程模型数据获取、建模与管理的理论方法与关键技术，包括采样、精度评估与质量控制、表面建模与内插、数据组织与管理，以及可视化分析应用等，并结合省级通用 DEM 的生产需求详细介绍了典型的 DEM 生产工艺流程与主要技术内容。

本书可作为测绘地理信息相关学科的各类专业技术（管理）人员进行科学研究、教学、生产和管理等工作的参考书，也可作为相关学科本科高年级学生或研究生教材。

图书在版编目（CIP）数据

数字高程模型 / 李志林，朱庆，谢潇著. —3 版. —北京：科学出版社，2017.11
（地球观测与导航技术丛书）
ISBN 978-7-03-054322-6

Ⅰ. ①数… Ⅱ. ①李… ②朱… ③谢… Ⅲ. ①数字高程模型–研究
Ⅳ. ①P231.5

中国版本图书馆 CIP 数据核字(2017)第 214760 号

责任编辑：苗李莉 李 静 / 责任校对：何艳萍
责任印制：徐晓晨 / 封面设计：图阅社

科 学 出 版 社 出版
北京东黄城根北街 16 号
邮政编码：100717
http://www.sciencep.com
北京凌奇印刷有限责任公司印刷
科学出版社发行 各地新华书店经销
*
2017 年 11 月第 一 版 开本：787×1092 1/16
2025 年 1 月第三次印刷 印张：21
字数：500 000
定价：79.00 元
(如有印装质量问题，我社负责调换)

《地球观测与导航技术丛书》编委会

《地球观测与导航技术丛书》编写说明

　　地球空间信息科学与生物科学和纳米技术三者被认为是当今世界上最重要、发展最快的三大领域。地球观测与导航技术是获得地球空间信息的重要手段，而与之相关的理论与技术是地球空间信息科学的基础。

　　随着遥感、地理信息、导航定位等空间技术的快速发展和航天、通信和信息科学的有力支撑，地球观测与导航技术相关领域的研究在国家科研中的地位不断提高。我国科技发展中长期规划将高分辨率对地观测系统与新一代卫星导航定位系统列入国家重大专项；国家有关部门高度重视这一领域的发展，国家发展和改革委员会设立产业化专项支持卫星导航产业的发展；工业和信息化部、科学技术部也启动了多个项目支持技术标准化和产业示范；国家高技术研究发展计划(863 计划)将早期的信息获取与处理技术(308、103)主题，首次设立为"地球观测与导航技术"领域。

　　目前，"十一五"规划正在积极向前推进，"地球观测与导航技术领域"作为 863计划领域的第一个五年计划也将进入科研成果的收获期。在这种情况下，把地球观测与导航技术领域相关的创新成果编著成书，集中发布，以整体面貌推出，当具有重要意义。它既能展示 973 计划和 863 计划主题的丰硕成果，又能促进领域内相关成果传播和交流，并指导未来学科的发展，同时也对地球观测与导航技术领域在我国科学界中地位的提升具有重要的促进作用。

　　为了适应中国地球观测与导航技术领域的发展，科学出版社依托有关的知名专家支持，凭借科学出版社在学术出版界的品牌启动了《地球观测与导航技术丛书》。

　　丛书中每一本书的选择标准要求作者具有深厚的科学研究功底、实践经验，主持或参加 863 计划地球观测与导航技术领域的项目、973 计划相关项目以及其他国家重大相关项目，或者所著图书为其在已有科研或教学成果的基础上高水平的原创性总结，或者是相关领域国外经典专著的翻译。

　　我们相信，通过丛书编委会和全国地球观测与导航技术领域专家、科学出版社的通力合作，将会有一大批反映我国地球观测与导航技术领域最新研究成果和实践水平的著作面世，成为我国地球空间信息科学中的一个亮点，以推动我国地球空间信息科学的健康和快速发展!

李德仁

2009 年 10 月

前　言

　　数字地形模拟是针对地形表面的一种数字化建模过程，这种建模的结果通常就是一个数字高程模型（DEM）。随着科学技术特别是计算机技术和地球空间信息技术的迅速发展，在 DEM 的数据获取与数据处理等方面已经取得突破性进展。实际上，由于地理信息系统（GIS）的普及，DEM 作为数字地形模拟的重要成果已经成为国家空间数据基础设施（NSDI）的基本内容之一，被纳入数字化空间数据框架（DGDF）进行标准化和规模化的生产，在数字地球的建设与发展过程中发挥了重要的信息承载和关联纽带作用，并在整个国民经济信息化广泛的领域内得到了普遍应用。由于DEM 在数字地球中的重要基础作用，几十年来对 DEM 的研究始终方兴未艾、十分活跃。特别是倾斜摄影测量、雷达干涉测量和激光扫描测量等新兴技术的发展极大地促进了全球性高精度高分辨率 DEM 的快速获取及其在地理国情监测、环境感知与空间决策中的深度应用。

　　经过半个多世纪的发展，关于数字地形模拟已经有大量文献。该领域第一本著作 *Terrain Modelling in Surveying and Civil Engineering* 于 1990 年由英国的 Whittles Publishing 出版发行。为了充分反映当今数字地形模拟方法与技术的最新进展，第一本中文著作《数字高程模型》于 2000 年在当时的武汉测绘科技大学（现在的武汉大学）出版社面世。该书立足于自主的研究开发成果，首次系统全面地论述了 DEM 的概念、数据源、数据获取、建模方法、精度模型、质量控制、数字分析、可视化与应用等基本理论和关键技术，并介绍了实用的生产项目设计和数据库建设的方法。该书在全国范围内被广泛用作相关学科研究生的教科书，并因此荣获 2002 年全国普通高等学校优秀教材二等奖。为了满足教学工作与生产实践不断增长的需要，《数字高程模型》第二版于 2003 年由武汉大学出版社出版，修订后的版本进一步增强了内容的先进性和完整性。该书作为"数字地表模型的多维动态构模研究"成果的一部分，还赢得了 2004 年度国家自然科学奖二等奖。应英国 Taylor & Francis 旗下的 CRC Press 学术出版商之邀，作者联合英国 Glamorgan 大学 Chris Gold 教授撰写了英文著作 *Digital Terrain Modeling: Principles and Methodology*，并于 2004 年出版。该书在内容及其逻辑组织上都与以前的专著有明显的不同，更注重当代数字地形模拟原理与方法的系统完整性，而不再深入介绍更多的已经成熟的具体实现算法。该书已经被国外许多大学选为地球空间信息科学领域的教科书。《数字高程模型》第二版至今已经有十余年的时间，十年来数字地球的发展取得重大进展，智慧地球的建设急需新一代高保真 DEM，而 DEM 相关的信息化测绘技术突飞猛进，我们深感有必要对该书进行及时的更新，以充分体现与时俱进的时代精神。

　　本书的出版一直得到中国科学院院士、中国工程院院士、武汉大学李德仁教授的关心和热情鼓励。在几次修订和再版过程中，相继汇集了赵杰、田一翔、张叶廷、杜志强、周艳、张云生、丁雨淋、胡翰、谢潇和吴晨等研究生的博士学位论文成果，感谢香港浸会大学周启鸣教授和武汉大学陈玉敏教授、四川省测绘产品质量监督检验站李倩工程师和西南交通大学朱军教授提出的宝贵修改建议和意见。本书可作为测绘地理信息相关学科的各类专业技术（管理）人员进行科学研究、教学、生产和管理等工作的参考书，也可作为本科高年级学生或研究生教材。没有大家的厚爱，也就不会有此书一而再、再而三的修订出版。

由于当代地球空间信息技术发展很快，我们的视野有限，书中不妥之处敬请读者批评指正。

李志林　朱　庆　谢　潇
2017 年 10 月 11 日于成都

目　　录

第1章　概　　述

1.1　地形的基本概念

人们生活在地球上并与地球表层处处发生联系：工程师在地表设计、构筑楼房；地质学家研究地表结构；地貌学家想了解地表形态和地物形成的过程；而测绘工作者则对地形起伏进行各种测量，并用各种方式如线划地图和正射影像等描述地形。尽管专业领域不同，研究的侧重点各异，但他们有着共同的希望：用一种既方便又准确的方法来表达实际的各种地形起伏。

地形（topography），简单地说，是指高低起伏的地球表面形状。根据维基百科，地形指的是地物形状和地貌的总称，具体指地表以上分布的固定性物体共同呈现出的高低起伏的各种状态（http://en.wikipedia.org/wiki/Terrain）。

1.1.1　局部地形的特征

局部地形的几何特征包括点和线两大类，如图 1.1 所示。特征点是指那种比一般地表点包含更多或更重要信息的地表点，如山峰或山丘的顶点（peak）、洼地的底点（pit）、鞍部（saddle）等。特征线是特征点连接而成的线条，如山脊线（ridge line）与山谷线（valley line）。山脊线上所有的点都是局部最高点（图 1.2），相反山谷线上所有的点都是局部最低点。鞍部实际上是山脊线和山谷线的交汇，既是（山谷线上的）局部最高点也是（山脊线上的）局部最低点（图 1.3）。所以，特征点和特征线不仅包含自身的空间信息，也隐含地表达出了其自身周围地形特征的某些信息。

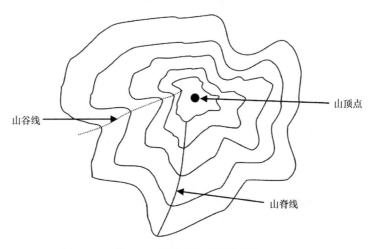

图 1.1　地形特征点和特征线

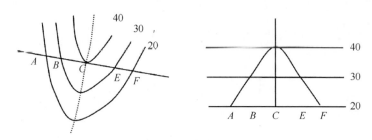

图 1.2　山脊线上的每一个点：局部最高点 C（单位：m）

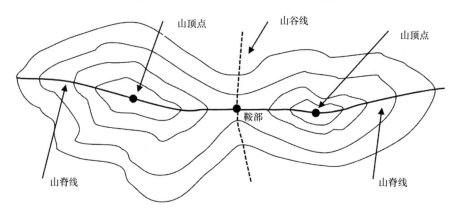

图 1.3　鞍部：山脊线上的局部最低点、山谷线上的局部最高点

另外还有一类特征点是变坡点，在这些点上坡度变化较大（图 1.4）。事实上，顶点和山谷都是变坡点。断裂线（break lines）也可以认作一类特征线，主要指地形表面坡度变化非常剧烈之处的线性特征，如陡崖或沟壑边沿。

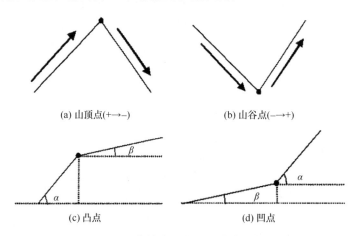

图 1.4　变坡点：也是一种特征点

1.1.2　大范围地形的分类

地球表面地形分为陆地地形和海底地形。海底地形通常划分为大陆架、大陆坡、海沟、海盆（海洋盆地）和大洋中脊等类型（https://zh.wikipedia.org/zh-hk/）。这里主要讨论陆地地形。全国或者一个地区范围的地形在宏观形态上常常具有许多典型的特征。地球表面各种形态的总称又称地貌。

考虑地形特征和成因是因果关系的统一体，在宏观的地形划分原则上，国内外学者们已形成了形态和成因相结合的一致认识（李炳元等，2008）。根据外应力，通常划分为流水地貌、湖成地貌、干燥地貌、风成地貌、黄土地貌、喀斯特地貌、冰川地貌、冰缘地貌、海岸地貌、风化与坡地重力地貌等。外力地貌一般又可以划分为侵蚀的和堆积的两种类型。根据内应力，通常划分为大地构造地貌、褶曲构造地貌、断层构造地貌、火山与熔岩流地貌等。图1.5是其中几个典型例子。

(a) 火山地貌　　　　　　　(b) 喀斯特地貌(溶岩地貌)　　　　　　(c) 黄土地貌

图1.5　基本地形形态类型中的特征地貌
选自百度图片网

地貌形态类型指根据地表形态划分的地貌类型。根据海拔，我国的地形地势可粗略地分为三级阶梯（图1.6（a））。第一级阶梯平均海拔在4000m以上，号称"世界屋脊"；第二级阶梯海拔则下降到1000~2000m，有一系列宽广的高原和巨大的盆地。第一级阶梯和第二级阶梯的界线：西起昆仑山脉，经祁连山脉向东南到横断山脉东缘。第三级阶梯上分布着广阔的平原，间有丘陵和低山，海拔多在500m以下。第二级阶梯和第三级阶梯的界线：由东北向西南依次是大兴安岭、太行山、巫山、雪峰山。

 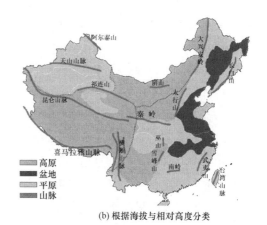

(a) 我国地形的三级阶梯　　　　　　　　　　(b) 根据海拔与相对高度分类

图1.6　基本地形形态类型中的特征地貌
选自百度图片网

由于地貌特征和类型错综复杂，至今也尚未形成一个统一的分类系统，所以，各种分类结果略有不同。例如，周廷儒等（1956）按照海拔、相对高度和构造特征等分级，将地形基本形态划分为：

（1）平原（海拔多数<200m，相对高度 50m）；

（2）盆地（盆心与盆周高差>500m 以上）；

（3）高原（海拔>1000m，与附近低地高差>500m）；

（4）丘陵（海拔多数<500m，相对高度 50~500m）；

（5）中山（海拔 500~3000m，相对高度 500m 以上）；

（6）高山（海拔>3000m）等六大类型。

陈志明（1993）按地形起伏度分为：

（1）微缓起伏（0~20m）；

（2）小起伏（20~75m）；

（3）中起伏（75~200m）；

（4）山地起伏（200~600m）；

（5）高山起伏（>600m）等 5 级。

相应的基本形态类型划分为：

（1）平原（起伏度 0~20m）；

（2）丘陵（海拔<500m、起伏度为 20~150m）；

（3）低山（海拔 500~800m、起伏度>50m）；

（4）低中山（海拔 800~2000m）；

（5）高中山（海拔 2000~3000m）；

（6）高山（海拔 3000~5500m）；

（7）极高山（海拔>5500m）等 7 个类型。

在划分指标的选择上，根据不同的侧重点，有的以单一指标划分，也有以双指标组合划分或双指标综合曲线划分（苏时雨和李钜章，1999）。综合来看，我国陆地地貌习惯上划分为山地、平原、高原、丘陵和盆地五大基本形态类型。

1.2　地形的图形图像表达

千百年来，人们为了认识自然和改造自然，不断地尝试着用各种方法来描述、表达自己周围熟悉的地形与地物。地形的图形图像表达即是将地球表面起伏不平的地形以抽象图形和视觉感知再现的图像形式表示在平面图（地形图）上，如写景（描景）法（scenography）、晕滃法（hachuring）、晕渲法（shading）、等高线法（contouring）、分层设色法（layer tinting）等。

1.2.1　地形的写景（描景）表达

在古代，人们用写意的山脉图画表示山势：美索不达米亚北部的山脉被以侧视写景的符号表达在距今 2400~2200 年的古老地图上；用闭合的山形线表示山脉的位置及延伸方向的西汉地图出现在公元前 2 世纪早期的马王堆汉墓中。因此，以绘画为主要形式的写景（描景）表达可以说是最古老的一种地形表示法（图 1.7）。

(a) 古代地形图, 中国

(b) 前寒武纪基底, 挪威

(c) 沉积岩, 格陵兰

图 1.7 以写意绘画形式表达的古代地形图

直到 18 世纪前，用透视或写景法以尖锥形（三角形）或笔架形符号表示山势和山地所在的位置都是地形图表达的主要方式，如图 1.8 所示。

虽然图画可以把人们看到的和接触到的各种地形景观生动地描绘出来，但这些信息仅能粗略地展示地形起伏的形态特征和地物的色彩特性，精确的定量描述能力则非常有限。

1.2.2 地形的图形表达

地形的图形表达主要是指用线画或符号来表达，如晕渲法和等高线等。

晕渲图在早期西方地图中很常用。早在 1749 年，晕渲法就由帕克用在《东肯特地区自然地理图》中显示河谷地区的地表形态；德国人莱曼于 1799 年正式提出了具有统一标准的科学地貌晕渲法。晕渲法的表达方式是坡度线。线段的长度表示坡线长度，线段的方向表示坡线方向，线段粗细表示坡度陡缓；线段越粗、坡度越陡。这样的处理使地形图的显示效果中，坡度低平的地方颜色明亮，而坡度陡峭的地方颜色阴暗。图 1.9 是早期手工地图的一个实例，而图 1.10 则是计算机产生的一个实例（Yoeli，1985）。

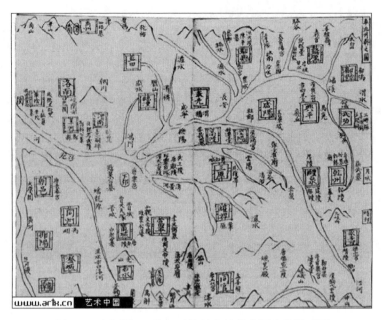

图 1.8 以尖锥形、笔架形符号表达的中国古代地形图

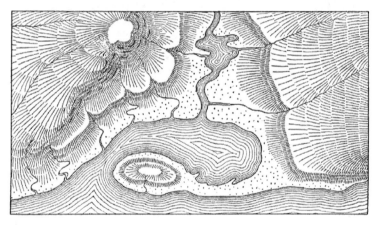

图 1.9 手工晕滃图

据 mike.teczno.com

等高线（图 1.11）被认为是地图史上的一项重大发明。1791 年，杜朋-特里尔最早用等高线显示了法国的地形。等高线将地形表面相同高度（或相同深度）的各点连线，按一定比例缩小投影在平面上呈现为平滑曲线。等高线也叫等值线、水平曲线。地形等高线的高度是以海平面的平均高度为基准起算，并以严密的大地测量和地形测量为基础绘制而成，它能把高低起伏的地形表示在地图上。可量测性使得等高线表达在过去、现在及将来都很重要。

1.2.3 地形的图像表达

广义上，图像就是所有具有视觉效果的画面，如晕渲图和景深图。

早在 1716 年，德国人高曼首先采用晕渲法。晕渲法应用光照原理，以色调的明暗、冷

图 1.10　计算机产生的晕渲图（Yoeli，1985）

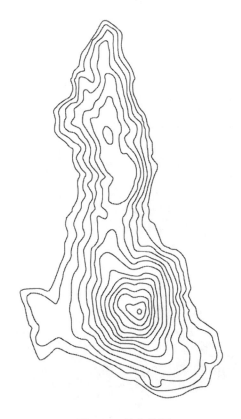

图 1.11　等高线图

暖对比来表现地形的方法，又称阴影法。基本原理是"阳面亮、阴面暗"。它的最大特点是立体感强，在方法上有一定的艺术性。晕渲通常以毛笔及美术喷笔为工具，用水墨绘制，也可用水彩（或水粉）绘制成彩色晕渲。晕渲法对各种地貌进行立体造型，能得到地形立体显示的直观效果，便于计算机实现且具有良好的真实感，成为当今应用较多的一种地形表示法。图 1.12 为带地貌晕渲的地形图实例。

图 1.12　地貌晕渲的地形图

深度图（景深图）是指包含从视点到场景中对象表面的距离的图像。深度图用亮度成比例地显示从摄像机（或焦平面）到物体的距离，越近的物体颜色越深。根据这种原理，假设视点无限高，用不同的灰度值来表达不同的高程的影像也是一种深度图。图 1.13 是根据这一原理制作的深度图，但越远的表面颜色越深。根据高低用颜色来表示，叫分层设色法。

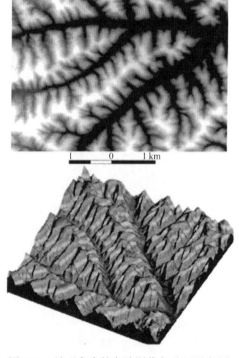

图 1.13　地形高度的灰阶图像与分层设色图

与各种线划图形相比，影像无疑具有自己独特的优点，如细节丰富、成像快速、直观逼真等，因此摄影术一出现就被广泛用于记录我们周围的这个绚丽多彩的世界。从1849年开始，就出现了利用地面摄影相片进行地形图的编绘，航空摄影由于周期短、覆盖面广、现势性强而被广泛采用。但仅仅利用单张相片（图 1.14），虽然可以得到粗略的地面起伏信息，难以得到高精度的地面点信息。要完全重建实际地面的三维形态，利用两张以上具有一定重叠度的像片便能够重建逼真的立体模型，并在此基础上进行精确的三维量测，这种技术被称为摄影测量（photogrammetry）（详细内容见第 3 章）。

图 1.14　重建的汶川地震灾区青川县航拍影像

1.2.4　地形的图形图像结合表达

根据对各种地形表达效果的分析，发现晕渲法自身存在着严重的不足，而同时代的晕滃法和等高线法与晕渲法相比，却具有众多的优点。表 1.1 列出了它们的详细比较（张佳静，2013）。因此，地形图形表达方式主要是等高线法、分层设色法和晕渲法。在实际应用时，可根据不同用途、不同目的选择不同的方法。或者结合使用，如等高线加分层设色、等高线加晕渲、分层设色加晕渲等。有些特殊地形及地形目标还须用符号法加以补充，如等高线加分层设色、等高线加晕渲地形、具有晕渲效果的明暗等高线等（图 1.15）。

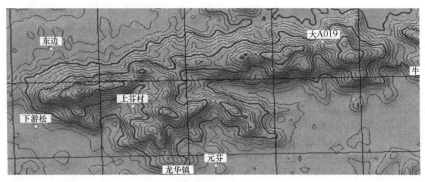

(a) 等高线加晕渲地形

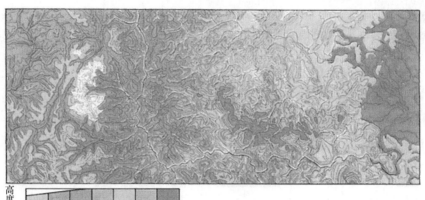

高度/m 6000 5000 4000 3000 2000 1400 750

(b) 等高线加分层设色

(c) 具有光照方向的明暗等高线

图 1.15　等高线法与其他方法的多种结合示例

选自百度图片网

表 1.1　晕滃法、晕渲法和等高线法的对比表（张佳静，2013）

名称	表现形式	使用年代	优点	缺点
晕滃法	用近乎平行的短线的粗细疏密来表示地形起伏	19世纪	能将地面上的倾斜缓急表现得很清楚，立体感很强	不能确定地面的高度； 主要形态不能明显地从地貌碎部中突显出来； 在小比例尺地图上只能表现山脉的位置而不能表示坡度； 在大比例尺地图上，山区图会布满晕滃线，致使其他符号混淆不清； 大于45°的坡度，在晕滃法地图上统一表现为黑色，无法精确表示出来
晕渲法	用图中颜色的深浅来表示地形的起伏	19世纪 20世纪 21世纪	表示地形起伏显著，立体感强；描绘、印刷都很简易，省时又节约费用	只能表示地形的大概，而且着色深浅没有统一标准；受印刷技术限制比较大
等高线法	用图中地面高程相等点连接的曲线表示地形起伏	19世纪 20世纪 21世纪	从图中可以直接读出地形高度或者近似高度；便于缩小、放大，方便简单；可以配合其他绘图方法	不能提供连续不断的地形影像，在等高线之间，空白的地方不一定是均匀的坡度；需要标出准确高程，对测量技术要求高

1.3　地形的模型表达

模型（model）是指用来表现事物的一个对象或概念，是按比例缩小并转变到我们能够理解的形式的事物本体（Bear，1999）。建立模型可以有许多特定的目的，如定量分析、可靠预测和精准控制等。在这种情况下，模型只需要具备足够重要的细节以满足需要即可。同时，模型也可以被用来表现系统或现象的最初状态，或者用来表现某些假定或预测的情形等。一般说来，模型可以分为三种不同的类型，即概念模型、实物模型和数学模型。在数字地形表达中，数字地形模型是最重要的概念之一。因此，本节将从一般的模型概念谈到数字地形模型。

1.3.1 概念模型

概念模型是基于个人的经验与知识在大脑中形成的关于状况或对象的模型，概念模型往往也形成了建模的初级阶段。然而，如果事物非常复杂而难于描述，则建模也许只能停留在概念的形式上。地形的概念模型因此可以是实际地形按比例缩小的实物模型或者抽象的数学模型，以及全数字化的影像或点线面模型等。

1.3.2 实物模型

实物模型通常是一个模拟的模型，如用橡胶、塑料或泥土制成的地形模型等。摄影测量中广泛使用的基于光学或机械投影原理的三维立体模型，以及全息影像都属于实物模型。图1.16展示了不同材质制作和按不同比例缩小的地形实物模型。

地形的实物模型都是按照军事人员、规划人员、景观建筑师、土木工程师和地球科学的许多专家的要求去做的。过去，地形模型都是实物的，如在第二次世界大战中美国海军的许多模型都是用橡皮制作而成的。1982年在英国同阿根廷的马岛战争中，英军大量使用由沙和泥制作而成的地形实物模型来研究作战方案。今天，实物模型在博物馆和教学科研等场合也同样常见。实物模型的尺寸通常要比实际的小很多。图1.16为西南交通大学地形测量教学使用的实物模型。

图1.16 地形实物模型示例

1.3.3 数学模型

数学模型一般是基于数字系统的定量模型。根据问题的确定性和随机性，数学模型又有函数模型和随机模型之分。采用数学模型具有以下明显的优点：

（1）理解现实世界和发现自然规律的工具；

（2）提供了考虑所有可能性、评价选择性和排除不可能性的机会；

（3）有助于将解决问题的结果推广并应用到其他领域；

（4）帮助明了思路，集中精力关注问题重要的方面；

（5）使得问题的主要成分能够被更好地观察，同时确保交流，减少模糊，增加对问题一致性看法的概率。

地形的数学建模一般仅把基本地形图中的地形要素、特别是高程信息，作为地面模型的内容，因此，地形数学模型是要素平面坐标(x, y)和其他性质的数据集合。这个数据集合从微分角度三维地描述了该区域地形地貌的空间分布。数字地形模型更通用的定义是描述地球表面形态多种信息空间分布的有序数值阵列，实际上，可以用下述二维函数系列取值的有序集合来概括地表示数字地形模型的丰富内容和多样形式：

$$K_p = f(u_p, v_p), \ K = 1, 2, 3, \cdots, m; \ p = 1, 2, 3, \cdots, n \qquad (1.1)$$

式中，K_p为第p号地面点（可以是单一的点，但一般是某点及其微小邻域所划定的一个地表面元）上的第K类地面特性信息的取值；(u_p, v_p)为第p号地面点的二维坐标，可以是采用任一地图投影的平面坐标，或者是经纬度和矩阵的行列号等；m（m大于等于1）为地面特性信息类型的数目；n为地面点的个数。当上述函数的定义域为二维地理空间上的面域、线段或网络时，n趋于正无穷大。当K代表高程信息时，式（1.1）代表了地形模型。

1.4 地形的数字化表达：数字高程模型

1.4.1 从数学表达到数字表达

地形是复杂的，一个数学模型很难准确描述大范围的地形变化，因此在进入 20 世纪中叶以后，伴随着计算机科学，地形的数字化表达方式也得到了迅猛的发展。借助于数字化的地形表达，现实世界复杂的精细化三维特征能够得到更加充分而逼真的再现。

数字地形表达的关键是用一组离散高程点来有效的表达复杂的地形。所谓"有效"指的是既能达到给定的精度要求又不浪费。数学上讲，数字地形表达是当式（1.1）的定义域为离散点集合时的表达。这时，n一般为有限正整数。这时的数字表达也叫数字地形模型（digital terrain model，DTM）。

在式（1.1）中，当$m=1$且f为地面高程的映射，(u_p, v_p)为矩阵行列号时，式（1.1）表达的数字地形模型即所谓的数字高程模型（digital elevation model，DEM）。显然，DEM是 DTM 的一个子集。实际上，DEM 是 DTM 中最基本的部分，它是对地球表面地形起伏特征的一种离散的数字表达。作为三维向量的有限序列，DEM 用函数的形式描述为

$$V_i = (X_i, Y_i, Z_i); \ i = 1, 2, \cdots, n \qquad (1.2)$$

式中，(X_i, Y_i)为平面坐标；Z_i为(X_i, Y_i)对应的高程。当该序列中各向量的平面位置呈规则格网排列时，其平面位置坐标可以自动推算，此时 DEM 就简化为一维向量序

列 $\{Z_i, i = 1, 2, \cdots, n\}$。

这组离散点可从地面直接采得，也可以从其他数据源间接获得，还可以用数学模型由其他高程数据内插而得。

1.4.2 数字高程模型的起源和内涵

20 世纪 50 年代摄影测量学被广泛应用到高速公路设计中，用来获取地形数据。Roberts（1957）第一次提出了将数字计算机应用到摄影测量中，来获取高速公路规划和设计用的数据。1955~1960 年，美国麻省理工学院摄影测量实验室主任 Miller 教授最先将计算机与摄影测量技术结合在一起，比较成功地解决了道路工程的计算机辅助设计问题。他在用立体测图仪建立的光学立体模型上，量取沿待选公路两侧规则分布的大量样点的三维空间直角坐标，输入到计算机中，由计算机取代人工执行土方估算、分析比较和选线等繁重的手工作业，大量缩减了工时和费用，取得了明显的经济效益。由于计算机只认识数字，唯有将直观描述地表形态的光学立体模型或地形图数字化，才能借助计算机解决道路工程的设计问题。

Miller 和 Laflamme（1958）在解决计算机辅助道路设计这一特殊工程问题的同时，提出了一个一般性的概念和理论：数字地形模型，即使用采样数据来表达地形表面。他们的原始定义如下：**数字地形模型是利用一个任意坐标场中大量选择的已知 X，Y，Z 的坐标点对连续地面的一个简单的统计表示，或者说，DTM 就是地形表面简单的数字表示。**

与传统模拟的地形表示相比，DTM 作为地形表面的一种数字表达形式具有如下四种特点。

（1）多种表达形式。用数字形式的 DTM 容易生成多种形式的地形表示，如地形图、纵横断面图、立体图，甚至三维动画等，且容易与其他数字地图或影像进行叠加分析。

（2）精度不会损失。常规地图随着时间的推移，图纸将会变形，损失原有的精度，而 DTM 采用数字媒介因而能保持精度不变。

（3）容易实现自动化与实时处理。数据更新与集成较之模拟形式具有更大的灵活性和便捷性，容易实现地形分析的定量化、自动化。

（4）易于多分辨率表达。如 1m 分辨率的 DTM 自动涵盖了更小分辨率如 10m 和 100m 的 DTM 内容。

1.4.3 数字高程模型的分类

数字高程模型可以根据不同的标准进行分类，如根据大小和覆盖范围可将其简单地分为如下三种。

（1）局部的 DEM（local）：建立局部的模型往往源于这样的前提，即待建模的区域地形起伏特征非常复杂，需要局部精细化的表达才能满足工程设计、环境感知与空间决策等要求，如城市地区 0.5~5m 分辨率的 DEM。

（2）全局的 DEM（global）：全局性的模型一般包含大量的数据并覆盖一个很大的区域，如全球性的 30~90m 分辨率的 SRTM 和 20~30m 分辨率的 GDEM。

（3）地区的 DEM（regional）：介于局部和全局两种模型之间的情况，如覆盖全国的 5~25m 分辨率（1：5 万）DEM，以及覆盖大部分省（区）5~10m 分辨率（1：1 万）DEM。

根据覆盖范围，也可分为全球、洲际、全国、省级等。也可以根据比例尺将 DEM 分为大比例尺、中比例尺及小比例尺。其实，按比例尺分类是地形图分类的模拟，因为好多 DEM 是由原来的等高线图采集、建模而得。

1.4.4 数字高程模型的质量概念

数字高程模型作为一种专题模型，其质量评价，可从建模的角度沿用 Bear（1999）提出的如下 7 种一般模型标准。

（1）精确性：模型的输出是正确的或非常接近正确。

（2）描述的现实性：基于正确的假设。

（3）准确性：模型的预测是确定的数字、函数或几何图表等。

（4）可靠性：对输入数据中的错误具有相对免疫力。

（5）一般性：适用于大多数情况。

（6）成效性：结论有用、并可以启发或指导其他好的模型。

尽管实际情况比较复杂，但事实上往往并不需要一个复杂的模型，这一点也符合尽量俭省的原则（Cryer，1986）。因此，Li（1990）还增加了第 7 条标准。

（7）简单性：在模型中采用尽可能少的参数。

从模型数据的角度评价，数字高程模型质量指的是 DEM 数据在表达空间位置、高程和时间信息这 3 个基本要素时所能达到的准确性、一致性、完整性，以及它们三者之间统一性的程度。其中，时间要素强调的是现势性，如果这一 DEM 数据代表的是 10 年前的地形，尽管对那时的地形来说，它的表达很完美，但对现在用处不一定大。比如说，我们用 10 年前的航片来采集 DEM 数据就可能出现这样的情况。空间位置和高程的准确性指的是 DEM 对地形表达的真实性。

1.4.5 数字高程模型与其他数字地表模型的关系

从某种意义上说，数字地表模型被定义为地形表面起伏特征的数字化表示。自从提出 DTM 的概念以后，相继又出现了许多其他相近的术语，如在德国使用的 DHM（digital height model）、英国使用的 DGM（digital ground model）、美国 USGS 使用的 DTEM（digital terrain elevation model）、DEM（digital elevation model），以及最近几年随着激光扫描技术和影像密集匹配技术发展起来的 DSM（digital surface model）等。这些模型的主要差异在于描述地表对象的不同。

（1）DEM 是对纯粹的地球表面形态的描述，它所关心的是除去包括森林、建筑等一切自然或人工地物之外的地球表面构造，即纯粹的地形形态。准确的地形形态信息是人类建设活动所必备的基础信息，大到生态环境综合治理，小到建坝修路具体工程，乃至对于洪水、地震等自然灾害的预警预防，都必须以对地形地貌的充分分析为前提。正因为如此，高精度 DEM 的获取技术十分重要，但由于地表往往被不同的地物所覆盖，精确的纯地形信息获取难度很高。DEM 往往直接指代 DTM；同时，height 和 elevation 本来就是同义词。

（2）DSM 则是对地球表面更广意义上的内容，包括如河流、道路、村庄等各类地物的综合描述，它关注的是地球表面土地利用的状况，即地物分布形态。DSM 同样是环境或城市管理的重要依据，但侧重点和 DTM 不同，通过 DSM 的分析，可以及时地获取城市的扩张、退化及发展状况，在虚拟城市管理、城市环境控制及重大灾害灾情分析等方面，DSM 都可以发挥重大作用。

图 1.17（a）的 DEM 与（b）的 DSM 描述了同一地区不同层次的高程信息。DSM 是地表土地利用现状的直观表达，可以清晰地看到建筑和植被的分布状况，而 DEM 描述的则是滤除地面上的一切遮挡物之后，地球表面真实的地形地貌。

(a) DEM　　　　　　　　　　　　　　　(b) DSM

图 1.17　DEM 与 DSM

http://www.sbsm.gov.cn/article/zszygx/zjlt/200812/20081200045773.shtml

通常，DSM 所包含的信息主要有如下 3 种。

（1）地貌信息，如高程、坡度、坡向、坡面形态，以及其他描述地表起伏情况的更为复杂的地貌因子。

（2）基本地物信息，如水系、道路、桥梁、建筑物等。

（3）主要的自然资源，如植被等。

1.4.6　数字高程模型与相关学科之间的关系

构建 DEM 的过程称为数字地形模拟，这也是一个数学建模的过程。要分析与相关学科之间的关系，首先则要考察在 DEM 整个生命周期中各个学科所扮演的角色。正如前面所讨论的，在 DEM 发展的早期，摄影测量人员与土木工程师是主角。后来，计算几何学和应用数学方面的科学家们也加入到建模算法的研究中来，尤其是计算机技术方面的科学家对数据管理、可视化和系统开发作出了重要贡献。今天，更多涉地学科方面（Geo-related）的专家对 DEMs 的广泛应用起着举足轻重的作用。如图 1.18 所示，DEM 涉及的四个方面（数据获取、计算与建模、数据管理和应用开发），不同学科之间相互依赖，关系错综复杂。例如，摄影测量是 DEM 数据获取的工具，而 DEM 又是摄影测量中航空与遥感影像正射纠正处理的基础。国际摄影测量与遥感学会一直将它作为一个重要的研究领域。欧洲实验摄影测量组织（OEEPE）在很长时间内专门有一个委员会来负责 DEM 方面的研究工作。

对于不同的数据源，可分别借助摄影测量与遥感（RS）、GPS、机助地图制图的图形数字化输入和编辑，以及野外数字测图等技术，进行 DEM 原始数据的采集工作。特别是在摄影测量领域，DEM 已经成为主要的产品形式和正射影像生产的基础。

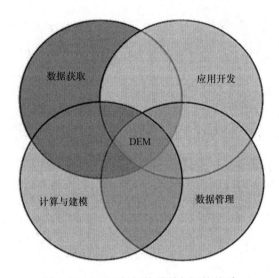

图 1.18　DEM 与相关学科之间的关系

　　DEM 的理论基础是采样理论、数学建模、数值内插与地形分析。它吸取了统计学、应用数学、几何学及地形学的一些理论而形成了一个自成一体的科学分支。数值逼近、计算几何、图论和数学形态学等数学分支的有关理论和方法则奠定了数字高程模型的数学基础。地理学也对 DEM 的发展有极大的推进作用，基于 DEM 进行各种地学分析，如地形因子的提取、可视度分析、汇水面积的分析、地貌特性分析等。

　　进入 20 世纪 90 年代后，DEM 被列为国家空间数据基础设施的一种标准产品。各种数字技术如编码、数据压缩、数据结构和数据库技术等则是组织大范围海量 DEM 数据的基本技术支持。地形的三维可视化（仿真）技术，一直是计算机图形学和虚拟现实与增强现实的重要研究内容，多分辨率 DEM 的高性能真实感可视化更是依托于计算机图形学的发展。

　　随着 GIS 已经逐步成为地理学研究的第三代语言，DEM 也逐步替代等高线成为地形描述与分析的重要数据源，并作为地球空间框架数据的基本内容和其他各种地理信息的载体，是各种地学分析的基础数据，特别是地球空间信息的三维可视化和虚拟地理环境更是离不开 DEM（汤国安，2014）。可以说，DEM 跟所有涉地学科领域都有着密切的关系，并作为这些领域的一个有利工具正得到普遍应用。随着 DEM 数据在地理过程模拟和时空决策等领域的深化应用，新一代精细化的高保真 DEM 已经成为当前智慧地球建设的重要基础框架数据。今天，DEM 不仅在土木、军事、交通等科学技术和工程领域得到普遍应用，而且在计算机动画与游戏、虚拟现实和增强现实等与人们日常生活密切相关的领域也得到了日益广泛的应用。

1.5　数字高程模型的实践

1.5.1　数字高程模型的发展

　　数字高程模型的理论方法与技术由数据采集、数据处理与应用三部分组成。对它的研究经历了六个时期（王家耀，2004）。

20 世纪 50 年代末为初始阶段，Miller 和 Laflamme（1958）除了将 DTM 引入土木工程和计算外，还用于监视地球表面的变化（如下沉、侵蚀和冰川等）、地球表面的分析（如发射台覆盖范围和功率分析等）或军事应用。提出采用自动化方法和利用航空像片的立体像对全自动化扫描的方法获取数据。当时的设想和目标至今还适用，有些问题还没有解决至少还没有完全解决。

在 20 世纪 60 年代，人们致力于发展地形高程的存储和插值方法。Schuts（1976）对内插方法做了全面回顾。大部分科技工作者是通过研究数学插值方法来提高模型的精度。

20 世纪 70 年代初，人们渐渐认识到：模型的精度并不能靠内插方法提高多少；采样时失去的精度可能永远得不到弥补。从此，优化采样成了主流，并延续到 90 年代初。其中代表性成果有 Makarovic（1973）提出的渐进采样 PROSA（progressive sampling）及后来的混合采样。在 70 年代，主要研究利用离散点或断面线高程数据自动绘制等高线图（Yeoli，1977）。离散点高程数据主要由全站仪获取；沿断面线的高程数据采用航测内业的方法获取。

20 世纪 80 年代以来，对 DEM 的研究已涉及数字地形建模的各个环节，其中包括用 DEM 表示地形的精度、地形分类、数据采集、DEM 的粗差探测、质量控制、DEM 数据压缩、DEM 应用，以及不规则三角网 TIN 的建立与应用等。

20 世纪 90 年代以来，随着地理信息系统（GIS）的发展，DEM 成为 GIS 的一个重要组成部分，是环境规划、工程建设、战场环境仿真等许多领域最为重要的基础数据之一。因此，系统地建立大区域高精度的数字高程模型成为重要的基础测绘任务之一。一些发达国家，在机助制图的基础上，逐步建立起国家范围和区域范围的地理信息系统，DEM 作为标准的基础地理信息产品也开始大规模的生产。例如，加拿大环境部的"加拿大地理信息系统"（CGIS），美国地质调查局的"地理信息检索和分析系统"（GIRAS）。DEM 成为国家空间基础设施的一个重要组成部分。

21 世纪以来，随着"数字地球"（digital earth）和"智慧地球"（smart planet）的建设与发展，更加快了 DEM 与地理信息系统、遥感等的一体化进程，DEM 相关技术得到了突飞猛进的发展，DEM 的应用不仅在传统专业化的土木工程领域为自动化智能化的规划设计提供重要的基础支撑，并为科学的洪涝灾害管理与应急响应决策等提供了可信的技术保障，而且通过互联网在大众化的导航服务领域为人们提供了喜闻乐见的新一代三维地形景观地图服务。例如，以 DEM 和 DOM 集成表示技术为核心的"天地图"在国家安全、政府公益性服务、产业发展和便民服务等方面正发挥着越来越重要的作用（李志刚，2012）。

1.5.2　数字高程模型的应用范畴

DEM 作为新兴的一种数字产品，与传统的矢量数据相辅相成，在空间分析和决策方面发挥越来越大的作用。借助电脑和地理信息系统软件，DEM 数据可以用于建立各种各样的模型解决一些实际问题，DEM 的应用可遍及整个地学及相关领域。首先在基础地理信息系统建设，地球重力场建模和大地水准面求定等科学工程中，地形数据，特别是高分辨率的地形数据至关重要（陈俊勇，2005）。在测绘中可用于绘制等高线、坡度、坡向图、立体透视图、立体景观图、制作正射影像图、立体匹配片、立体地形模型及地图的修测。在各种工程中可用于土石方、表面积的计算，以及各种剖面图的绘制及线路的设计。军事上可用于导航（包括导弹及飞机的导航）、通信、作战任务的计划等。在遥感中可作为图像分类的辅助数据。在环境与规划中可用于土地现状的分析、各种规划及洪涝灾害分析与评估等。特别是随着 GIS 的发展，DEM 作为国家空间数据基础设施（NSDI）的主要数据之一，应用越来越广泛，如：

（1）土木工程、道路、建筑和矿山等的规划与设计；

（2）城市规划、地形景观设计和三维军事模拟等；

（3）水文分析与淹没仿真；

（4）地面上物体之间的通视分析与任意位置处的可视域分析；

（5）地形地貌分析，生成坡度图、坡向图、剖面图，土壤侵蚀和径流分析等；

（6）作为基础框架承载各种专题信息（如土壤、土地利用及植被等）支持三维可视化与时空分析；

（7）辅助影像解译、遥感分类；

（8）虚拟地球和虚拟地理环境中的应用等。

1.5.3　数字高程模型数据的可得性

表 1.2 列了几种全球性和全国性 DEM 数据。其中特别具有划时代意义的是在 2000 年，美国奋进号航天飞机雷达地形测绘计划（SRTM）首次获取了当时现势性最好、分辨率和精度均最高的全球性 DEM，并作为 Google Earth 的数据源在 2005 年通过互联网第一次面向公众展现了一个三维逼真的虚拟地球，从此改变了人们跟空间信息交互的方式（Butler，2006）。

表 1.2　几种主要的全球性和全国性 DEM 数据

DEM 类型		分辨率	可得范围	数据源	可得方式
SRTM	SRTM1	1″	60°N~60°S	航天飞机雷达图像	授权获取
	SRTM3	3″	60°N~60°S	航天飞机雷达图像	网络免费下载
ASTER GDEM		1″	83°N~83°S	卫星立体影像	网络免费下载
WorldDEM		12m	全球	合成孔径雷达卫星	授权获取
1∶5 万 DEM		5~25m	全国	已有地图、航空影像与机载雷达图像等	授权获取
1∶1 万 DEM		5~12.5m	全国大部分地区	已有地图、航空影像与机载雷达图像等	授权获取
GLSDEM		3″	全球大部分区域	SRTM，NED 和 CDED	网络免费下载
GTOPO30		30″	全球	世界各地的多种 DEM	网络免费下载

注：1″约等于 30m；3″约等于 90m；30″约等于 1km。

实际上，世界上最早公开发布的全球性 DEM 数据是美国 1996 年的 GTOPO30，这是一种利用世界各地已有的多种 DEM 源数据经过坐标系转换和内插等整合处理而形成的 DEM 产品。尽管 GTOPO30 DEM 的空间分辨率只有 30 弧秒（大约 1km），但其在国际地球科学以及相关学科领域得到了十分广泛的应用。

2009 年，美国国家航空航天局（NASA）与日本产经省（METI）共同推出了最新的全球数字高程模型数据（GDEM），该数据不同于 SRTM 的雷达干涉测量结果，而是一种立体影像匹配结果，不仅覆盖全球的范围更广，而且填补了 SRTM 的许多空白如沙漠或地形陡峭地区，空间分辨率也整体提高到 30m。覆盖整个中国区域更新的 SRTM 90m 和 GDEM 30m 分辨率 DEM 数据还可通过"国际科学数据服务平台"（http://datamirror.csdb. cn/admin/ datademMain.jsp）进行详细的检索和预订。GDEM 和 SRTM 两种数据结合，正被广泛用于虚拟地球、工程勘察、能源勘探、自然资源保护、环境管理、城市规划和自然灾害危机管理等宏观领域。

2008 年，美国针对全球土地调查数据产品中的影像纠正还发布了全球土地调查数字高程模型（GLSDEM），该数据主要是在 SRTM DEM 数据基础上整合美国国家高程数据集（NED）和加拿大数字高程数据（CDED）。

2011 年，覆盖中国全部陆地国土范围的最新 1∶5 万 DEM 数据库建成，并正式提供使用。各个省（区）也开展了 1∶1 万 DEM 数据库建设，至今已覆盖全国 80%以上的区域。最新的进展是由空客防务与空间集团（http://www.geo-airbusds.com）于 2014 年 4 月开始陆续推出的覆盖整个地球陆地表面包括北极和南极在内的全球数字高程模型（WorldDEM），源自德国雷达卫星 TerraSAR-X 和 TanDEM-X，其精确度接近激光雷达产品：2m（相对）和 4m（绝对）垂直精度，12m×12m 网格，全球统一数据源，3 年半的时间收集高度一致性的数据集。2015 年开始提供部分地区 6m 分辨率的特殊 DEM 产品。图 1.19 为 WorldDEM 数据的可得性网络查询界面，可以点击任意单元查询得到相应的数据信息，并还可下载快视数据。

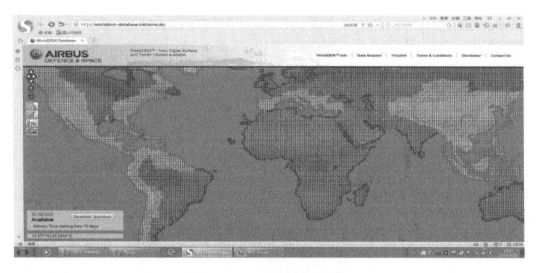

图 1.19　WorldDEM 的可得性

为了满足日益增长的社会化应用需要，基于现代 Web 服务技术和各种公开的 DEM 数据，不仅可以方便地获得传统的 DEM 数据搜索、下载和本地处理所需的重新格式化等服务，还能以影像方式在各种终端上得到全球范围内更简单快捷的 DEM 增值服务，如阴影、坡度和可视域等多种通用的实时可视化、动态镶嵌、按需坐标转换和重采样等（Benkelman and Becker，2013）。

1.5.4　数字高程模型的生命周期

近年来，DEM 受到了普遍关注，其在许多与地学相关学科领域的应用得到了迅速发展。为了更好地理解与此有关的问题，图 1.20 概略地描述了 DEM 的生命周期。从中可见，DEM 数据流有六个不同的阶段，而在每一个阶段又需要一项或多项工作用以推进其到另外一个阶段。尽管图中列出了 12 项不同的工作，但实际上一个专门的 DEM 项目也许并不需要所有这些工作流程。然而，从各种数据源获取原始数据和从原始数据建立 DEM 却是必要的。

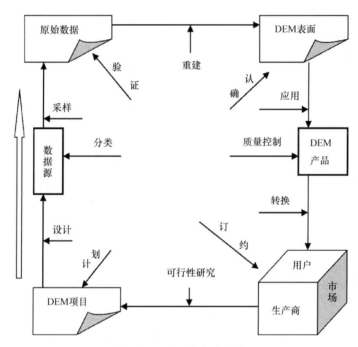

图 1.20　DEM 的生命周期

参 考 文 献

陈俊勇. 2005. 对 SRTM3 和 GTOPO30 地形数据质量的评估. 武汉大学学报(信息科学版), 30(11): 941~944.

陈志明. 1993. 1∶400 万中国及其毗邻地区地貌图说明书·中国地貌纲. 北京: 中国地图出版社, 7~13.

李炳元, 潘保田, 韩嘉福. 2008. 中国陆地基本地貌类型及其划分指标探讨. 第四纪研究, 28(4): 535~543.

李德仁, 张良培, 夏桂松. 2014. 遥感大数据自动分析与数据挖掘. 测绘学报, 43(12): 1211~1216.

李志刚. 2012. 以创新为驱动力, 大力推进"天地图"社会化应用. 见: 徐德明. 中国测绘地理信息创新报告. 北京: 社会科学文献出版社, 209~213.

乔朝飞, 徐永清. 2012. 中国测绘地理信息创新研究报告. 见: 徐德明. 中国测绘地理信息创新报告. 北京: 社会科学文献出版社.

苏时雨, 李钜章. 1999. 地貌制图. 北京: 测绘出版社.

汤国安. 2014. 我国数字高程模型与数字地形分析研究进展. 地理学报. 69(9): 1305~1325.

王家耀. 2004. 空间信息系统原理. 北京: 科学出版社.

辛少华. 2012. 西部测图工程及其科技创新. 见: 徐德明. 中国测绘地理信息创新报告. 北京: 社会科学文献出版社.

张佳静. 2013. 地图晕滃法在中国的传播与流变. 中国科技史杂志, 34(4): 485~501.

周廷儒, 施雅风, 陈述彭. 1956. 中国地形区划草案. 见: 中华地理志编辑部. 中国自然区划草案. 北京: 科学出版社.

Bear J. 1999. Conceptual and Mathematical Modeling. Netherlands: Springer.

Benkelman C, Becker P. 2013. Worldwide elevation data via web-based image services. Photogrammetric Engineering and RemoteSensing, 79(2): 111~114.

Butler D. 2006. Virtual globes: The web-wide world. Nature, 439: 776~778.

Cryer J. 1986. Time Series Analysis with Minitab. New York: Duxbury Press.

Li Z L. 1990. Sampling strategy and accuracy assessment for digital terrain modelling. Pacific Journal of Mathematics, 3(3): 605~611.

Li Z L, Zhu Q, Gold C. 2004. Digital Terrain Modeling: Principles and Methodology. Boca Raton: Taylor & Francis Group, CRC Press.

Makarovic B. 1973. Progressive sampling for DTMs. ITC Journal, (3): 397~416.

Miller C L. 1958. The digital terrain model—Theory and applications. Photogrammetric Engineering, 24: 433~442.

Roberts R. 1957. Using new methods in highway location. Photogrammetric Engineering, 23: 563~569.

Schuts G. 1976. Review of interpolation methods for digital terrain models. International Archives of Photogrammetry, 30(5): 389~412.

Yeoli P. 1977. Computer executed interpolation of contours into arrays of randomly distributed height points. The Cartographic Journal, 14: 103~108.

Yoeli P. 1985. Topographical relief depiction by hachures with computer and plotter. The Cartographic Journal, 22(2): 111~124.

第 2 章　数字高程模型之采样理论

地形起伏形成了连续变化的曲面，由于不可能测量无穷量的地面数据点，在建立地表模型时就需要选取有限的点集近似表达。为科学回答该问题，首先需要探讨如何在达到一定的可信程度的基础上，以有限的地面高程点完整表达地形表面，为此，本章讨论数字高程模型的采样理论。

2.1　数字高程模型采样的基本概念

为了用有限的点来表示无限的连续变化曲面，实现地表重建，需要完成连续表面的离散化。采样（sampling）是把连续信息转化为离散量的过程。就数字高程模型而言，即选取有限的地面点来表达完整的地形表面。

2.1.1　采样、量测与采集的关系

建立数字高程模型，首先需要从实际地面采集一定数量的数据点，数据采集是数字地形模拟的首要步骤。数据采集包括采样与量测两个环节，通过采样选择恰当的位置，然后量测这些位置的三维坐标。因此，就 DEM 而言，采样是一个确定在何处需要量测地面点，从而确保地形表达可信程度（即达到精度要求）的过程。

其实，采样可以在测量前或测量后进行。测量后的采样通常从高密度量测点集中选取合适的子集实现。这种高密度量测点可以通过雷达干涉测量、影像匹配或激光扫描等技术来获取，具体在第 3 章介绍。

2.1.2　采样结果的三大描述参数

影响 DEM 原始数据获取的三个重要因素分别是采样点的密度、精度和分布。其中，精度与量测有关，而密度与分布的优化则与地形表面特征紧密相关。因此，数字高程模型采样结果的可信程度，很大程度上取决于三个参数：点的分布（包括位置、结构）、密度（包括采样间距、单位面积内的点数）和精度。一般地，可将此三参数称为采样数据（又称为 DEM 源数据，原始数据或源数据等）的三大描述参数，并作为采样数据的属性信息。

1. 采样数据的分布

采样数据的分布通常由数据位置和图案来确定。位置可由地理坐标系统中的经纬度或格网坐标系统中的东北向坐标值决定。而图案则有较多的选择，如正方形格网或矩形格网。对采样数据分布结构的分类并无固定的方法，不同的人从不同的角度可以给出不同的分类。图 2.1 给出了其中一种分类方法。

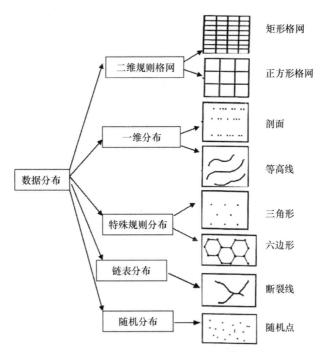

图 2.1　采样数据的分布图案

数据分布图案可分为规则和不规则两个类别。规则二维数据最为常用，由规则格网采样或渐进采样生成，其图案有矩形格网、正方形格网或其分层结构等，其中以正方形格网数据最为常用。分层结构数据常由渐进采样方法生成（见 2.3.3 节），可分解为普通的方格网数据。

至于其他一些特殊的规则图案如等边三角形或六边形等，不管从哪一方面看，都没有规则正方形格网数据在实际中使用得如此广泛。

不规则数据通常可将其分为两组：一组为随机数据；另一组为链状数据。随机数据指量测的数据点呈随机分布，没有任何特定的形式；链状数据没有规则的图案，但它确实沿某一特征线分布。所有沿河流、断裂线或地貌线等特征线采集的数据都可归于此类。实际上，这种数据并非某一独立的类型，而是基于特征的一个补充。例如，混合采样（见 2.3.4 节），所产生的数据通常就是链状数据与规则（矩形）格网数据的混合数据。

2. 采样数据密度

密度是采样数据的另一属性，可以由几种方式指定，如相邻两点之间的距离、单元面积内的点数、截止频率等。

相邻两采样点之间的距离通常称为采样间隔（或采样距离）。如果采样间隔随位置变化，那么就应使用平均值来代替。通常采样间隔以一个数字加单位组成，如 20m。另一种在 DEM 实践中可能使用的表示法以单位面积内的点数表示，如每平方千米 500 点。

如果采样间隔从空间域转换到频率域，则可获得截止频率（采样数据所能表示的最高频率）。从采样间隔也能从最高频率值获得这一点来说，截止频率也能作为数据密度的一种量度。图 2.2 为一曲线的频率示意图。B 点的频率肯定可以作为截止频率。实际上，在 A 点时振幅已经接近零，A 点频率基本上可以作为截止频率。

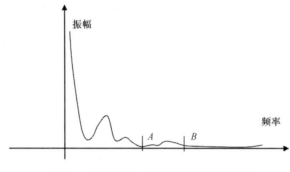

图 2.2　截止频率：振幅接近零时的频率

3. 采样数据精度

采样数据的精度很大程度上与数据采集方法和数据采集所使用的仪器等密切相关。诸如野外实地测量、摄影测量、激光扫描测量、雷达干涉测量和地图数字化等技术。通常，使用全站仪野外测量获取的数据精度较高，但也不绝对。也就是说，数字地图数据的精度也有可能比野外测量的数据精度还高。例如，野外测量所采用的仪器精度低，而地图比例尺大、现势性好及数字化仪器精密。不同数据获取方法的精度问题将在第 3 章更详细地讨论。

2.2　数字高程模型的最佳采样理论

2.2.1　基于不同观点的采样

地形表面可被认为是由许多点排列而成的，对这些点，如果从不同的角度进行观察，并根据其与统计学、几何学、地形学等的内在联系，可形成不同的采样观点。根据这些不同的观点，可以设计并评估不同的采样方法。归纳起来，有三种不同观点的采样方法（Li，1990）：基于统计的采样、基于几何的采样、基于地形特征的采样。

以统计的观点来看，地形表面可以看作是点的特定集合（或称采样空间），对集合的采样有随机和系统两种方法，对集合的研究，可转化为对采样数据的研究。在随机采样中，对各采样点以一定概率进行选择，各点被选中的概率各不相同。如果每一采样点被选取的概率相同，则称为简单随机采样。在系统（规则）采样中，以预先设定的方式确定采样点，各采样点被选取的概率都为 100%。也有其他可能的采样策略，如分层采样和分群采样。但由于不适应地形建模而不在此处介绍。

从几何观点来看，地形表面可通过不同的几何结构来表示，这些结构按其自身性质可分为规则和不规则两种形式，而前者能再细分为一维结构和二维结构。用于数据点采样的不规则结构比较典型的是不规则三角形或多边形。对规则结构来说，如果在一维空间中表现出规则的特征，则对应的采样方法称剖面法或等高线法。二维规则结构通常是正方形或矩形，也可能是一系列连续的等边三角形、六边形或其他规则的几何图形。

从基于地形特征的观点来看，地形表面由无限数量的点组成，每一点所包含的信息可能因点在地形上的位置不同而变化。以这种观点来研究模型表面上的点，可将所有地形表面上的点分为两组：一组由特征点（和线）组成，另一组则由随机点组成。特征点是指那种比一般地表点包含更多或更重要信息的地表点，如山顶点、谷底点等，一般也是地形表面上的局部极值点；特征线是由特征点连接而成的线条，如山脊线、山谷线、断裂线、构造线等。特征点、线不仅包含自身的坐标信息，也隐含地表达出了其自身周围特征的某些信息，更重要的是，如果对整个地表仅采集特征点线并利用不规则三角形网络结构（TIN）仍可得到整个地形表面准确的表达（见第 5 章）。这种采样的数据量最小，因此是一种典型的压缩采样。另外还有一类特征线称为断裂线（break lines），主要指地形表面坡度变化非常剧烈之处的线性特征。根据特征点（和线）和随机点的分组，采样方法可划分为选择采样和非选择采样两种。

2.2.2　顾及形状复原的采样定理

从理论上说，地表上的点维数为零，没有大小，因此地表包含有无穷多的点。如果要获取地表全部的几何信息，则需要测量无穷数量的点，这也意味着要获取地表的全部信息是不可能的。但是，特定区域的地表信息实际上可通过有限点的重建完整表达出来。在大多数情况下，对一具体 DEM 项目来说，并不需要地形表面的全部或完整信息，只需量测表达相应地表所需的数据点以达到一定的地形表面精度或可信度即可。

现在的问题是，如何以有限的地面高程点来表达完整的地形表面，即对于给定的表面或剖面采用什么采样间距？被广泛应用于数学、统计学、工程学和其他相应学科的基本采样理论可表述如下：**如果对某一函数 $g(x)$ 以间隔 d 进行抽样，则函数中高于 $\frac{1}{2}d$ 的频率部分将不能通过对采样数据的重建而恢复。**

这就是说，当采样间隔能使在函数 $g(x)$ 中存在的最高频率中每周期至少取有两个样本时，则根据采样数据可以完全恢复原函数 $g(x)$。图 2.3 表示采样间隔为 1.25 倍、1.0 倍、0.75 倍、0.5 倍及 0.25 倍波长长度（λ）时的采用点及恢复的函数（图中的实线）。很明显，当采样间隔为 0.5 倍波长长度（即每周期取有两个样本）时，这种采样情况下曲线的变化仍然无法恢复。也就是说，只有当采用间隔小于 0.5 倍波长长度（如 0.25 倍）时，这样函数才能恢复。

2.2.3　地形建模的最佳采样原则

在任何区域的地形建模中，精度、效率和经济效益都是必须考虑的三个基本因素。

精度是最重要的因素，地形建模中的采样精度直接决定着地形模型的数据质量，是支持科学性和合理性决策分析的保障，具有重要的理论意义和应用价值。在精度无法保障的情况下，效率和经济效益就无从谈起。因此，地形建模的采样需要合理选取足够地面点来保证地形表达的精度。

在作业效率方面，DEM 作为国家基础地理信息产品，具有广泛的应用需求，世界各发达国家均积极建设覆盖全国的多级比例尺 DEM 数据系统。随着自然环境、人类社会和城市发展的日新月异，地形建模所需要处理范围具有时空跨度大、信息更新快的特点。为了满足大范围、多比例尺地形数据系统建库及更新需求，地形建模的采样需要综

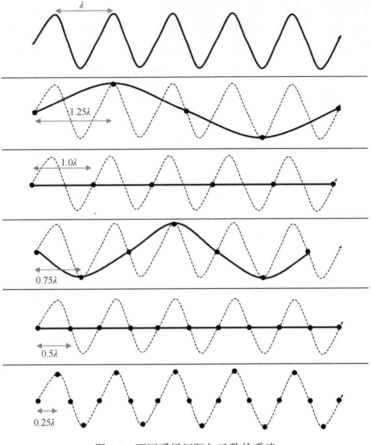

图 2.3 不同采样间隔与函数的重建

合考虑数据源的可获得性及其特点，将作业效率作为基本原则，选取具有代表性的地面点保证地形建模的效率。

在经济效益方面，DEM 是经济建设、社会发展和国家安全的基础性、战略资源，广泛应用于我国应急测绘保障、重大工程建设等多个领域。不同应用领域对地形模型的分辨率、精度、数据量大小具有差异性需求。因此，从经济效益角度出发，地形建模的采样需结合不同的应用需求，科学合理地设定采样方案。

综上所述，地形建模的最佳采样原则可综合归纳为在顾及精度的前提下，综合考虑经济效益、作业效率要素，选取最少的地面点来表达完整的地形表面。

2.3 数字高程模型数据获取中的采样策略

2.3.1 选择性采样：VIPs 与其他点

选择性采样模仿野外测量，只选择那些具有合理覆盖的非常重要的点（very important points，VIPs），这是一种地形特征自感知的智能化的非均匀稀疏采样。为了准确反映地形，可根据地形特征进行选择性的采样，如沿山脊线、山谷线、断裂线，以及离散特征点（如山顶点）等进行采集（图 2.4）。这种方法的突出优点在于只需以少量的点便能使其所代表的地面具有足够的可信度。由于选择性采样依赖于对地形特征的识别，自动采样难度很大，目前主要在高精度工程应用领域，通过人工交互式采样完成。

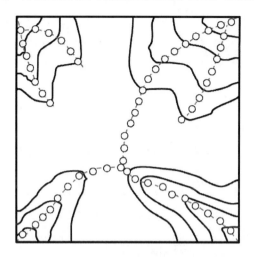

图 2.4　选择性采样示意图

2.3.2　固定一维的采样：等高线法和剖面法

沿等高线采样就是在 Z 维的高度值固定，正如在立体模型上直接量测等高线图一样，在模型上沿等高线采集高程点（图 2.5）。沿等高线采样具体可通过等距离间隔记录数据或等时间间隔记录数据；考虑到复杂及陡峭的地区等高线曲率变化较大，也通常根据等高线曲率调整点距，从而实现采样的合理布设。在地形复杂及陡峭地区，可采用沿等高线跟踪的方式进行数据采集，而在平坦地区，则不宜沿等高线采样。

剖面法采样是沿 X/Y 维任意一个方向即剖面方向上采样（图 2.6）。通常情况下，剖面之间的距离相等（虽然也可以不等），但同一个剖面上所采点之间的间距不等，这样可以顾及剖面方向的特征点。剖面法在通常情况下以动态方式量测地面点，因此这种方法从速度方面来说具有较高的效率，但其精度将比以静态方式下量测的点低。

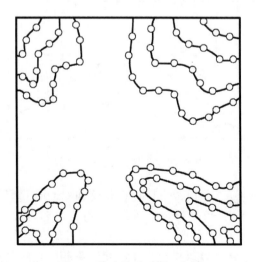

图 2.5　等高线法采样示意图

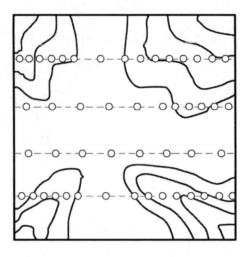

图 2.6　剖面法采样示意图

2.3.3　固定二维的采样：规则格网和渐进采样

正如其名字所言，规则格网采样通过同时规定 X 和 Y 两方向的间距来形成平面格网，在地面或立体模型上量测这些格网点的高程（图 2.7）。这样能确保所采集数据的平面坐标具有规则的格网形式。这类方法简单高效且精度较高。但存在对地表变化尺度的适应性差，可能丢失特征点等缺陷。因此，为了确保能逼真反映地形特征的各种变化，实际上需要针对复杂地段的精度要求而设定格网点间距，这样一来，采集的数据往往导致严重的冗余。

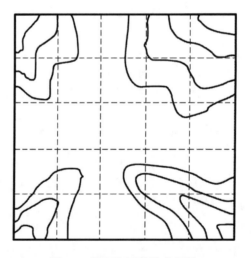

图 2.7　规则格网采样示意图

为了解决规则格网采样中的数据冗余问题，Makarovic（1973）设计了一种自适应调整策略，称为渐进采样。主要思想是：为了使采样点分布合理（即平坦地区样点较少，地形复杂地区的样点较多），从比较稀疏间隔的格网开始，根据实际情况渐进地对网格进行加密（图 2.8）。这里的"实际情况"指的是所采相邻点的高差、坡度差或高程的 2 次差分大于给定的阈值。

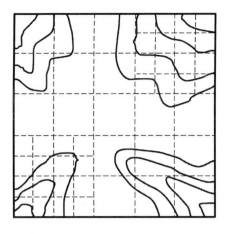

图 2.8　渐进采样示意图

渐进采样能解决规则格网采样方法所固有的数据冗余问题，但这种方法仍然存在一些缺点：

（1）在地表突变邻近区域内的采样数据仍有较高的冗余度；

（2）有些相关特性在第一轮粗略采样中有可能丢失，而且不能在其后的任一轮采样中恢复；

（3）跟踪路径太长，导致时间效率降低。

2.3.4　混合采样：一种综合策略

混合采样是一种将选择采样与规则格网采样相结合或者是选择采样与渐进采样相结合的采样方法。这种方法在地形突变处（如山脊线、断裂线等）以选择采样的方式进行，然后这些特征线和另外一些特征点如山顶点、洞穴点等，被加入规则格网数据中（图 2.9）。实践证明，使用混合采样能解决很多在规则格网采样和渐进采样中遇到的问题。混合采样可建立附加地形特征的规则格网 DEM，也可建立沿特征附加到三角网混合形式的 DEM。

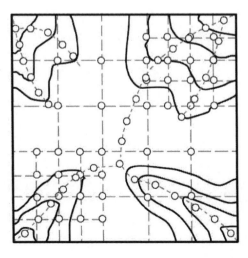

图 2.9　混合采样示意图

2.4　顾及精度的数字高程模型最佳采样间距

根据 2.2.3 节介绍，地形建模最佳采样原则是综合考虑精度、效率和经济效益等因素。其中满足精度是第一需求。因此，人们常用的策略是：在能达到精度要求的前提下，采用最少的采样点或最大的采样间距。这样的采样间距称为最佳采样间距。

2.4.1　数字高程模型的精度模型与最佳采样间距

人们试图建立 DEM 精度与采样间距之间的数学模型，然后根据精度要求来推算允许的最佳采样间距。DEM 的精度可以用式（2.1）来表示：

$$A = f(T, D) \tag{2.1}$$

式中，A 为 DEM 精度；T 为地形参数；D 为采样间距。

假设给定的 DEM 精度要求是 A_r，则最佳采样间距（D_r）可用式（2.1）的反函数求得，即

$$D_\mathrm{r} = f^{-1}\left(A_\mathrm{r}, T\right) \tag{2.2}$$

从 20 世纪 70 年代初开始，人们在 DEM 的精度模型方面进行了许多研究。例如，Makarovic（1973）和 Frederiksen 等（1983）等利用多种数学工具（如频谱、变差）进行尝试并建立了许多 DTM 精度估计的数学模型。根据实验评估与比较分析的结果，早期的理论模型不太可靠，因此发展了基于坡度的精度模型（Li，1990）。为了方便读者更好地了解理论发展，本章选择性地介绍三种典型的精度模型及其相应的最佳采样间距。

2.4.2　基于频谱的最佳采样间距

通过傅里叶变换，能够将一个地形表面从空间领域转换到频率领域。地形表面在频率域则是通过频谱来刻画的。Frederiksen 等（1978）探讨了等间隔采样的离散地形剖面数据的频谱估计。图 2.10 中的实线是地形剖面的频谱估计。该频谱由幂函数（图 2.10 中的虚线）来逼近，公式如下：

$$P_\lambda = E \cdot \lambda^a \tag{2.3}$$

式中，λ 为频率，表示频谱的振幅 P_λ 大小；E 和 a 为常量（特征参数），这两个常量就是整个区域地面（或剖面）复杂性的两个统计表示。因此，它们被认为是提供更详尽地面信息的基本参数，尽管有时还是很一般的信息。

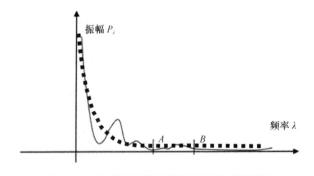

图 2.10　地形剖面的频谱估计和幂函数逼近

不同的地面类型具有不同的 E 和 a 值，根据 Frederiksen（1981）的研究，如果参数 a 的值大于 2，那么地形景观呈现为光滑表面的山地；如果 a 值小于 2，表明是一种具有粗糙表面的平坦地，因为表面包含了高频（短波长）的剧烈变化。可见，参数 a 的值为我们提供了一个总体的地形信息。

当采样间隔为 D，源数据的量测误差的方差为 V_{raw}，最终 DEM 误差的方差 V_{DEM} 为

$$V_{\text{DEM}} = V_{\text{raw}} + \sum_{\lambda=2D}^{0} P_{\lambda} \tag{2.4}$$

式中，右边第二项为去除波长小于 $2D$ 的高频部分引起的 DEM 精度损失，这是采样引起的精度损失。结合式（2.3）和式（2.4），当给定 DEM 的精度 V_{DEM} 要求时，可以求得相应的最佳采样间距值 D。

2.4.3 基于变差的最佳采样间距

所谓变差是指具有一定间隔的两数据值差之平方的平均值，其数学表达式如式（2.5）所示：

$$2r(d) = \frac{1}{N} \sum_{i=1}^{N} (Z_i - Z_{i+d})^2 \tag{2.5}$$

式中，Z_i 和 Z_{i+d} 为两个具间隔 d 的高程值；$r(d)$ 为变差的一半。图 2.11 是地形数据的变差的一例。$r(d)$ 可由幂函数来逼近，其式表达如下：

$$2r(d) = A \times d^{b} \tag{2.6}$$

式中，A 和 b 为两个常数。

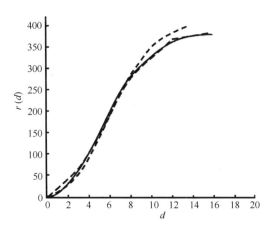

图 2.11　地形表面变差的一例

于是，基于变差的 DEM 精度模型可写为（Frederiksen et al.，1983）

$$V_{\text{DEM}} = V_{\text{raw}} + V_{\text{int}} \tag{2.7}$$

式中，V_{DEM} 为结果 DEM 的精度（方差）；V_{raw} 为测量的源数据的精度（方差）；V_{int} 为由于采样和重建引起的精度损失。V_{int} 的估算是最重要的一环，由下式表示：

$$V_{\text{int}} = A\left(\frac{D}{L}\right)^b \times \left[-\frac{1}{6} + \frac{2}{(b+1)(b+2)}\right] \quad (2.8)$$

式中, D 为源数据的采样间隔; L 为被用于计算参数 A 和 b 的剖面的采样间隔。结合式 (2.7) 和式 (2.8), 当给定 DEM 的精度要求 V_{DEM} 时, 可以求得相应的最佳采样间距值 D。

2.4.4 基于坡度的最佳采样间距

以上章节介绍的数字地形描述方法基本上都是统计方法, 根据目标区域的地形采样点进行计算, 通常会采集一些断面数据并根据这些断面计算有关参数。然而, 这些方法也存在一些问题, 从选择性断面计算的参数可能会与从整个表面导出的参数不同。为此, 对于 DEM 项目规划和采样设计, Li (1990) 推荐坡度/波长作为 DEM 的主要描述符并基于此确定采样间距。基于坡度/波长的 DEM 精度模型将在第 8 章作具体推导, 这里介绍一个简化了的数学模型:

$$\sigma_{\text{DEM}} = K_1 \times \sigma_{\text{raw}} + K_2 \times D \times \tan\alpha \quad (2.9)$$

式中, σ_{DEM} 为结果 DEM 的精度 (中误差); σ_{raw} 为测量的源数据的精度 (中误差); 右边的第二项表示由于采样和重建引起的精度损失; K_1 和 K_2 为常数; D 为采样点间距; α 为地形坡度。

根据式 (2.9), 当给定 DEM 的精度要求 σ_{DEM}、量测精度和地形坡度时, 可以求得相应的最佳采样间距值 D。

将坡度用来表达地形起伏有着充分的理论依据与实践意义。从实践的观点来看, 有以下理由。

(1) 坡度传统上也被认为是一个非常重要的地形描述算子并广泛用于制图实践。例如, 在世界范围内等高线地图的精度说明都是根据坡度角给出的。

(2) 在确定地形图等高线的等高距时, 坡度和起伏 (高度范围) 被认为是两个主要的参数。例如, 表 2.1 所列的是中国国家测绘地理信息局 1:5 万地形图规范所采用的分类体系。

(3) 在 DEM 实践中, 学者们 (Ackermann, 1979; Ley, 1986) 早就发现区域 DEM 的高程精度与平均坡度值之间存在强相关。

表 2.1　根据坡度和高差的地形分类

地形类别	基本等高距/m	地形坡度	高差/m
平地	10 (5) [①]	2°以下	< 80
丘陵地	10	2°~6°	80~300
山地	20	6°~25°	300~600
高山地	20	25°以上	>600

注: ① 国家测绘地理信息局 1:5 万比例尺地形图对于平地采用的是 10m 或 5m 的基本等高距。

把坡度 (和起伏) 作为 DEM 的主要地形描述参数具有理论依据。Mark (1975) 指出, 地形表面的粗糙度或者复杂度是不能用任何单个参数完整定义的, 而应是一个粗糙度矢量或一组参数: 起伏 (relief)、波长 (wavelength) 和坡度 (slope) 构成一组粗糙度参数 (Mark, 1975)。其中, 起伏用于描述地形表面的垂直维数 (或者说地形幅度),

粒度（grain）和纹理（texture）术语（最长和最短的主波长）则用于描述水平变化（变化的频率）。坡度则能很好地把这两维空间参数联系起来，如图 2.12 所示。可见，波形上任意位置处的坡度角都是不同的。这种关系可以用下列数学公式来近似表示：

$$\tan\alpha = \frac{H}{W/2} = \frac{2H}{W}$$

（2.10）

式中，α 为平均坡度角；H 为局部起伏值（或幅度）；W 为所谓的波长。显然，已知其中任意两个参数，可以推算出第三个参数。为此，坡度和波长的组合被认为是 DEM 主要的地形粗糙度矢量。

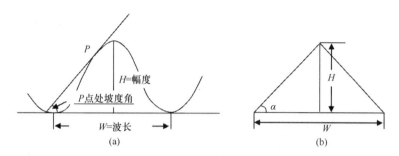

图 2.12　坡度、波长和起伏之间的关系

在地貌学领域，Evan（1981）曾指出"幅度和表面微分即坡度和曲率给出了地形任意位置处有用的描述"，"坡度被定义为表面上给定点处的平面正切，由倾斜度（垂直分量）和坡向（水平分量）两个分量完整确定"，"倾斜度本质上是高度表面的一阶垂直导数、而坡向则是一阶水平导数"。显然，倾斜度应该在最陡的方向进行测量。当确定一个断面或一个特定方向上的倾斜度时，倾斜度和坡向总是成对地使用。因此，在本书中的坡度或坡度角也就是指任意方向上的倾斜角。坡度描述的是地形表面在某一点的倾斜程度并且是通过垂直和水平两个方向来描述，事实上也就是通过地形表面的凸面和凹面来描述地形表面的特性，它描述了地表的陡峭方向和大小，所以说坡度是描述地表复杂度的基本方法。

关于坡度的重要性在其他地方也被进一步认识到。正如 Evans（1972）和 Strahler（1956）指出的那样，坡度也许是表面形态最重要的因子，因为根据坡度角便可以完整地形成表面。坡度也是地形表面上高度的一阶差分，表达了地形表面高度随距离变化的比值。

要使用坡度和波长与起伏等描述地形，有两个相关的问题必须考虑，即可得性（availability）和可变性（variability）。可得性意味着坡度值应该在采样开始前就能得到或估算出来，以便帮助确定采样间距。如果存在一个区域的 DEM，则每个 DEM 点的坡度值都可以计算出来并由此得到有代表性的平均坡度（祝国瑞等，1999）。另外，坡度也能从航空立体影像模型或等高线地图上选择一些点进行估算。Wentworth（1930）提出的方法被广泛地用于从等高线图上估计一个区域的平均坡度。如果没有该地区的等高线图，根据 Turner（1997）提出的方法坡度也可以由航空影像获得。

可变性指任何一个位置的坡度都可能不同，一个区域的典型坡度也许并不适用于其他区域。这时，应采用平均坡度值（Ley，1986）。如果一个区域内的坡度变化太剧烈，则该区域则应细分为若干较小的区域再进行坡度估算。因此，在每个区域就要用不同的采样策略。

估计出坡度和高度范围之后，地形变化的波长即可计算出来。这些参数将用于确定数据获取的采样策略和采样间距。

2.5 数字高程模型最佳采样策略推荐

2.5.1 顾及精度的混合采样

由于区域地形表面起伏特征具有不均匀分布的特点，根据 2.2.3 节中给出的最佳采样原则，本节综合现有数字高程模型数据获取中的采样方法，给出一种顾及精度的混合采样最佳策略。其中，顾及精度的主要策略是合理分布采样点，即平坦地区样点较少，地形复杂地区的样点较多，从而实现利用最少的地面点准确表达地形表面，如图 2.13 所示。该策略的要点包括以下两种。

（1）针对平缓地形区域地表变化差异小、特征稀疏的特点，利用相对均匀分布的少数地面点即可表达出地形起伏特征。因此，采用简单高效、支持自动化作业的规则粗格网采样策略。

（2）针对起伏地形区域地表变化尺度差异大、特征密集的特点，需要相对密集分布并能突出地形特征的地面点表达地形特征，因此，采用相对细规则格网采样与选择采样相结合的半自动与人工交互式采样策略：①对于地形较为平坦的区域则在满足精度要求的条件下采用细规则格网采样；②而对于地形较为破碎、沟壑交错区域则采取选择采样方案。

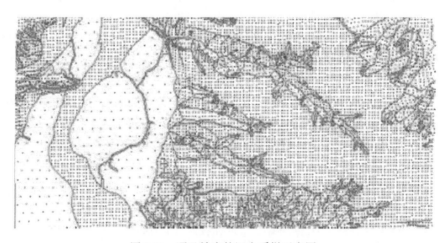

图 2.13　顾及精度的混合采样示意图

2.5.2 顾及大范围地形起伏特征的分区采样

顾及大范围地形起伏在宏观形态上典型的差异性分类特征和区域分布特点（见 1.1.2 节），为确保高效率获取高精度的地形数据，需要针对不同区域差异化的地形起伏特征和自然地理状况选择技术对策。

（1）山地地区：山地地形呈现起伏大、坡度陡、沟谷深、多呈脉状分布起伏特征的地形形态。因此，适合采用选择性采样策略，对特征点（包括山顶点、山谷点、山脚点、山脊点、鞍部、洼地等）和特征线（山脊线、山谷线、陡坎水边线等各种断裂线）多布设采样点。

（2）平原地区：平原地形呈现平坦广阔、起伏和缓地貌特征的地形形态。因此，适合采用规则格网采样策略。但考虑平原地区的宜居特点，大量的城市建设集中的平原地区，因此，对于平原地区中的重点城市区域可选择性采用渐进采样策略。

（3）高原地区：高原总体地势相对高差低、面积广大，地形开阔。根据高原的地形起伏差异，对于顶面较平坦的高原，如中国的内蒙古高原，适合采用粗格网采样策略；对于地面起伏较大，顶面仍相当宽广的高原，如中国青藏高原地区适合采取顾及精度的混合采样策略；对于切割高原，如中国的云贵高原，则可以选用选择采样与规则格网采样相结合的综合采样策略。

（4）丘陵地区：丘陵地区坡度较缓，地表崎岖不平，切割破碎，属于地形特征较为密集的一类大范围地形类型，因此，其适合的采样策略与山地类似，适合采用选择性采样策略。

（5）盆地地区：考虑盆地四周陡峭，中部平坦的地形特征，在盆地边缘可以采用等高线采样而对于盆地中部采用粗格网采样的混合策略，也可根据在满足精度要求的条件下，对整体采用渐进采样策略，对于盆地边缘则进行网格加密。

参 考 文 献

祝国瑞, 王建华, 江文萍. 1999. 数字地图分析. 武汉: 武汉测绘科技大学出版社, 170.

Ackermann F. 1979. The accuracy of digital terrain models. Proceedings of 37th Photogrammetric Week, University of Stuttgart, 113~143.

Evan I. 1981. General Geomorphimetry. In: Goudie A. Geomorphological Techniques Geoge. Boston and Syney: Allen & Unwin, 31~37.

Evans I. 1972. Derivatives of altitude and the descriptive statistics. In: Chorley R. Spatial Analysis in Geomorphology, Methuen & Co. Ltd, 17~90.

Frederiksen P. 1981. Terrain analysis and accuracy prediction by means of the Fourier transformation. Photogrammetria, 36: 145~157.

Frederiksen P, Jacobi O, Justesen J. 1978. Fourier transformation von hohenbeobachtungen. ZFV, 103: 64~79.

Frederiksen P, Jacobi O, Kubik K. 1983. Measuring terrain roughness by topographic dimension. Proceedings of International Colloquium on mathematical Aspects of DEM. Stockholm.

Ley R. 1986. Accuracy assessment of digital terrain models. Auto Carto London, 1: 455~464.

Li Z L. 1990. Sampling strategy and accuracy assessment for digital terrain modelling. The University of Glasgow ph. D. Thesis, 298.

Makarovic B. 1973. Progressive sampling for DEMs. ITC Journal, 1973(4): 397~416.

Mark D. 1975. Geomorphometric parameters: A review and evaluation. Geografiska Annaler, 57A: 165~177.

Strahler A. 1956. Quantative slope analysis. Bulletin of the Geological Society of Amertica, 67: 571~596.

Turner H. 1997. A comparison of some methods of slope measurement from large scale air photos. Photogrammetria, 32: 209~237.

Wentworth C. 1930. A simplified method of determining the average slope of land surface. American Journal of Science, 20: 184~194.

第3章 数字高程模型之数据获取方法

DEM 数据包括平面位置和高程两种信息，可以直接在野外通过全站仪或者 GPS、激光测距仪等进行测量，也可以间接地从航空影像或者遥感图像，以及既有地形图上得到。具体采用何种数据源和相应的生产工艺一方面取决于这些源数据的可获得性、时间与费用成本，另一方面也取决于 DEM 的分辨率、精度要求、数据量大小和技术条件等。在第 2 章讨论了地面数据点选取的采样策略，本章将介绍实际获取 DEM 数据的具体技术。

3.1 数字高程模型的数据来源

地球表面的陆地面积约为 $1.5 \times 10^8 \, \text{km}^2$，约占地球表面总面积的 29%，人类生活在地球上，人类活动在受到地表形态的制约和限制的同时，也在不断地改造着地表形态。因此，本书所述的 DEM 数据获取方法，集中于对陆地地表的数据采集，而对于更大范围的海底 DEM 数据获取，由于陆地地形测量技术难以直接应用到海水覆盖下的海底地形，而需要专门的水深测量技术如多波束测深等。常见的 DEM 数据来源有等高线图、影像及地面测量等。

3.1.1 现有等高线图

几乎世界上所有的国家都拥有地形图，这些地形图是 DEM 的主要数据源之一。对许多发展中国家来说，这些数据源可能由于地形图覆盖范围不够或因地图高程数据的质量不高和等高线信息的不足而比较欠缺。但对大多数发达国家和某些发展中国家如中国来说，其国土的大部分地区都有包含等高线的高质量地形图，这些地形图无疑为地形建模提供了丰富、廉价的数据源。

从既有地形图上采集 DEM 涉及两个问题：一是地图符号的数字化（等高线）；二是这些数字化数据往往不能满足现势性要求。因为，对于经济发达地区，土地开发利用使得地形地貌变化剧烈而且迅速，既有地图往往也不宜作为 DEM 的数据源；但对于其他地形变化小的地区，既有地形图无疑是 DEM 物美价廉的数据源。

地形图的另一个问题是精度问题，它跟比例尺有关。比例尺越小，地形的综合程度越高，因而近似性就越大。表 3.1 列出了在不同比例尺地形图的综合程度。有些（大）比例尺的地形图仅仅是地区性的（如城镇地形图），而有些则是全国性的。在覆盖全国范围的地形图中，比例尺最大的称之为基本比例尺。基本地形图的比例尺在不同国家可能有所不同，在英国，覆盖全国的基本地形图比例尺为 1：1 万；在中国为 1：5 万；而美国为 1：2.4 万。不同比例尺的地形图具有不同的等高距。等高线的密度及其本身的精度决定了地形表达的可信度。等高线密度由等高线间距表示。不同比例尺地形图比较常用的等高线间距列于表 3.2 中。

表 3.1　不同比例尺的地形图和它们的地形综合特性

地形图	比例尺	特征
大比例尺地形图	>1∶10000	综合程度低，较真实地反映地形
中比例尺地形图	1∶20000~1∶75000	作了一定程度的综合，近似地反映地形
小比例尺地形图	<1∶100000	综合程度很高，仅反映地形的大致特征

表 3.2　地形图比例尺与等高距的关系

地形图的比例尺	等高距/m
1∶200000	25~100
1∶100000	10~40
1∶50000	10~20
1∶25000	5~20
1∶10000	2.5~10

3.1.2　立体光学影像

航空和航天摄影测量一直是地形图测绘和更新最有效也是最主要的手段之一，其获取的高分辨率影像是高精度大范围 DEM 生产最有价值的数据源。利用该数据源，通过摄影测量处理可以快速获取或更新大面积的 DEM 数据，从而满足对数据现势性的要求。特别是大幅面数字航空相机的影像质量显著改善和高精度定位定姿系统（POS）的普遍应用，使得全数字摄影测量的实时化、自动化和智能化正逐步成为现实。近年来，国际上发展引人注目的倾斜摄影技术，通过在同一飞行平台上搭载多台传感器，同时从垂直、倾斜等不同的角度采集影像，获取地面更为完整准确的信息（朱庆等，2012），由于倾斜摄影能同时获得多角度的甚高分辨率影像，为亚米级甚至厘米级分辨率的高保真 DEM 获取提供了新的途径。图 3.1 为同一区域典型的多角度影像。此外，由于无人机航测技术机动灵活，其具有工程响应快速、勘测成本低廉等特点，近几年快速发展，并在灾害应急测绘中发挥着独特的作用。

长期以来，卫星影像由于摄影距离很远，影像的解析能力和分辨率限制了其在大比例尺 DEM 生产中的应用。随着卫星遥感技术的迅猛发展，高分辨率卫星影像已成为快速获取大范围现势性好的 DEM 的主要数据源之一。例如，全球 DEM（覆盖整个地球陆地表面 99%的区域）就是从高级星载热辐射和反射辐射计（ASTER）获得的立体影像生产的，DEM 格网间距达到 30m，高程精度达到 20m。我国第一颗民用三线阵立体测图卫星"资源三号测绘卫星"可以获得优于 2.1m 分辨率的全色影像，带控制点高程精度优于 3m，平面精度优于 4m，完全可以满足 1∶50000 测图要求（李德仁，2012），并可用于 1∶25000 甚至更大比例尺地图的修测与更新。国际上也有众多具有亚米级分辨率的测图卫星，如图 3.1 所示，如美国的 GEOEYE-1 可以获得 0.41m 分辨率的全色影像，带控制点的平面精度定位达到 0.1m，高程精度为 0.25m（Fraser and Ravanbakhsh, 2009）；美国 Digital Globe 公司的 WorldView-3 卫星影像分辨率达到 0.3m（在 2014 年，该卫星是世界上最高分辨率的商业光学卫星），从该立体影像自动生成 0.5m 分辨率的 DEM，其高程精度可以达到 0.15m（www.photosat.ca）。

(a)厘米级分辨率航空倾斜影像

(b)亚米级分辨率卫星立体影像

图 3.1　DEM 数据源之高分辨率影像

3.1.3　合成孔径雷达图像

合成孔径雷达（synthetic aperture radar，SAR）是一种典型的主动式对地成像系统，具有全天候、全天时工作能力。不同于一般光学图像记录了多个波段的灰度信息，由于 SAR 传感器属于微波频段，波长通常在厘米级，SAR 图像以二进制复数形式只记录了一个波段的回波信息。干涉雷达（InSAR）正是利用每个像素的复数数据所包含的相位信息直接提取 DEM。机载和星载 InSAR 具有十分突出的大覆盖和高精度特点，在大范围 DEM 数据获取中具有独特作用。不同于一般立体影像的摄影测量处理，提取 DEM 的 InSAR 技术要复杂得多，如复影像配准、干涉图生成、基线估计、去平地效应、噪声滤除、相位解缠、高程计算和地理编码等。众所周知的全球 SRTMDEM 就来自于奋进号航天飞机获取的 SAR 图像，当今覆盖全球范围的最高分辨率 DEM（12m）也是出自雷达卫星 TerraSAR-X 和 TanDEM-X，其垂直精度为 2m（相对）/4m（绝对）。机载多波段多极化干涉 SAR 图像还在我国西部测图工程横断山脉困难测图区域 1∶5 万 DEM 生产中发挥了关键作用。图 3.2 为典型的 SAR 图像。

3.1.4　激光扫描点云

激光扫描点云（LiDAR point cloud）指由激光扫描系统获取的三维坐标点的集合。由于 LiDAR 特有的植被穿透力强、直接获得三维空间坐标等独特优点，在诸如应急响应、植被覆盖等特殊场合，LiDAR 比摄影测量更具优势（Leberl et al.，2010）。跟航空摄影测量技术得到的点云相比，机载 LiDAR 点云过去最突出的问题在于密度较低。但是，随着激光扫描技术的迅速发展，点云数据的密度得到了显著提高，机载 LiDAR 点云密度从早期的 1m 分辨率（每平方米 1 个点）提高到今天的 0.1m 分辨率（每平方米 100

个点），已经跟摄影测量密集匹配得到的点云密度相当，因此 LiDAR 点云已经成为高精度高密度 DEM 数据快速获取的主要数据源之一。国际上应用最为广泛的机载激光扫描系统有 Leica-ALS 系列、Optech-ALTM、Riegl-LMS 系列等。图 3.3 为高密度机载 LiDAR 点云图像。

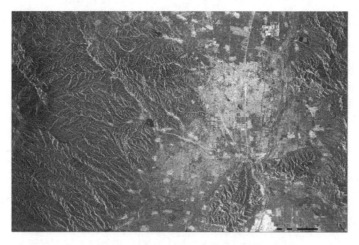

图 3.2　DEM 数据源之 SAR 图像

图 3.3　DEM 数据源之机载 LiDAR 点云

3.1.5　地面本身及其他数据源

用卫星定位系统如 GPS 和北斗、全站仪或经纬仪配合袖珍计算机在野外进行观测获取地面点数据，经过适当变换处理后建成数字高程模型，一般用于小范围大比例尺（如比例尺大于 1∶2000）的 DEM。以地面测量的方法直接获取的数据能够达到很高的精度，常常用于有限范围内各种大比例尺高精度的地形建模，如土木工程中的道路、桥梁、隧道、房屋建筑等。然而，由于这种数据获取方法的工作量很大、效率不高、加之费用高昂，并不适合于大规模的数据采集任务，如在采集覆盖一个地区、一个国家的数据时，就不可能使用这种方法。

用气压测高法、水文站、气象站、地质勘探和重力测量等获取的观测数据得到地面稀疏点集的高程数据，这样建立的数字高程模型主要用于大范围且高程精度要求较低的科学研究。

3.2 摄影测量数据采集方法

3.2.1 发展过程简述

摄影测量采集空间数据的方法是与摄影测量的发展过程紧密相关的。摄影测量的发展可划分为四个阶段，即模拟摄影测量、数值摄影测量、解析摄影测量与数字摄影测量，如表3.3所示。

表3.3 摄影测量四个阶段的特性（Li et al.，1993）

	模拟摄影测量	数值摄影测量	解析摄影测量	数字摄影测量
输入部分（影像）	模拟	模拟	模拟	数字
模型部分	模拟	模拟	解析	解析
输出部分	模拟	数字	数字	数字
困难度（0~3）	3	2	1	0
灵活度（0~3）	0	1	2	3

模拟摄影测量的发展可追溯到19世纪中叶。当时，法国Laussedat（被认为是"摄影测量之父"）利用所谓的"明箱"装置，采用图解法进行逐点测绘测制了巴黎万森城堡图。直到20世纪初，才由维也纳军事地理研究所按Orel的思想制成了"自动立体测图仪"，后来由德国卡尔蔡司厂进一步发展，成功地制造了实用的"立体自动测图仪"。经过半个多世纪的发展，到60~70年代，这种类型的仪器发展到了顶峰。由于这些仪器均采用光学投影器或机械投影器或光学-机械投影器"模拟"摄影过程，用它们交会被摄物体的空间位置，所以称其为"模拟摄影测量仪器"。在模拟摄影测量的漫长发展阶段中，摄影测量科技的发展可以说基本上是围绕着十分昂贵的立体测图仪进行的，而且操作方式是全手工的，以沿等高线和剖面线采样为主（张祖勋和张剑清，1996）。

随着计算机的发展，人们对数字产品的需求不断增加。后来，人们尝试对模拟摄影测量仪器进行改造，让它们输出数字产品而并非原来的模拟地图。这就是所谓的数值摄影测量。后来，光学和机械的模拟投影被数学模型所代替，就产生了所谓的解析摄影测量（Helava，1958）。

数字摄影测量的发展起源于摄影测量自动化的实践，即利用影像相关技术，实现自动化测图。随着数字相机的不断发展，数字影像已经普遍取代传统的胶片影像，从而使用计算机就能实现摄影测量的全过程（Sarjakoski，1981）。

总的来说，摄影测量是空间数据采集最有效的手段之一，它具有效率高、劳动强度低、精度高等优点。

3.2.2 摄影测量的基本原理

摄影测量的基本原理是用立体像对来恢复三维物体的表面形状即形成所谓的立体模型，然后在立体模型上量测物体的三维空间坐标以代替野外的量测。所谓的立体像对就是在两个不同的地方摄得的且具有一定重叠度的同一景物的两张影像（图 3.4）。实际上，只有在重叠的地方，我们才可以恢复三维物体的立体形状（模型）（图 3.5）。

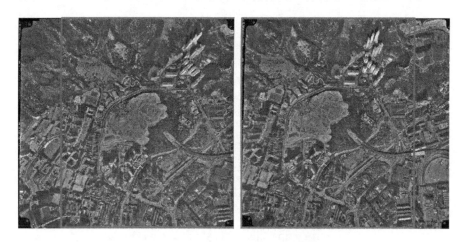

图 3.4　立体像对：80%重叠度的影像

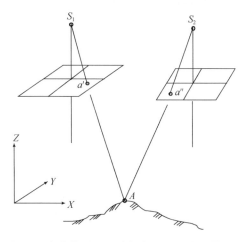

图 3.5　立体像对可用来恢复三维立体（模型）

　　在模拟摄影测量时代，一般来说在飞行方向上的重叠度为 60%，而航线间的重叠度为 30%，而进入数字摄影测量时代之后，由于无需胶片成本且为获取更高量测精度，推荐分别采用 80%、60%重叠度（Rupnik et al.，2015）。任何两张在航线方向上的影像，都可用来形成一个立体模型，而能形成立体模型的范围为影像范围的 60%~80%。航天影像也是一样，不管是摄影（如 spacelab camera）所得或扫描（如资源三号卫星）所得，只要有重叠，便可用于建立立体模型。用摄影机所得的影像通常称为像片。

　　可以想象，如果把一个立体像对的左右像片放到同摄影机一模一样的两个投影机器中，并且左右两投影器的相对位置也恢复到摄影机摄影时的位置与姿态。这样，从左右两像片投下来的光束就会在空中交会而形成一个立体模型。但立体模型的比例尺当然不会是 1∶1。实际中，可通过缩小基线（两投影器间的距离）的长度来把模型缩小到可以实现的程度。这样，作业员就可在立体模型上进行测量了。

　　解析摄影测量是利用摄影机（投影器）的中心、像点、物点之间的共线关系（条件）

来代替模拟投影从而形成数学的模型。共线条件的形式如式（3.1）所示：

$$x = -f \frac{a_1(X_A - X_S) + b_1(Y_A - Y_S) + c_1(Z_A - Z_S)}{a_3(X_A - X_S) + b_3(Y_A - Y_S) + c_3(Z_A - Z_S)}$$
$$y = -f \frac{a_2(X_A - X_S) + b_2(Y_A - Y_S) + c_2(Z_A - Z_S)}{a_3(X_A - X_S) + b_3(Y_A - Y_S) + c_3(Z_A - Z_S)} \tag{3.1}$$

式中，a_i，b_i 和 c_i $(i = 1,2,3)$ 为三个角方位元素的函数。其中

$$
\begin{aligned}
a_1 &= \cos\varphi\cos\kappa + \sin\varphi\sin\omega\sin\kappa \\
b_1 &= \cos\varphi\sin\kappa + \sin\varphi\sin\omega\cos\kappa \\
c_1 &= \sin\varphi\cos\omega \\
a_2 &= -\cos\omega\sin\kappa \\
b_2 &= \cos\omega\cos\kappa \\
c_2 &= \sin\omega \\
a_3 &= \sin\varphi\cos\kappa + \cos\varphi\sin\omega\sin\kappa \\
b_3 &= \sin\varphi\sin\kappa - \cos\varphi\sin\omega\cos\kappa \\
c_3 &= \cos\varphi\cos\omega
\end{aligned}
\tag{3.2}
$$

式中，φ、ω、κ 为三个角方位元素，即水平的像片绕 X、Y、Z 轴依次旋转 φ、ω、κ 时，便得到像片的姿态。

X、Y、Z 为大地坐标系，$S\text{-}xy$ 为像片坐标系，x、y 为像点坐标，A 为地物点，S 为像机的凸透镜位置即投影中心，投影中心 S 在大地坐标系的位置为 X_S、Y_S、Z_S，地物点 A 在大地坐标系的位置为 X_A、Y_A、Z_A，f 为 S 到像片的距离，即焦距。

X_S、Y_S、Z_S 称为像片的方位元素。它们可以用仪器在飞机上直接测定，但由于精度不够，通常采用地面控制点用式（3.1）来解求。

也就是说地面点 A 在左右像片上分别成像为 a'、a''。当我们知道左右像片各自的六个方位元素后，只要测得 a'、a'' 点的像点坐标，便可通过式（3.1）来求解 A 的地面坐标 X_A、Y_A、Z_A。

在解析量测中，像点坐标的量测仍然由作业员执行。但人们希望这种量测能自动化。要全自动化便意味着计算机要自动的找到左右像片上相应点（同名点，如图 3.5 中的 a'、a''），并计算出它们的 x、y 坐标。这样，计算机就可以用解析的方法来算出该点相应的地面坐标（如图 3.5 中的 X_A、Y_A、Z_A）。为达到这样的目的影像必须数字化。所以这种影像数字化后的摄影量测在这里被称为数字摄影量测。整个数字摄影测量的关键在于找到左右像片上相应点（同名点），这个过程叫影像匹配。这样的数字摄影测量系统通常称为数字摄影测量工作站（digital photogrammetry workstation，DPW）。

3.2.3 影像匹配：自动化数据采集方法

影像匹配的主要目的是：当给定左像片上的一个点时，自动在右像片上找到相应点（共轭点）。影像匹配是通过定量表达立体像对灰度值的相似性，搜索相似性最大的点作为匹配点。由于灰度值相似的点太多，太容易造成错误的匹配，因此通常采用基于窗口

为基本单元的匹配，即两相似性最大的窗口的中心点为相应点的共轭点。

基本单元的匹配是通过指定相关窗口大小，获取两匹配影像 $I(p)$ 和 $I'(p')$ 常用的相关函数包括灰度差平方和（sum of squared differences，SSD）、灰度差绝对值之和（sum of absolute differences，SAD）和归一化相关系数（normalized cross-correlation，NCC）等，由于 NCC 对微小的辐射差异不敏感，因此是最常使用的影像相关方法，其计算公式如下

$$\mathrm{NCC}(p) = \frac{\sum_i \left(I(x_i) - \overline{I}\right)\left(I'(x_i + p) - \overline{I'}\right)}{\sqrt{\sum_i \left(I(x_i) - \overline{I}\right)^2} \sqrt{\sum_i \left(I'(x_i + p) - \overline{I'}\right)^2}} \tag{3.3}$$

不过二维影像相关方法仅能获取整像素的匹配精度，为了满足摄影测量应用的高精度需求，通常需要采用最小二乘匹配（least squares matching，LSM）进行亚像素定位，如图 3.6 所示。对于两影像 I 和 I'，LSM 认为影像之间存在微小的几何形变和辐射差异，该几何形变可用 6 个参数的仿射变换进行表达，而辐射差异可用增益（gain）和偏差（bias）两个参数进行线性表达，在采用上述 8 个参数纠正影像 I 之后，两影像应具有相同灰度值，如下所示：

$$I(r,c) = k_1 I'(r',c') + k_2 + n(r,c)$$
$$r' = a_{11}r + a_{12}c + a_{13}, \quad c' = a_{21}r + a_{22}c + a_{23} \tag{3.4}$$

式中，k_1 为增益；k_2 为偏差；n 为高斯随机噪声；a_{ij} 为仿射变换参数。该式对窗口中每个像素均成立，因此确定一个最小二乘优化问题，可在线性化后迭代求解，最终子像素匹配坐标由 (a_{13}, a_{23}) 决定。

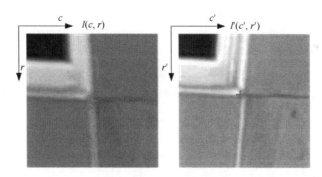

图 3.6　最小二乘匹配示意图

根据影像匹配的搜索策略，影像匹配方法主要可以分为两类：特征匹配方法与逐像素密集匹配方法。

特征匹配方法首先从立体像对中，提取具有较强显著性和良好重复率的点、线等特征信息，通过描述特征信息之间的相似性，获取相似性最好的作为匹配特征。由于点特征提取效率更高，且匹配方法更简洁，因此使用范围最为广泛，在航空摄影测量领域通过提取 Moravec、Förstner、Harris 等角点特征，并采用 NCC 由粗到精的金字塔影像匹配策略，最后用最小二乘匹配方法进行子像素定位（张祖勋和张剑清，1996），长期以来是众多摄影测量软件的标准方法。不过由于角点特征对影像尺度、旋转等几何变形较

为敏感，随着无人机，以及多视角倾斜影像的出现与发展，此类方法匹配性能大幅下降，需要考虑具有尺度、旋转等不变性特征的 SIFT（scale-invariant feature transform）算子（Lowe，2004）。如图 3.7 所示，SIFT 在高斯差分空间（difference of Gaussian，DOG）中提取具有尺度不变性的特征点，随后通过影像梯度信息检测特征点的主方向，并对梯度进行规范化处理，实现旋转不变性。

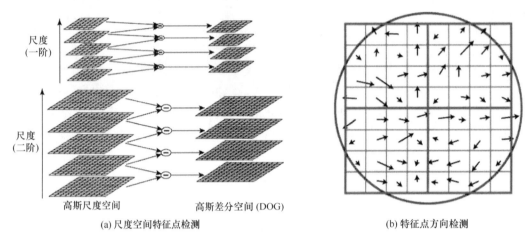

(a) 尺度空间特征点检测   (b) 特征点方向检测

图 3.7　SIFT 算子（Lowe，2004）

对于特征线匹配，直线特征通常提取于影像边缘，进行直线拟合获得。并且不同于特征点匹配，特征线匹配的相似性测度更难以确定。一种简单的策略是将直线离散成一系列点集，通过离散点的归一化相关系数计算直线特征相似性（Schmid and Zisserman，2000），也可通过直线两侧的半平面分开计算相关系数并取较大者为最终的相似性（江万寿，2004）。然而当直线位于人工建筑物等地物的表面非连续处时，直线两边的信息在立体相对的左右影像很可能不一致，从而降低直线特征匹配性能。此时，可以考虑采用移动窗口的自适应直线相关系数方法获取直线之间相似性（Wu et al.，2012），如图 3.8 所示，通过对匹配窗口进行偏移与扩展，自适应地获取匹配窗口，克服边缘不连续、遮挡等问题。

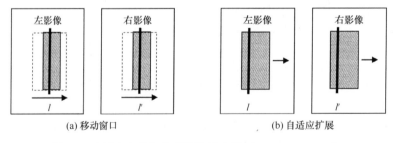

(a) 移动窗口   (b) 自适应扩展

图 3.8　自适应直线相关系数计算方法（Wu et al.，2012）

密集匹配方法不同于上述提到的特征匹配方法，密集匹配方法不提取影像特征点、线等信息，直接逐像素计算匹配点的相似信息，获取密集匹配点，并通过空间前方交会获得三维点云。因在纹理缺乏区域，难以获取可靠的影像相似性信息，因此此类方法通常依赖于全局约束信息，将密集匹配转换为一个如下所示的全局优化问题（Scharstein and Szeliski, 2002):

$$E(d) = E_{\text{data}}(d) + \lambda E_{\text{smooth}}(d) \qquad (3.5)$$

式中，优化参数 d 为每个像素的视差值；E_{data} 为刻画匹配点的相似性；E_{smooth} 为全局约束，通常为视差连续性约束。不过由于二维全局优化时间、空间复杂度过高，难以满足航空、航天摄影测量应用的效率需求。然而近来，半全局匹配方法（semi-global matching，SGM）（Hirschmuller，2008）创新性的将二维优化转化为 16 个方向的一维动态规划搜索问题，如图 3.9 所示，而一维动态规划能在多项式时间复杂度内完成。SGM 由于既能保留二维全局优化特性又具有较高的匹配效率，被大量摄影测量软件采用，逐渐成为行业应用中的标准方法。

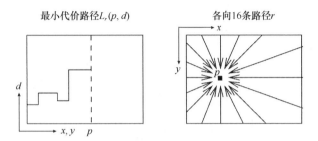

图 3.9　半全局匹配多路径的动态规划示意图（Hirschmuller，2008）

另外，由于特征匹配仅利用较为显著的特征信息，通常匹配结果更加可靠，而且密集匹配的全局优化过程通常在目标边缘由于违背连续性约束假设，导致边缘特征缺失，而直线匹配信息能较好保留边缘信息，因此也可将特征匹配与密集匹配结合起来，利用可靠的特征匹配信息约束逐像素密集匹配，降低匹配搜索空间，提高匹配结果可靠性。通过特征匹配信息，构建带约束的不规则三角网（constrained Delaunay TIN，见第 5 章），如图 3.10 所示（张云生，2011）。特征信息即可保留更丰富的地物边缘，又可通过对应三角网，缩小匹配搜索范围，提高匹配可靠性。

图 3.10　边缘直线约束 TIN 的密集匹配方法（张云生，2011）

3.2.4 摄影测量法采集 DEM 数据的生产方法

利用 DPW 获取 DEM 数据的采集方法可以分为两大类：一类是全数字自动摄影测量方法；另一类是交互式数字摄影测量方法。

全数字自动摄影测量方法使用沿规则格网采样策略。利用全数字摄影测量工作站，可快速获取 DEM。如果与 POS（position and orientation system）辅助自动空中三角测量系统集成，则可以形成从外业控制到内业加密和 DEM 生产高度自动化，以及高效的作业流程，如图 3.11 所示。

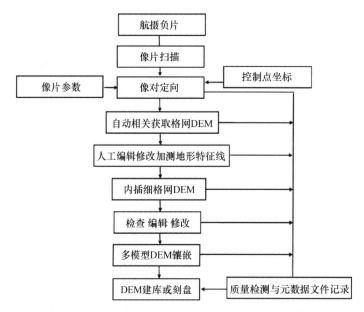

图 3.11 全数字自动摄影测量生产 DEM 的方法

根据欧洲实验摄影测量组织（OEEPE）关于"自动生产的 DEM 精度"的实验结果表明，DEM 的精度可以达到航高的 0.012%。对于水域、植被覆盖和房屋密集的城区等特殊区域，还需要提供简便易行的人工干预和编辑功能。

利用数字摄影测量工作站也可以进行人机交互式的混合采样，如在地形起伏特征复杂，而水文分析等应用要求又较高的特殊地区，高保真 DEM 的获取常常需要采取计算机自动相关和人工交互相结合的方案。这种方法由于增加了人工干预和编辑的功能，能够获得比较可靠、精度较好，且逼真保持地形特征的 DEM。这种方案的工艺流程如图 3.12 所示。

随着多镜头和三线阵等多角度相机技术的不断发展，多视影像高性能摄影测量处理被日益广泛地用于高保真 DEM 数据的获取。特别是跟 POS 系统集成，借助于计算机视觉和高性能 GPU（graphics processing unit）并行处理等新技术，大规模不规则多视影像的密集匹配取得重要突破，快捷甚至实时摄影测量获取高精度高密度的 DEM 逐步成为现实。图 3.13 是从 Digital Globe 公司的 30cm 分辨率 WorldView-3 立体卫星影像自动匹配生产的 50cm 规则格网 DEM，采用单一地面控制点的高程精度优于 15cm。

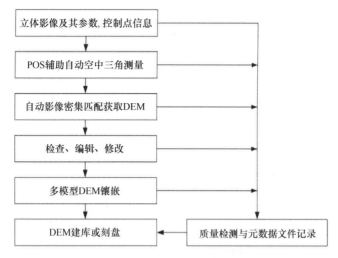

图 3.12 交互式数字摄影测量生产 DEM 的方法

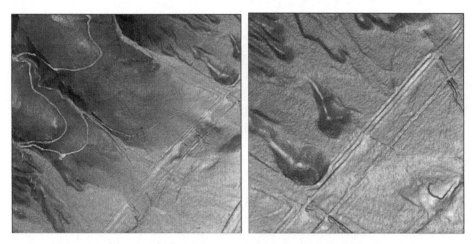

图 3.13 WorldView-3 卫星影像密集匹配生成的 DEM
http://www.photosat.ca/

3.3 合成孔径雷达测量数据采集方法

自 20 世纪 70~80 年代干涉合成孔径雷达（interferometric synthetic aperture radar，InSAR）和差分干涉雷达（differential interferometric SAR，DInSAR）相继诞生以来，干涉雷达技术大覆盖、高精度的遥感能力在 DEM 获取和地表沉降监测等方面发挥着重要的作用，它主要是针对机载或星载合成孔径雷达（SAR）所获取的覆盖同一地区的多幅雷达图像进行联合处理来提取地球表面信息（Massonnet and Feigl，1998；王萍，2010）。

3.3.1 合成孔径雷达测量技术发展简述

1969 年，Rodgers 和 Ingalls 首次应用干涉技术对金星观测，1974 年，Graham 等首次提出用 InSAR 技术来制图的构想，然而，接下来的十多年，InSAR 技术没有得到实质性的发展，直到 1986 年，美国喷气推动实验室（JPL）的 Zebker 和 Goldstein（1986）

才首次发表了他们使用机载合成孔径雷达（SAR）系统获取的数据生成 DEM 的实际结果。1989 年，美国的 Gabriel 等首次使用 InSAR 技术监测地表形变（Gabriel et al.，1989）。近年来，一些欧美国家对 InSAR 的理论和应用做了大量的研究，商业星载 SAR 系统如欧洲空间局的 ERS-1、ERS-2，日本的 JERS-1 和加拿大的 RADARSAT-1 等陆续升空并获取了一些干涉数据。由于 ERS-1/2 卫星的定轨质量好、轨道数据精度相对较高、图像质量好且二者能构成联合飞行方式（tandem mode，相互重复通过某一地区的时间间隔仅一天），故它们获取的干涉图像应用最为普遍。与此同时，澳大利亚、巴西、加拿大、中国、丹麦、法国、德国、荷兰、挪威、俄罗斯、南非、瑞典和英国等都相继开展了各自的机载 SAR 成像试验。值得一提的是，美国 NASA/JPL 自 1978 年以来，先后进行了多次短期的民用卫星或航天飞机 SAR 成像试验，如 SEATSAT SAR（1978 年）、SIR-A（1981 年）、SIR-B（1984 年）、SIR-C/X SAR（1994 年，同时使用 L、C 和 X 三种波段）等，特别地，2000 年 2 月，美国影像制图局（NIMA）和 NASA 联合发射奋进号航天飞机携带 C/X 波段雷达进行了为期 11 天覆盖全球 80%地区的制图任务飞行（shuttle radar topography mission，SRTM），且使用单轨双天线的操作模式，目的是运用干涉方法获取全球高精度的数字高程模型。2010 年，我国利用自主研制的机载多波段多极化干涉 SAR 数据获取系统成功获取了横断山脉地区近 11 万 km^2 的 SAR 影像并提取了现势性好、翔实精确的 1∶5 万分辨率的 DEM，系统解决了冰雪云雾覆盖、人迹罕至的困难区域测图难题，有力地推动了西部测图工程的实施。2015 年，德国雷达卫星 TerraSAR-X 和 TanDEM-X 的精确度更是接近激光雷达产品，获得了 12m 分辨率两级无缝的全球 DEM。

3.3.2 雷达成像的原理

如图 3.14 所示，雷达以主动发射微波（1~1000GHZ 的电磁波谱范围）并接收地面反射信号的方式对地球表面成像。图 3.15 显示了对地观测成像雷达的几何配置（Curlander and Mcdonough，1991；Chen et al.，2000）。搭载雷达的平台可以是飞机、卫星或航天飞机。雷达以一定的侧视角 θ_0 发射一个椭圆锥状的微波脉冲束，这个椭圆锥的轴垂直于平台飞行方向，在垂直于轨道面内的椭圆锥顶角即波束高度角 ω_v 与雷达天线的宽度 w 有关，即

$$\omega_v = \frac{\lambda}{w} \tag{3.6}$$

式中，λ 为雷达所采用的微波波长，而在平行于轨道面内的椭圆锥顶角 ω_h 与雷达天线的长度 L 有关，即

$$\omega_h = \frac{\lambda}{L} \tag{3.7}$$

这个椭圆锥状的微波脉冲束在地表形成一个辐照带（footprint），这个辐照带可看作由许多小的空间面元（cell）所组成，每一个面元将雷达脉冲后向散射（backscattering）回去，由雷达接收并作为一个像素记录下来，实际上，如图 3.16 所示，对于影像平面内某一行像素，不同雷达斜距 R 对应于不同的像素。这样，在雷达平台飞行的过程中，一定幅宽（swath）的地表被连续成像，幅宽 W_G 可如下近似确定：

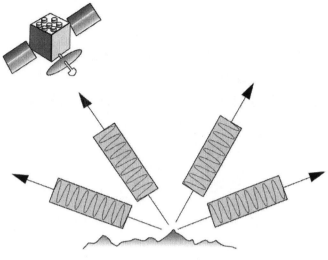

图 3.14 雷达波的发射和接收

引自美国 JPL InSAR 讲义

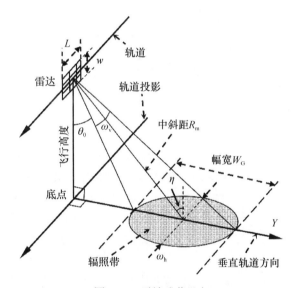

图 3.15 雷达成像几何

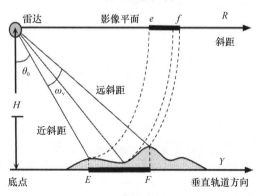

图 3.16 雷达斜距投影

$$W_G \approx \frac{\lambda R_m}{w \cos \eta} \tag{3.8}$$

式中，R_m 为雷达中心到椭圆锥状辐照带中心的斜距；η 为该中心点的雷达入射角。如 ERS-1/2 SAR 影像的幅宽大约是 100 km。

可区分两个相邻目标的最小距离称为雷达影像的空间分辨率。显然，这个距离越小，分辨率越高。如图 3.17 所示，沿雷达飞行方向即方位向和雷达斜距向的分辨率分别为 ΔX、ΔR，将斜距分辨率投影到水平面时，则变为斜距向的地面分辨率 ΔY。

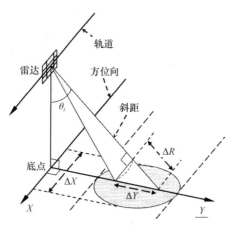

图 3.17　成像雷达分辨率

雷达斜距向的地面分辨率是变化的，越靠近底点，斜距向地面分辨率越低，越远离底点，斜距向地面分辨率越高。如果雷达侧视角为零即正对底点成像，那么，靠近底点的地面分辨率将非常糟糕，这正是为什么成像雷达一定要侧视的原因。

斜距分辨率和斜距向地面分辨率仅与雷达波特征和雷达侧视角有关系，而与雷达天线的大小无关；但是方位向分辨率主要由雷达天线的长度所决定。例如，若 ERS-1/2 卫星雷达（使用 C 波段，$\lambda = 5.7$ cm）操作在真实孔径成像模式上，为了达到 10 m 方位向分辨率，将需要约 3 km 长的雷达天线，这是一般飞行平台难以承受的。也就是说，常规真实孔径成像雷达系统不可能获得沿搭载平台飞行方向具有高分辨率的图像，而在合成孔径雷达成像模式下，这一问题得到了很好的解决。

3.3.3　合成孔径侧视雷达成像

合成孔径雷达利用多普勒频移原理来改善雷达成像分辨率。图 3.18 显示了合成孔径侧视雷达的成像几何（Chen et al.，2000）。设一个长度为 L 的真实孔径雷达天线从点 a 移动到点 b 再到点 c，则被成像的点 O 的雷达斜距会由大变小再变大，这样雷达接收从地面点 O 反射回来的脉冲频率会产生变化，即频率漂移由大变小。通过精确测定这些接收脉冲的雷达相位延迟并跟踪频率漂移，最后可相应地合成一个脉冲，使方位向的目标被锐化（sharpening），即提高方位向分辨率。相对于真实孔径雷达方位向分辨率来说，合成孔径雷达的方位向分辨率被大大地改善，此时的 ΔX 可近似表达为（Curlander and Mcdonough，1991）

$$\Delta X = \frac{L}{2} \qquad (3.9)$$

这意味着方位向分辨率仅由雷达天线的长度所确定。例如，ERS-1/2 操作在合成孔径雷达成像模式下，使用长度为 20 m 的天线，便可获得 10 m 左右的方位向分辨率。

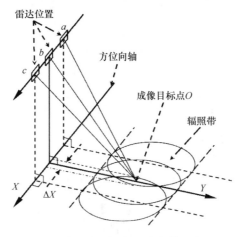

图 3.18　合成孔径雷达成像几何

经过预处理后的雷达影像的每一像素不仅包含灰度值，而且还包含与雷达斜距（一般取样到垂直于平台飞行方向的斜距上）有关的相位值，这两个信息分量可用一个复数来表达，因此 SAR 影像又被称为雷达复数影像，图 3.19 展示的只是灰度分量信息，而相位分量信息未被显示出来。图 3.20 展示了 SAR 影像的平面坐标系及像素的复数表达形式。前已指出，InSAR 主要是基于这些相位数据的处理来提取有用信息的，下面将介绍 InSAR 的基本原理。

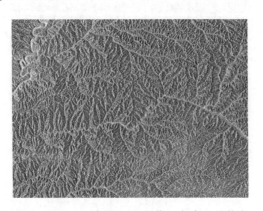

图 3.19　ERS-1C 波段 SAR 影像（灰度分量信息）

3.3.4　合成孔径雷达的干涉测量法

1801 年，Thomas Young 通过一个简单的光学实验，发现了光波的干涉现象，这就是所谓的杨氏双狭缝光干涉实验，它是理解所有现代波传播理论的基础。合成孔径雷达干涉测量学便使用了该原理。

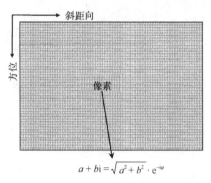

$$a + bi = \sqrt{a^2 + b^2} \cdot e^{-i\varphi}$$

图 3.20　SAR 影像像素的复数表

显然，InSAR 至少需要联合从不同空间位置获取的两个 SAR 图像来进行处理。干涉系统可分为两类（Massonnet and Feigl，1998；刘国祥等 2000a，b）：双天线干涉（图 3.21）和单天线重复轨道干涉（图 3.22）。

图 3.21　双天线干涉：美国 SRTM InSAR 系统
引自 JPL InSAR 讲义

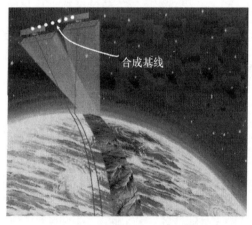

图 3.22　单天线重复轨道干涉系统
引自 JPL InSAR 讲义

如图 3.23 所示，雷达干涉的关键点是可用相位差来确定雷达斜距差 δR，因为雷达波长很短（几厘米至数十厘米），故雷达斜距差可以子波长级的精度来确定。覆盖相同地区的两个单复视 SLC 影像是指用一段合成孔径长度所成的 SAR 影像分别称为主、从图像，为了提取相位差图即干涉图，须将它们做空间配准且将从图像取样到主图像空间（刘国祥等，2001）。设配准后的主、从影像对应像素分别以复数 $c_1(i)$ 和 $c_2(i)$ 表示，则干涉图的像素值可按下式计算得到：

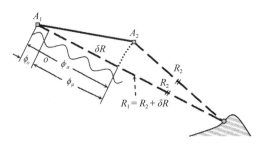

图 3.23　绝对相位差 ϕ_a、解缠相位差 ϕ_o 和观测相位差 ϕ_μ 关系

$$G = \sum_i^N c_1(i) \cdot c_2^*(i) \tag{3.10}$$

式中，"*" 为复数共轭；N 为平滑窗口像素总数；复数 G 的相位主值即为对应像素的相位差 ϕ_o（$0 \leqslant \phi_o < 2\pi$），以下简称为干涉相位。参照图 3.23，可以帮助理解这个相位差的意义，实际上，地面点 P 到两个雷达 A_1 和 A_2 的斜距差 δR 对应于雷达波长个数或总相位数 ϕ_a（称为绝对相位差），但 ϕ_o 仅代表了一个波长内的微小距离，而余下的相应于整波数的斜距差无法通过相位观测来确定，这就是所谓的干涉相位存在整周模糊度（ambiguity，如图 3.23 中的 ϕ_μ）的问题，对于干涉图中的每一像素来说，均存在模糊度，这需要借助于一种称之为相位解缠（phase unwrapping）的处理算法来确定，主要思想是利用相邻像素间的干涉相位差异值的相互关系来处理，它是干涉应用中非常重要的数据处理环节之一。

图 3.24 给出了一个由香港理工大学 InSAR 研究组使用 ERS-1/2 Tandem SAR 数据（ERS-1：1996.3.15~ERS2：1996.3.16）处理得到的干涉图例子，地面分辨率约为 20m×20m，地理范围是台湾西部沿海地区的一部分，包括台中市和大肚山脉等在内，这种近似等高线的干涉相位变化实际上反映了地表起伏的变化，从 0~2π 的相位变化称为一个干涉条纹（fringe）。

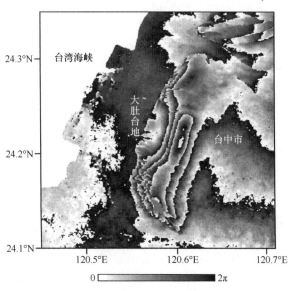

图 3.24　干涉相位图示例：台湾西部沿海地区，使用一对 ERS-1/2 Tandem SAR 影像数据生成

这里暂且假设地表形变不存在，在干涉基线不为零的情况下，干涉相位的几何贡献包括两个方面（Small，1998）：地球椭球面的贡献及地形起伏的贡献。

我们知道，大地测量的几何基准是参考椭球面，即使被成像点在这个面上，从图3.24中不难想象雷达斜距差依然存在，或者说干涉相位存在；从整体成像区域来看，这种干涉相位项的贡献是很显著的，这就是所谓的地球曲面相位趋势项。

地形起伏变化也会改变干涉相位的变化。在一般的干涉应用中，地球椭球面相位趋势项一般要去除（phase flattening）或分离出来。为突出地形起伏，图3.24中的地球椭球面相位趋势已被去除（Santitamnont，1998）。

图3.25显示了InSAR系统用于地表三维重建的几何原理（Zebker and Goldstein，1986；Small，1998；Chen et al.，2000）。设两个SAR A_1 和 A_2 飞入纸面均对地面点 P 成像，二者构成的基线向量 B 与飞行轨道垂直，基线与水平方向的夹角为 a。两个雷达斜距 R_1 和 R_2 之差 δR，可根据对应像素的绝对相位差 ϕ_a 来求得，其关系如下：

$$\delta R = R_1 - R_2 = \frac{\lambda}{P \cdot 2\pi} \cdot \phi_a \tag{3.11}$$

式中，如果是双天线系统，则 $P=1$，如果为星载重复单天线系统，则 $P=2$。当 $B \ll R_1$ 时，斜距差可近似为基线 B 在斜距 R_1 方向上的投影分量（P 常称为平行基线），即

$$\delta R \approx B_{\parallel} = B\sin(\theta - a) \tag{3.12}$$

式中，θ 为雷达侧视角。从图3.25中不难发现，雷达侧视角 θ，斜距和基线参数 B、a 的严密三角函数关系为

$$\sin(\theta + a) = \frac{R_1^2 + B^2 - R_2^2}{2R_1 B} \tag{3.13}$$

当雷达侧视角 θ 通过式（3.8）和式（3.9）确定后，地表高程可经如下公式计算得出：

$$h = H - R_1 \cos\theta \tag{3.14}$$

式中，H 为雷达中心到参考面的垂直距离。

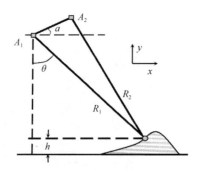

图3.25　InSAR系统的观测几何关系

使用InSAR建立DEM的主要数据处理过程如图3.26所示，其中，如何确定绝对干涉相位差（即相位解缠）和基线参数是InSAR数据处理的关键所在。图3.27是由干涉图3.24生成的DEM实例。

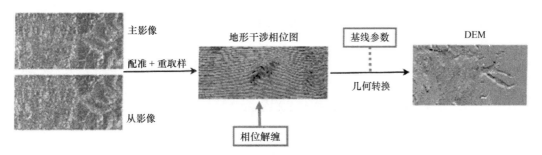

主影像

从影像

配准 + 重取样

地形干涉相位图

基线参数

DEM

几何转换

相位解缠

图 3.26　干涉 DEM 生成过程

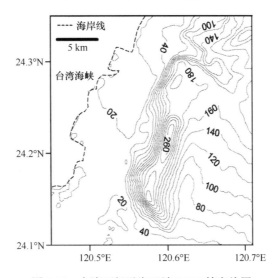

图 3.27　台湾西部沿海干涉 DEM 等高线图

3.3.5　合成孔径雷达的立体测量法

常规合成孔径雷达只能实现二维高分辨率成像，无法得到景物的高度信息。与其他技术结合的合成孔径雷达可以实现三维立体高分辨成像，逐渐成为研究热点。立体 SAR 提取数字高程模型是 SAR 测图的关键技术之一，其常规技术流程主要包括影像自动匹配、地面三维信息立体交会解算和地理编码三个部分。目前关于三维成像 SAR 的技术主要包括干涉 SAR（InSAR）、双/多基地 SAR（bistatic/multistatic SAR）、复杂路径 SAR（complex path SAR），以及阵列 SAR（array SAR）等（曲长文等，2010）。这些方法中，立体交会和地理编码主要根据 SAR 构象几何模型实现，而 SAR 影像自动匹配则主要沿用光学影像的匹配方法进行。

合成孔径雷达的立体成像技术是在常规 SAR 成像的基础上结合其他技术以实现对场景三维信息的获取，是对常规 SAR 成像技术的拓展。SAR 三维成像技术复杂，上述几种不同的模式由于系统及采用技术的差别，在 SAR 成像机理共性的基础上又有其各自特点，可归纳如下。

（1）InSAR 具有测绘覆盖面大、精度高、有统一基准等优点。它通过相位干涉来提取地面的高度信息，得到地形的数字高程图，但由于不具备第三维分辨能力，该技术从理论上讲只是得到一个平均高度，不能提供精确的高度分辨单元，因此不能提供精确的三维重建。InSAR 成像技术对平台轨道精度的要求很高，使得单航过时对雷达设备和技术的要求高，双航过时对导航等控制设备和技术的要求高。此外，InSAR 的信号处理涉及数据获取、相位保持处理、图像配准、干涉图的噪声滤除和去平地相位处理等关键技术，数据处理量大，处理计算也较复杂。

（2）双/多基地 SAR 由于在反隐身、抗反辐射导弹、抗电子干扰及对付低空/超低空突防方面具有颇大的潜力而日益得到重视。相比于单基地 SAR，双基地 SAR 发射天线和接收天线分别安置于不同的平台上，可以实现不同的运动速度和运动路径。由于其工作模式的复杂性，探测和定位也较单基地更为复杂，给信号处理带来许多难题。例如，双基地 SAR 需要解决双基地之间时间同步、相位同步和空间同步等关键技术。特别是成像对系统相位稳定性的要求，使得相位同步要求更为突出。此外，由于系统结构不同，双/多基地 SAR 成像系统的回波信号相位特性由收发平台的空间几何关系和系统参数共同确定，因而在成像处理尤其是算法上有很大难度。

（3）复杂路径 SAR 利用平台复杂的飞行路径实现三维成像，由于其在方位及高度上均表现为大的合成孔径，在这两个方向上都具有分辨能力。因此，复杂路径 SAR 被认为是一种更具实际意义的三维 SAR 成像系统。复杂路径 SAR 采集的数据在三维频率空间是稀疏的，其点扩散函数（point spread function，PSF）具有高且复杂的旁瓣，利用常规的 Fourier 分析的方法获得的三维图像存在严重的混叠现象，以至于无法对图像进行判读。同时该模式对平台飞行路径的稳定性要求比较苛刻，其固有的缺点就是很难精确控制平台的曲线飞行路径，轨迹控制精度低，因此发展较慢。该成像模式提出时间相对较晚，大多是基于理论研究，尚未见到工程实现的报道。

（4）阵列 SAR 有效解决了平台运动模式的限制，避免因平台轨迹精度低所带来的误差。但阵列技术的采用也使得在进行系统设计时存在各种问题。为了实现跨航向的高分辨率，线阵所需庞大数目的阵元，造成硬件实现的难度很大，因此线阵稀疏化是线阵构型设计的重要内容之一。对线阵参数的设计需要充分考虑线阵长度、阵元间距、阵元数目，以及线阵构型设计等。成像中，方位向压缩参考函数的选取与收发天线阵元到场景中心的距离和平台运动速度有关，而各个天线阵元接收回波位置不同，使得各阵元方位向压缩参考函数的选取也会不同，信号处理的难度与复杂度会明显增大。

随着 SAR 成像技术和惯性导航技术发展，利用已有构象模型，立体 SAR 在几何方面已经能够达到很高的精度。而在 SAR 影像自动匹配方面，由于 SAR 影像自身独有的特点，利用已有的匹配方法很难取得理想的效果，故而 SAR 影响匹配已成为立体 SAR 提取 DEM 的难点。

斑点噪声是 SAR 影像固有的特点，对影像匹配影响很大。SAR 斜距投影的成像方式，使得 SAR 影像几何变形较为复杂，立体像对的像对影像变形对影像匹配也会造成影响，尤其是在地形起伏较大的区域，影像尤为严重。SAR 影像的以上特点，使得 SAR 立体像对的自动匹配很难取得理想效果，现有的 SAR 立体像对自动匹配技术应用在立体 SAR 提取 DEM 中，难以得到满足测图精度要求的 DEM 成果。

为使立体 SAR 提取 DEM 获得理想结果，针对现有技术中 SAR 影像自动匹配困难的问题，一种可行的零立体环境下的 SAR 立体视差编辑方法实现步骤如下（图 3.28）。

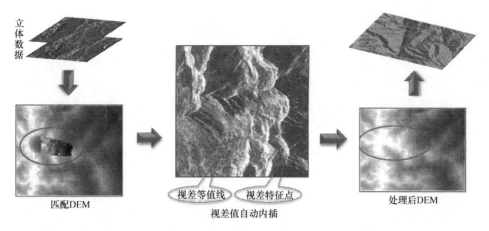

图 3.28　视差编辑辅助的立体 SAR 提取 DEM 流程图

步骤 1：构建零视差立体像对，用于对视差数据进行可视化观测的立体环境；其中，利用视差数据对立体像对的匹配影像进行纠正，纠正后的匹配影像和参考影像组成零视差立体像对。所述零视差立体像对的误匹配区域在所述立体环境下观测会出现起伏或错乱，因此进行步骤 2 的处理。

步骤 2：在立体环境下观测和判断是否匹配，并采集的视差特征矢量进行视差编辑，以改善匹配结果和提高立体 DEM 的精度。其中，视差编辑（划分为视差粗编辑和视差精编辑）包括在立体观测环境下人工采集视差特征量进行视差值拟合内插以改正错误的视差值。

视差粗编辑是在误匹配区域采集若干视差特征点对该区域的视差值进行拟合。所述拟合对于左右、上下两个方向的视差分别进行一次曲面拟合，其拟合公式为

$$\begin{cases} \Delta_i = a_i \cdot i + b_i \cdot j + c_i \\ \Delta_j = a_j \cdot j + b_j \cdot i + c_j \end{cases} \tag{3.15}$$

式中，Δ_i，Δ_j 分别为 (i, j) 点的左右和上下方向的视差；$a_i, b_i, c_i, a_j, b_j, c_j$ 为拟合系数。

视差精编辑利用立体观测环境的矢量采集功能，在误匹配区域采集一系列的视差特征矢量，利用视差特征矢量内插精确视差值获得编辑后的视差数据。其中，所述视差特征矢量包括特征点、特征线和等视差线。并且，所述内插精确视差值为利用视差特征矢量构建三角网内插。

获取立体信息的合成孔径雷达测量数据采集技术无论是在军事还是在民用领域都有很广泛的应用。在民用领域，可用于如空中勘察、地形测绘、海洋洋流及极地冰山的跟踪观察、灾情预报、森林资源调查，以及地表资源探测等。在军事领域，随着对战场态势的感知和信息获取要求的提高，可以实现立体数据获取的合成孔径雷达能够获取目标更为详细的信息，提供更为精确的战场情报。

3.4　机载激光扫描数据采集方法

3.4.1　机载激光扫描技术发展简述

尽管激光测高技术在 20 世纪 70 年代就已经存在并在地球科学领域有着广阔的用途，

如阿波罗登月计划中就采用了激光测高仪。但重要的技术进展还是发生在最近的 10 来年，特别是源于可靠的高精度空间传感器的发展。激光扫描系统作为一种主动遥感系统，在生成真实世界物体的计算机 3D 模型方面变得越来越重要。因此，机载激光扫描系统往往又称机载激光雷达 LiDAR（light detection and ranging）。在这里，"主动"表示这些传感器能够自行发出必需的电磁能量，并且由物体表面散射回的能量能够被记录下来。与其他测量方法不同的是，激光扫描不需要反光镜。激光的波长位于或正好高于电磁光谱（1040~1060nm 波长范围），大概地说，肉眼能够看到的，激光也能"看到"。而且，激光还能够穿透玻璃或清水进行量测，雨中作业基本上也没有问题，但是下雪将会导致能见度的迅速降低。激光扫描作业不依赖于日光的存在，扫描器可以在完全黑暗的情况下作业。因此，机载激光扫描系统成为测绘困难地区和物体如密集的城区、森林地区和电力线等的新兴技术。激光扫描系统在数据采集方面比传统的大地测量系统要复杂得多，而在数据处理方面又比摄影测量系统复杂。目前主要的机载扫描系统的飞行高度在 20~6100m(但典型的应用是 200~300m)，高程精度为 10~60cm，平面精度为 1mm 至 3cm。一套完整的系统价格一般为 70 万~130 万美元，仍然属于昂贵的测绘系统。关于机载激光扫描系统的有关综述请参考文献（Baltsavias，1999a）。

3.4.2　机载激光扫描系统的基本原理

如图 3.29 所示，机载激光扫描系统主要包括以下部分，激光测距仪（laser range finder，LRF），控制在线数据采集的计算机系统，存储测距数据、GPS/INS（inertial navigation system）和可能的影像数据的介质，扫描器、GPS/INS 定位与姿态测定系统，平台和固定设备，地面 GPS 参考站，任务计划和后处理软件，GPS 导航，以及其他选件如 CCD（charge-coupled device）相机等。可见机载激光扫描系统是一个复杂的集成系统。

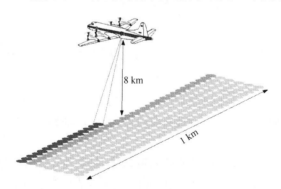

图 3.29　机载激光扫描系统（Baltsavias，1999a）

1. 距离和距离分辨率

对脉冲激光，$R = c \times \dfrac{t}{2}$，$\Delta R = c \times \dfrac{\Delta t}{2}$。时间 t 是由一个与脉冲上某个特定点相关的时间间隔计数器来度量的，如前沿上升边（脉冲升起边）。因为前沿上升边没有明确定义（不是矩形脉冲），时间是根据前沿上升边上的某个点来测量的，在这个点上信号电压达到了某个预定义的阈值。由一个阈值触发器负责开启和终止时间的计量。如果在将发射和接收的脉冲信号发送到时间间隔计数器以前没有将它们的电压量值调整为相同，就有可能发生错误，也就是说，如果接收到的脉冲信号振幅低的话，测的时间就会变长，反过来亦是如此。这一信号调整过程是在阈值检测回路前的信号放大器进行的。为了减少可变脉冲信号振幅所引起的计时起伏，通常使用了固定的百分比（反映了信号峰值的某个固定百分比处时间点），而不是使用固定的阈值鉴别器。

对连续波激光，$R = \frac{1}{4\pi}\frac{c}{f}\phi$，$\Delta R = \frac{1}{4\pi}\frac{c}{f}\Delta\phi$。算例：等距激光：$f_{\text{hign}}$ 为 10 MHz，相位分辨率 $\frac{\Delta\phi}{2\pi} = \frac{1}{16384}$（14-bit quantisation），测距分辨率为 0.9mm。如通过脉冲激光测距为了得到相同的测距分辨率，时间度量分辨率应达到 6.1 ps（皮秒）。

对于机载激光扫描来说，分辨率的重要性不高（因为在大多数情况下分辨率大大高于精度），只要分辨率足够小使得能够达到最高测距精度，并且使得测距精度足够小从而允许反复测量的精度仍然能够达到要求。

2. 最大的无歧义测距

对激光扫描来说，最大的无歧义测距有赖于不同的因素：时间间隔计数器的最大间隔（二进制位数）和脉冲重复频率。为了避免在时间间隔计数器接收到脉冲式发生混淆，通常要求只有接收到在上一个脉冲的反射信号以后，才能发射下一个激光脉冲。例如，激光重复率为 25 kHz，则最大无歧义测量距离为 6 km。实际上，以上因素基本上不会限制最大测距（和飞行高度）。通常，限制最大测距的因素是其他因素，如激光强度、光束发散程度、大气透射性、目标反射性、探测器的敏感程度、飞行高度/姿态对 3D 位置精度的渐增影响等。具有两种频率：1 MHz 和 10 MHz 的激光。低频对应的波长为 300m，即最大无歧义测距为 150m。这并不意味着飞行高度将局限于 150m。最大无歧义测距可通过以下手段增大：

（1）由其他飞行传感器提供补充高度信息，只要它们所提供的高度信息的精度小于 150m；

（2）距离开关，即当预知到目标的距离不会超过 150m；

（3）当在连续的测量点中没有大于 150m 的不连续测距出现，从测距小于 150m 的时候开始测量并进行跟踪测距。

当其他条件不变时，最大测距与物体反射率的平方根呈正比，与激光强度的平方根呈正比。当大气冷、干燥、清晰时可以达到最好的测距效果。水蒸气（如雨水、雾气、潮湿等）和大气中的二氧化碳将严重削弱红外线能量的传播，为了避免这种影响，ALS 系统选择了大气透射性强的 IR 波长。灰尘微利和烟雾同样会减弱检测距离。至于一天中时间的选择，晚上进行测量效果最好，而具有明亮阳光的白天效果最差。

3. 测距精度

测距的精度 σ_R 与信噪比有关，其数学表达式为

$$\sigma_R \sim \frac{1}{\sqrt{S/N}} \qquad (3.16)$$

式中，σ_R 为测距精度；S/N 为信噪比。

对于等距激光，测距精度与信号带宽（测定比率）的平方根呈正比，因为后者与进行一次测定的平均周期数呈反比。以下公式说明了卫星激光测高仪的测距方差，经过一些修正也可以用于机载激光扫描。注意等式的最后一项，与以上所列出的比例式不同，同时考虑了指示角的错误（对于扫描器，即瞬时扫描角）。

脉冲激光：

$$\sigma_{R_{\mathrm{pulse}}} \sim \frac{c}{2} t_{\mathrm{rise}} \frac{\sqrt{B_{\mathrm{pulse}}}}{P_{R_{\mathrm{peak}}}} \qquad (3.17)$$

连续波激光：

$$\sigma_{R_{\mathrm{cw}}} \sim \frac{\lambda_{\mathrm{short}}}{4\pi} \frac{\sqrt{B_{\mathrm{cw}}}}{P_{R_{\mathrm{av}}}} \qquad (3.18)$$

$$\sigma_R{}^2 = \left(\frac{F}{\mathrm{PE}}\right)\sigma_\mathrm{w}{}^2 + \left(\frac{4}{9}\right)\left(\frac{\sigma_\mathrm{w}}{\Delta t}\right)\left(\frac{\sigma_\mathrm{w}{}^2}{2^{\mathrm{NB}}}\right) + \left(\frac{\Delta t^2}{12}\right) + \left[h\frac{\tan(\theta+i)\sigma_\theta}{\cos(\theta+i)}\right]^2 \qquad (3.19)$$

式中，F 为探测器噪声系数；PE 为接收到脉冲的信号光电子数量；σ_w 为接收脉冲宽度（脉冲持续时间）的均方根（接收脉冲宽度是被扫描物体表面入射角度、光束曲率、表面粗糙程度、发射激光脉冲宽度、接收器脉冲灵敏度的函数）；NB 为数字转换器取样的振幅位数；h 为距离地面高度；i 为表面斜率；$(\theta+i)$ 为射角；σ_θ 为指示角的均方根。

为了简单起见，假设旁向倾斜角和航向倾斜角都为零，激光沿着与飞行方向垂直的平面进行等距扫描，地形是平坦的（除非特别指出其他情况）。还假设飞行扫描覆盖区域有 n 条等长的相互重叠的平行带组成，并且航速和航高是恒定的。后续大部分数值算例所描述的关系用到了以下这些典型的输入值：

（1）$\Delta t = 0.1\mathrm{ns}$（时间度量分辨率）；

（2）$v = 216\mathrm{km/h}$（$= 60\mathrm{m/s}$）（航速）；

（3）$\theta = 30°$（激光扫描角（视角））；

（4）$\upsilon = 1\ \mathrm{mrad}$（$= 0.0573°$）（激光束发散度，千分之一弧度）；

（5）$F = 10\ \mathrm{kHz}$（脉冲重复频率）；

（6）$f_{\mathrm{sc}} = 30\ \mathrm{hz}$（扫描频率 = 平均每分钟的扫描线数量）；

（7）$h = 750\ \mathrm{m}$（平均飞行高度）；

（8）$T_\mathrm{f} = 3\mathrm{h}$（$= 10800\ \mathrm{s}$）（净飞行时间）；

（9）$W = 10\mathrm{km}$（矩形测绘区域的短边长度）；

（10）$L = 15\mathrm{km}$（矩形测绘区域的长边长度）；

（11）$Q = 15\%$（带区间覆盖度）；

（12）$t_{\mathrm{min}} = t_\mathrm{p} = 10\ \mathrm{ns}$（$t_{\mathrm{min}}$ 为两个接收到信号之间的最小时间差、t_p 为信号持续长或信号的宽度，激光脉冲持续时长，通常是用脉冲前沿上升边和后沿下降边的半高点之间的时间间隔来度量）；

（13）t_{rise} = 1 ns（脉冲信号增长所用的时间，即光输出从其最大值的 10% 增长到 90% 所用的时间）。

3.4.3　机载激光扫描系统获取 DEM 的数据处理方法

根据上述原理获得激光扫描数据以后，利用其他大地控制信息将其转换到局部参考坐标系统即得到局部坐标参考系统中的三维坐标数据（即数字表面模型 DSM）。进一步处理（后处理）激光扫描数据的目标是剔除不需要的数据，根据给定的模型进行建模。

其中，得到 DEM 要从地面上分离建筑物和植被，在这里称为滤波（filtering），在具体的应用中不需要的数据可以归为噪声。寻找特定的几何实体（如建筑物和植被）的过程被称为分类（classification）。最后将分类后的实体进行一般化表达的过程称为建模（modeling）。这三种方法的区别是基于目标而不是基于所采用的技术手段来定义的。最普遍的任务还是求得地形表面，即滤波，图 3.30 分别为滤波前的 DSM 和滤波后的 DEM。

(a) DSM　　　　　　　　　　　　　　　(b) DEM

图 3.30　滤波前的 DSM 和滤波后的 DEM

一方面，从 LiDAR 点云数据提取 DEM 的滤波处理有许多不同的途径，早期主流的方法有数学形态学处理、稳健的最小二乘内插、TIN 加密等。数学形态学处理的关键在于确定合适的窗口大小和高度容差。最小二乘内插方法首先采样统一的权重进行内插，然后分析残差直方图求取非对称的权函数，再采样迭代估计的方法计算新的权重进行内插。TIN 加密的方法首先选择若干最接近实际地面的较低的点构建 TIN，然后不断将邻近的点插入 TIN。ISPRS 组织的实验测试结果表明，这三种方法对于比较光滑的地形，建筑物和植被都能被较好地滤除。但如果地形比较粗糙，特别是复杂的城市地区，也都存在一定的问题。原因主要是因为理论上并不存在光滑的自然地形表面，加上滤波器都是逐点计算的局部算子，缺乏周围关联信息。因此后来发展了基于片段的滤波方法，也就是用连续表面代替光滑表面，对连续的序列点片段进行滤波处理而不是针对单个的点。该方法的关键在于点云分割并得到逐片连续的表面，分析每个片段的特征，进而对地形和非地形片段进行分类。基于片段的滤波方法能较好地保持非连续性，支持大对象滤波，容易与其他滤波方法混合使用，并容易扩展形状、大小和色彩等属性特征。当然，对于低矮植被的滤波还有困难。

另一方面，大部分滤波算法对滤波窗口、高程阈值、坡度阈值等参数变化十分敏感，究其原因主要是由于地形起伏变化、城市结构形态复杂，且全局点云数据均采用同一套参数，而未顾及到地形起伏变化的影响，因此后续研究发展了顾及地形变化弯曲能量的自适应滤波方法（Hu et al.，2014）。该方法的基本思想是在地形变化剧烈处，如山脊线、断裂现等地形，应采用较大的滤波阈值；而对地形变化平缓处，如平坦地面，应采用较小的滤波阈值。在采用局部样条函数内插 DEM 的同时，获取表达地形结构信息的弯曲能量，对地形变化进行定量表达，从而使滤波参数自适应调整，如图 3.31 所示。

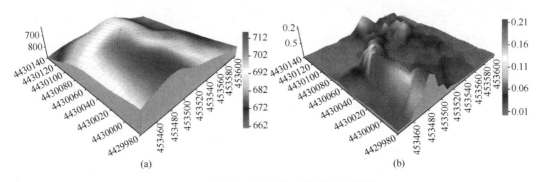

图 3.31　弯曲能量自适应滤波方法示意图

如图 3.32 所示，该方法采用一种由粗到精的金字塔滤波策略，通过点云高程与 DEM 高程之差，并依据地形起伏自适应调整滤波阈值大小，确定地面点与非地面点，通过新增地面点更新 DEM，迭代处理。在每层级采用地面点内插 DEM 过程中，同时计算表达地形起伏变化的弯曲能量，如图 3.31（b）所示。该插值过程实质为正则化约束的薄板样条函数（thin plate spline，TPS），TPS 通过拟合地面控制点 $P = \left\{ p_i = (x_i, y_i, z_i) \mid i = 1, 2, 3, \cdots, n \right\}$，得到一张参数化的曲面 $z = f(x, y)$，在拟合过程中，使曲面与地面控制点之间残差（$\varepsilon_{\text{data}}$，data term）与地表弯曲能量（$\varepsilon_{\text{smooth}}$，smooth term）之和最小，如下式所示：

$$\begin{cases} \varepsilon = \varepsilon_{\text{data}} + \lambda \varepsilon_{\text{smooth}} \\ \varepsilon_{\text{data}} = \sum_{i=1}^{n} \left(z_i - f(x_i, y_i) \right)^2 \\ \varepsilon_{\text{smooth}} = \iint \left(f_{xx}^2(x, y) + 2 f_{xy}^2(x, y) + 2 f_{yy}^2(x, y) \right) \mathrm{d}x\mathrm{d}y \end{cases} \quad (3.20)$$

其中的参数 λ 将控制曲面 $f(x, y)$ 的平滑程度，当 $\lambda = 0$ 时，即不考虑弯曲能量的正则化约束，此时内插地表将经过所有控制点，具有最佳的数据拟合度 $e_{\text{data}} = 0$；当 $\lambda > 0$，正则化约束将起到一定作用，此时最终地表将同时兼顾数据拟合度与地表平滑性；在极端情形下，即当 $\lambda \rightarrow \infty$ 时，该曲面将退化为一张最小二乘拟合的平面，此时弯曲能量 $\varepsilon_{\text{smooth}} = 0$。

上述优化问题二阶可微，并且具有简单的闭合解，如下式所示，可以通过最小二乘法，根据地面控制点 P 获取 TPS 的所有参数，并直接计算弯曲能量 $\varepsilon_{\text{smooth}}$ 的大小，用于定量表达地形的弯曲起伏程度，最后利用分段线性内插的方式，即可获取自适应滤波参数大小，如图 3.32 所示。有

$$\begin{cases} f(x, y) = a_1 + a_2 x + a_3 y + \sum_{i=1}^{n} w_i R(r_i) \\ r_i = \sqrt{(x - x_i)^2 + (y - y_i)^2}, \; R(r) = r^2 \log r \end{cases} \quad (3.21)$$

图 3.32 由粗到精的金字塔滤波策略

3.5 从地形图采集数据的方法

从地形图上获取 DEM 是最基本的一种方法。这是因为采用这种方法所需的原始数据（地图）容易获取，对采集作业所需的仪器设备和作业人员的要求不太高，采集速度也比较快，易于进行大批量作业。

不论从哪种比例尺的地形图上采集高程数据，最基本的问题都是对地形图要素如等高线进行数字化处理，如手扶跟踪数字化或者半自动扫描数字化，然后再用某种数据建模方法内插 DEM。而关于地形图要素的数字化处理特别是半自动扫描数字化技术已经很成熟并已成为地图数字化的主流。数字化后的地图数据都是以数字化仪坐标系为基准的，因此，我们需要一个坐标转换的后处理，将这些数据转到大地坐标系中。

3.5.1 交互式跟踪数字化

将地图平放在数字化仪（图 3.33）的台面上，用一个带有十字丝的游标，手扶跟踪等高线，并记录等高线的平面坐标，高程则需由人工按键输入。

数字化有两种基本方式：流方式和点方式。采用流方式数字化时，将十字丝置于曲线的起点并向计算机输入一个按流方式数字化的命令，让它以等时间间隔或等距离间隔开始记录坐标，操作员则小心地沿曲线移动十字丝并尽可能地让十字丝经过所有弯曲部分。在曲线的终点或连接点，用命令告诉计算机停止记录坐标。

流方式的缺点是：如果操作员未按希望的移动速率工作就会记录过于密集的点，后继处理必须删除多余点。无论十字丝是否偏离等高线仪器始终记录十字丝的位置。采用等距离记录点的方式则不能正确地数字化尖锐的弯曲顶点，常常切割这类弯曲部分，误差较大。正因为这样的原因，许多人特别是那些有丰富经验的人更喜欢用点方式来数字化。

点方式数字化时，操作员每按一下记录按钮，标示器所在点的 x, y 坐标就被输送到计算机。这是地图数字化最常用的记录方式，其优点是操作员可以控制采集特征点，因此可大大减少非特征点数据。

手扶跟踪数字化方法的优点是所获取的向量形式的数据在计算机中比较容易处理；缺点是速度慢、人工劳动强度大，所采集的数据精度也难以保证，特别是遇到线化稠密地区，几乎无法进行作业。显然采用该方法来完成大面积 DEM 数据的采集任务是不现实的。于是，扫描数字化应运而生。

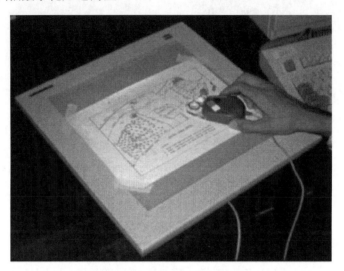

图 3.33　手扶跟踪数字化仪

3.5.2　扫描数字化和栅格矢量化

扫描数字化指的是利用扫描仪将地形图从模拟状态转换成一组阵列式排列的灰度数据（也就是数字影像）。栅格矢量化指的是将这些灰度数据转换成矢量数据。

扫描仪可分为平台式或滚筒式，也可以根据探测器的多少分为点阵式、线列式和阵列式。滚筒式扫描仪的示意图如图 3.34 所示。要扫描的地图被裹在滚筒上，滚筒的转动产生 Y 方向的运动。滚筒位于扫描头的下面，扫描头安装在一根带螺旋的导杆上。扫描头沿导杆的移动即产生 X 方向的运动。扫描时，滚筒不停地转动，当扫描头在某一位置时，滚筒转动一周便产生一扫描带的数据。扫第二带时，要自动将扫描头在 X 方向移动一像元的位置。第二带扫描结束后，扫描头又在 X 方向移一像元。这样不停地扫，就能将一幅地图扫描完。

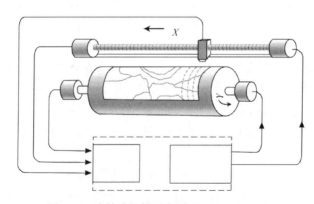

图 3.34　滚筒式扫描示意图（Petrie，1990）

平台式扫描的示意图见图 3.35，其原理与滚筒式扫描相类似。不同的是：

（1）扫描带是由扫描头沿导杆在 X 方向移动而成；

（2）Y 方向的运动是由导杆沿 Y 方向的两根滑杆移动而成。

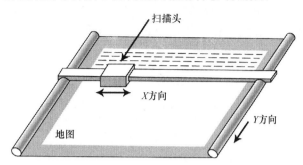

图 3.35　平台式扫描示意图（Petrie，1990）

栅格数据的矢量化可以是手工的、半自动的和全自动的。手工式的矢量化是将栅格数据显示在屏幕上，然后对显示在屏幕上的地物进行量测。半自动化矢量化是由计算机自动跟踪和识别，当出现错误或计算机无法完成的时候再进行人工干预，这样既可以减轻人工劳动强度，又能使处理软件简单易实现。而全自动化是一种理想状态，不需要任何人工干预。目前主要采用半自动化跟踪的方法，即先由计算机自动跟踪和识别，当出现错误或计算机无法完成的时候再进行人工干预，这样既可以减轻人工劳动强度，又能使处理软件简单易实现。

数字化后的等高线数据通过一定的处理如粗差的剔除、高程点的内插、高程特征的生成等便可产生最终的 DEM 数据。图 3.36 为根据一般数字线划图生产 DEM 的技术流程。

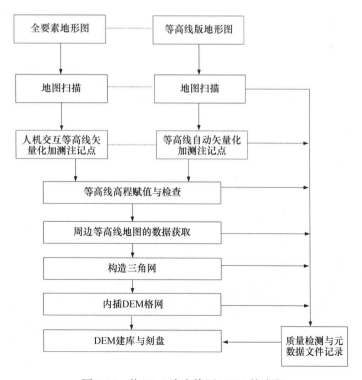

图 3.36　从 DLG 生产格网 DEM 的流程

一方面，从等高线数据可以直接生成 TIN（见第 5 章），也可直接生成格网 DEM；另一方面，格网 DEM 也可由等高线先生成 TIN 再内插而获得。有关具体的算法将在第 4 章详细阐述。经过实践证明，由等高线先生成 TIN 再内插格网 DEM 的精度和效率都是最好的（精度的评估问题可参考第 8 章）。图 3.37 是 GeoTin 软件由等高线地形图生成格网 DEM 的作业流程。

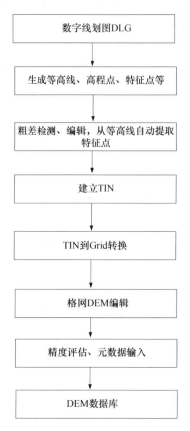

图 3.37　由等高线地形图生成格网 DEM 的方法

3.6　从地面直接采集数据的方法

3.6.1　GPS 测量的基本原理

从地面直接采集数据的方法有很多种，可以使用全球定位系统 GPS、激光扫描、全站仪或经纬仪配合袖珍计算机在野外进行观测获取地面点数据。

利用全球定位系统 GPS 可以直接从地面采集高精度的数据。GPS 系统包括三大部分：空间部分——GPS 卫星星座、地面控制部分——地面监控系统、用户设备部分——GPS 信号接收机。其定位原理是利用测距交会确定点位。

GPS 利用测量从卫星到接收站的时间来确定接收站距卫星的距离（图 3.38），数学式如下：

$$D = c \times (T_s - T_r) \tag{3.22}$$

式中，c 为光速；T_s 为卫星发射信号的时间；T_r 为接收器收到信号的时间。

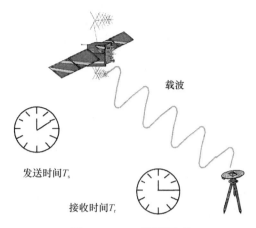

图 3.38　GPS 测距原理

当 GPS 接收器收到发自三颗卫星的无线电信号时，接收站的位置便可以得到确定。如图 3.39 所示，三个球相交于两个点，其中一个点会错得很厉害。利用 GPS 卫星在轨的已知位置，我们就可以确定接收站的位置。但是，实际上，由于微小时间的误差会引起巨大的距离误差，所以我们常将时间误差作为未知数来求解。因此，GPS 定位时至少要观测四颗卫星。

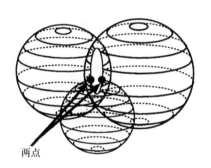

图 3.39　GPS 定位原理（McElroy，1992）

3.6.2　普通测量的基本原理

用全站仪以及具有相应接口的便携机或微机从地面直接采集数据的方法，其基本过程是根据测量学原理，利用自动记录的测距经纬仪（常称为速测经纬仪或全站经纬仪）在野外实测，以获取数据点坐标值。该仪器配有微处理器，可自动记录和显示观测数据（角度、距离等），并进行大气折光差、地球曲率半径的改正，计算出高差、高程和平面直角坐标，以及地物特性，而后将这些数据自动记录在盒式磁带上。为了确保地形数据的精度，总是选择地形特征点、线进行采样，以数字形式将其记录并存储在计算机中。这种从地面直接采集数据的方法适用于大比例尺、精度要求高、采集面积范围较小的 DEM 数据获取。该方法的优点是可以获取高精度的 DEM 数据，其缺点是劳动强度较大、效率较低，仅适用于在小范围面积内作业。

随着无反射镜的激光扫描测距技术、惯性导航技术和 GPS 技术的发展，基于车载和机载平台的高精度高分辨率 DEM 直接获取已经成为现实。到 1999 年已经有 40 多种类似的机载激光扫描系统问世。采用激光扫描技术获取 DEM 数据通常包括三个基本步骤（张钧屏等，2001）：

（1）机载或车载激光扫描采集数据；

（2）原始数据在参考坐标系统中的变换；

（3）后处理，如通过滤波从地面中区分建筑物和植被等。

3.7　数字高程模型之数据采集的项目计划

数字高程模型作为空间数据基础设施的重要组成部分，在国家信息化建设与发展中具有关键支撑作用，智慧城市和城市安全等迫切需要高精度、高分辨率、高保真的新一代 DEM 标准化产品，而高分辨率遥感和倾斜摄影测量等当代地球空间数据获取技术的快速发展，使得新一代 DEM 的大规模生产与更新成为可能。为了能更好地完成 DEM 的生产任务，必须制定高效、规范化的生产工艺，这就是生产项目计划的主要内容。

3.7.1　数字高程模型各种数据源对比

对 DEM 的采集方法可以从性能、成本、时间、精度等方面进行评价。应当指出，各种采集方法都有各自的优点和缺点，因此选择 DEM 采集的方法要从目的需求、精度要求、设备条件、经费条件等方面考虑选择合适的采集方法。表 3.4 是 DEM 数据采集方法和各自特性的比较一览表。

表 3.4　DEM 的采集方法及各自特性比较一览表

获取方式	DEM 的精度	速度	成本	更新程度	应用范围
地面测量	非常高（cm）	慢	很高	很困难	小范围区域，工程项目
GPS	比较高（cm~m）	慢	比较高	容易	小范围，特别的项目
摄影测量	比较高（cm~m）	快	比较低	周期性	大工程项目，大范围
激光扫描	非常高（cm）	快	非常高	容易	高分辨率、各种范围
航天摄影测量	比较低（m）	很快	低	很容易	国家乃至全球范围
InSAR	低（m）	很快	低	很容易	国家乃至全球范围
地形图手扶跟踪数字化	比较低（图上精度 0.2~0.4mm）	慢	高	周期性	国家范围及军事用途，中小比例尺地形图
地形图扫描	比较低（图上精度 0.1~0.3mm）	快	比较低		

野外测量的观测数据精度是最高的。通过野外测量设备获取的数据精度非常高，相应的误差非常小，同时它采样的都是表示地形特征的点，这对于地形建模而言，也是非常有意义的。但是，这种方法数据获取的作业量太大，只适用于工程中的大比例尺测图获取数据。

精度较高的数据源是航空影像与机载激光扫描点云。影像和 LiDAR 点云是 DEM 重要的数据源，而两者的集成运用对于新一代高保真 DEM 的获取则具有十分重要的价值，LiDAR 具有植被穿透力，获取的 DEM 能有效弥补影像由于遮挡而产生的空洞；而影像密集匹配得到的 DEM 又能弥补 LiDAR 点云对于线状起伏特征的不敏感。并且随着无人机技术在飞行平台、飞控与导航、数据传输存储等方面的快速发展，无人机影像与无人机 LiDAR 以其成本低廉、机动灵活的特点为传统航空数据源提供了有效的补充手段（李德仁和李明，2014）。

航天遥感数据源也是获取大范围 DEM 的主要手段。其中卫星影像由于地面分辨率的不断提升，目前已能达到米级与亚米级，已作为中等精度 DEM 生产的重要数据源。而 InSAR 则对云雾和冰雪覆盖具有穿透力，然而 InSAR 直接获得的主要是 DSM，加之雷达热噪声、斑点噪声和解缠等因素的共同影响在陡峭地形和水面等特殊地区容易产生空洞，需要进一步处理才能得到 DEM。

现有地形图是 DEM 的另一重要数据源，由于地图数据一般都经过了制图综合，数字化等高线的精度相对而言较低。但经过大量的实践证明，从等高线地形图生产 DEM 的方法已经相当成熟，可以广泛应用于生产。

不论从何种数据源获取 DEM 数据，在采集等高线或规则格网点的同时采集重要的地形特征点、线是保证 DEM 质量和提高作业效率的重要的措施。利用基于不规则三角网 TIN 的方法进行数据建模和随机栅格转换，也是快速可靠地生产高精度格网 DEM 切实可行的方案。

3.7.2 数字高程模型生产技术设计

DEM 生产技术设计一般包括以下一些基本内容。

（1）项目情况归总。确定项目的内容、承担单位、负责人及项目所涉及的测区概况如测区范围、地貌水系概况和地形类别等。

（2）资料搜集与分析。收集生产 DEM 所需的所有原始资料，如地形图、航片、图例簿、内外业控制点成果、图幅结合表、不同坐标系统之间的坐标改正量等，并对这些资料进行分类整理。

（3）确定作业依据与技术标准。明确所采用的生产技术规定、技术标准、图幅分幅和编号标准、地形图要素分类与代码标准等，还包括本技术设计书以及其他各种规定。这是指导、监督和检查整个生产过程的基本依据。

（4）生产设备及技术力量（包括硬件、软件、技术力量等）的配置。硬件、软件和技术力量的合理配置。特别是技术力量应包括高级工程师、工程师、助理工程师、技术员和检查人员等各个层次的人员。

（5）制订技术路线与工艺流程。整个 DEM 生产过程为：首先通过原始数据导入与解析模块将原始测量数据完整地导入系统，并解析其中的基础地形数据、地形特征数据，包括高程点、特征点、特征线和特征面及其相关的属性信息；然后通过地形构建模块实现 DEM 全局构网，如果 DEM 数据需要局部修改，则在地形特征信息的约束下实现 DEM 局部更新；之后对构建的 DEM 数据进行自动化的质量检查，剔除可能存在的飞点、飞边等错误保证数据质量；最后可视化与数据导出模块查看解析得到的 DEM 数据，并导出供后续工序使用。如图 3.40 所示为从现有数字地形图、航空影像、LiDAR 点云等数据生产特征约束的高保真 DEM 技术路线。

（6）制订操作规程。对 DEM 生产过程中影响生产效率和产品质量等关键问题的环节都应作出明确具体的规程，如数据预处理、相邻图幅的接边检查、水文观测值的收集与平差、高程检查点的收集、图纸扫描、定向与几何纠正、等高线矢量化的采样点分布

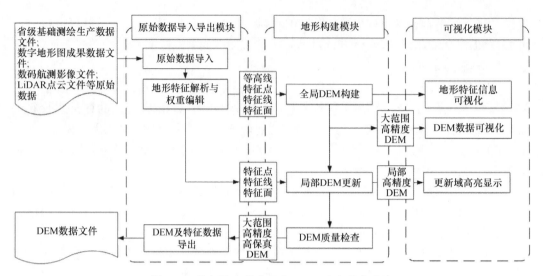

图 3.40 特征约束的高保真 DEM 生产技术路线

与密度、数据查错与编辑、矢量接边、建立 TIN 和自动增加特征点、DEM 质量检查、元数据文件录入等。

（7）制订质量控制方案，对 DEM 应采取多级检查和验收制度。在最低一级如市一级要进行 100%的检查，包括作业员自检。在上一级如队一级也要进行 100%的检查，由于这一级检查往往是作业单位对成果质量的最终控制，检查员因此要对交出的成果负责。再上一级的检查则由专门的质检部门如局一级组织验收，进行一般抽样如 10%的详查。

（8）确定上交成果，包括数据文件等。

（9）进度计划。为了保证能保质保量按期完成生产任务，一般要将组成整个系统的各项任务分解为各个阶段及先后顺序，应用网络技术对系统进行统筹安排，使进度、资源、人力、质量和风险等因素在系统进程中都得到充分考虑，达到合理的投入。

根据不同的技术条件和不同的精度要求，可以有不同的 DEM 生产技术方案，如全数字自动摄影测量方法、交互式数字摄影测量方法、机载激光点云 DEM 生产方法或从数字线划图 DLG 到 DEM 的方法。

根据野外实测高程对上述各种方法的精度进行了试验和比较。试验表明：扫描等高线内插得到的 DEM 精度最好；机载激光点云获取的 DEM 在精度、噪声等方面要优于数字摄影测量方法，但相对而言成本更高；加测地形特征点线的交互式数字摄影测量方法要比不加测地形特征点线的全数字自动摄影测量方法精度要高，但效率最高的还是全数字自动摄影测量方法。

3.7.3 数字高程模型生产中的注意事项

DEM 生产的注意事项一般包括以下一些基本内容。

（1）根据 DEM 生产项目所涉及的具体应用领域，确定需要加测的重要地物。例如，对于生产江河流域的 DEM，除了地形 DEM 外，大江大河两岸的主干堤、人工堤等对实际的防洪是很有意义的，这些必须加测，才能保证最后的数据是完整、可靠的。

（2）高程精度难以达到正常规定精度要求的，应使用一定的方法圈出其范围，作为 DEM 推测区。这些情况一般是：①地形图上大范围内（图面上 5cm^2 以上）既无等高线、高程注记点又达不到规定密度（1km^2 格网内不足 5 个点）的城镇街区、沼泽、乱掘地等；②草绘等高线的范围；③一定树高的密林区；④一定面积的陡石山；⑤一定宽度的双线河水域。

（3）由于 DEM 是由原始数据经过处理后形成的，因此，原始数据的质量必须予以保证。也就是说，应对原始数据做严格的检查，包括检测系统误差、偶然误差，以及对粗差的剔除，这实际上是 DEM 的测前处理。

（4）不论使用哪种工艺流程生产 DEM，对得到的 DEM 进行编辑修改是必要的。对于摄影测量的方法，可以在立体模型上进行编辑修改；对于地形图矢量化的方法，可将 DEM 叠加在原始的等高线地形图上进行检查等。质量检查的内容将在 DEM 质量控制一章详细讨论。

参 考 文 献

江万寿. 2004. 航空影像多视匹配与规则建筑物自动提取方法研究. 武汉: 武汉大学博士学位论文.

李德仁. 2012. 我国第一颗民用三线阵立体测图卫星——资源三号测绘卫星. 测绘学报, 41(3): 317~322.

李德仁, 李明. 2014. 无人机遥感系统的研究进展与应用前景. 武汉大学学报, 39(5): 505~513.

刘国祥, 丁晓利, 陈永奇, 李志林, 郑大伟. 2000a. 极具潜力的空间对地观测新技术: 合成孔径雷达干涉. 地球科学进展, 15(6): 734~740.

刘国祥, 丁晓利, 陈永奇, 李志林, 李志伟, 刘文熙. 2000b. InSARDEM 质量评价. 遥感信息, 60(4): 7~10.

刘国祥, 丁晓利, 陈永奇, 李志林, 张国宝. 2001. 星载 SAR 复数图像的配准. 测绘学报, 30(1): 60~66.

曲长文, 侯海平, 周强. 2010. 合成孔径雷达三维成像技术及特点评述. 现代防御技术, 38(4): 110~114.

王萍. 2010. 干涉 SAR 数据处理技术. 西安: 西安电子科技大学硕士学位论文.

张钧屏, 方艾里, 万志龙. 2001. 对地观测与对空监视. 北京: 科学出版社.

张云生. 2011. 自适应三角形约束的多基元影像匹配方法. 武汉: 武汉大学博士学位论文.

张祖勋, 张剑清. 1996. 数字摄影测量学. 武汉: 武汉测绘科技大学出版社.

朱庆, 徐冠宇, 杜志强, 于杰, 王京晶. 2012. 倾斜摄影测量技术综述. 中国科技论文在线. www. paper. edu. cn/download/downPaper. 2012-05-355.

Baltsavias E P. 1999a. Airborne laser scanning: Existing systems and firms and other resources. ISPRS Journal of Photogrammetry & Remote Sensing, 54(1): 164~198.

Baltsavias E P. 1999b. Airborne laser scanning: Basic relations and formulas. ISPRS Journal of Photogrammetry & Remote Sensing, 54(1): 199~214.

Chen Y Q, Zhang G B, Ding X L, Li Z L. 2000. Monitoring earth surface deformations with InSAR technology: Principle and some critical issues. Journal of Geospatial Engineering, 2(1): 3~21.

Curlander J C, Mcdonough R N. 1991. Synthetic Aperture Radar: Systems and Signal Processing. New York: John Wiley & Sons Inc, 13~90.

Fraser C, Ravanbakhsh M. 2009. Georeferencing performance of GEOEYE-1. Photogrammetric Engineering and Remote Sensing, 75(6): 634~638.

Fritsch D, Spiller R. 1999. Photogrammetric Week'99. Germany: Wichmann.

Gabriel A K, Goldstein R M, Zebker H A. 1989. Mapping small elevation changes over large areas: Differential radar interferometry. Journal of Geophysical Research, 94: 9183~9191.

Gruber M, Irschara A, Leberl F, Meixner P, Pock T, Scholz S and Wiechert A. 2010. Point clouds: Lidar versus 3D vision. Photogrammetric Engineering and Remote Sensing, 76(10): 1123~1134.

Helava U V. 1958. New principles of photogrammetric plotters. Photogrametria, 14(2): 89~96.

Hirschmuller H. 2008. Stereo processing by semiglobal matching and mutual information. IEEE Transactions on Pattern Analysis and Machine Intelligence, 30(2): 328~341.

Hu H, Ding Y, Zhu Q, Wu B, Lin H, Du Z, Zhang Y. 2014. An adaptive surface filter for airborne laser scanning point clouds by means of regularization and bending energy. ISPRS Journal of Photogrammetry and Remote Sensing, 92: 98~111.

Leberl F, Irschara A, Pock T, Meixner P, Gruber M, Scholz S, Wiechert A. 2010. Point clouds: Lidar versus 3D vision. Photogrammetric Engineering and Remote Sensing, 76(10): 1123~1134.

Li Z L, Hill C, Azizi A, Clark M J. 1993. Exploring the potential benefits of digital photogrammetry: Some practical examples. Photogrammetric Record, 14(81): 469~475.

Lohr U. 1998. Laserscan DEM for various applications. International Archives of Photogrammetry and Remote Sensing, 32: 353~356.

Lowe D G. 2004. Distinctive image features from scale-invariant keypoints. International Journal of Computer Vision, 60(2): 91~110.

Massonnet D, Feigl K. 1998. Radar interferometry and its application to changes in the earth's surface. Reviews of Geophysics, 36: 441~500.

McElroy S. 1992. Getting started with GPS surveying. Australia: The Global Positioning System Consortium(GPSCO).

Petrie G. 1990. Terrain data acquisition and modelling from existing maps. In: Petrie G, Kennie T. Terrain Modelling in Surveying and Civil Engineering. Caithness: Whittles Publishing, 85~111.

Rupnik E, Nex F, Toschi I, Remondino F. 2015. Aerial multi-camera systems: Accuracy and block triangulation issues. ISPRS Journal of Photogrammetry and Remote Sensing, 101: 233~246.

Santitamnont P. 1998. Interferometric SAR processing for topographic mapping. Hannover University Doctoral Dissertation.

Sarjakoski T. 1981. Concept of a completely digital stereo plotter. The Photogrammetric Journal of Finland, 8(2): 95~100.

Scharstein D, Szeliski R. 2002. A taxonomy and evaluation of dense two-frame stereo correspondence algorithms. International Journal of Computer Vision, 47(1): 7~42.

Schmid C, Zisserman A. 2000. The geometry and batching of lines and curves over multiple views. International Journal of Computer Vision, 40(3): 199~233.

Small D. 1998. Generation of Digital Elevation Models through Spaceborne SAR Interferometry. Zurich: University of Zurich, 3~50.

Wu B, Zhang Y, Zhu Q. 2012. Integrated point and edge matching on poor textural images constrained by self-adaptive triangulations. ISPRS Journal of Photogrammetry and Remote Sensing, 68: 40~55.

Zebker H A, Goldstein R M. 1986. Topographic mapping from interferometric synthetic aperture radar observations. Journal of Geophysical Research, 91: 4993~4999.

第4章　数字高程模型之表面建模

第 3 章介绍了各种数据获取手段，并且讨论了它们的适用性。有了某一地区的数据后，我们就可以建立该地区的数学模型。本章要讨论建什么样的模型，用什么建及怎样建。

4.1　表面建模的基本概念

4.1.1　内插与表面建模

DEM 是地形表面的一个数学（或数字）模型。根据不同数据集的不同方式，DEM 建模可以使用一个或多个数学函数来对地表进行表示（Yue，2011）。这样的数学函数通常被认为是内插函数。对地形表面进行表达的各种处理可称为表面重建或表面建模，重建的表面通常可认为是 DEM 表面。因此，地形表面重建实际上就是 DEM 表面重建或 DEM 表面生成。当 DEM 表面建模完成后，一系列的地形参数就可以从 DEM 表面中获得，包括任一点的高程信息。

DEM 内插的概念与 DEM 表面重建的概念有一些细微的差别。前者包括估计一个新点高程的整个过程。重建的表面可以用来做内插，内插所得的高程点可能随后被用于表面重建。所以，DEM 表面重建强调重建表面的实际过程，这个过程或许并不包含内插的计算。为强调这一点，表面重建只涉及那些"如何重建表面以及哪一类表面将被建立"的问题，也即它是否为一连续曲面或是否包含了一系列相邻的面元。

与此相反，内插可能包含了表面重建，以及从重建表面提取高程信息的过程，内插也可能用于从重建表面提取地形信息，如等高线的生成。

4.1.2　表面建模与数字高程模型网络

这里，网络指的是表面建模时以某种数据类型记录的特定数据结构。需要强调的一点是，网络更多地涉及数据点在二维空间位置意义上的相互关系，而不一定涉及第三维上。DEM 表面根据网络建立，包含一系列一阶导数连续或不连续的子面。这是网络与 DEM 表面之间的主要区别。

表面建模方法从不同角度考虑可有不同的分类方法。从网络的形式看，表面的建模有四种主要的方法：基于点的建模方法、基于三角形的建模方法、基于格网的建模方法和将其中任意两种结合起来的混合方法。这些方法将在 4.2 节介绍。这四种建模方法分别对应于某一特定的数据结构。在实际应用中，由于基于点的建模并不实用而混合表面往往也转换为三角形网络，因此基于三角形和格网的建模方法使用较多，被认为是两种基本的建模方法。三角网被视为最基本的一种网络，它既可适应规则分布数据，也可适应不规则分布数据，即可通过对三角网的内插生成规则格网网络，也可根据三角网建立连续或光滑表面。

由于规则格网本身所具有的独特性质，因而网络与 DEM 表面之间的主要区别在很多时候没有被很清晰地理解。与此相反，在基于三角形的建模情况下，这种区别非常清楚——数据点必须先生成确定的三角形网络，然后将第三维加于网络之上，便形成了包含连续三角形面元的连续表面。

实际上，从建立数字地形模型表面时的数据来源角度而言，上述建模方法可区分为两种类型，即：①根据高程量测数据直接建立；②根据派生数据间接建立。

DEM 表面可根据原始数据直接建立，也就是在采集数据为规则结构时使用规则格网网络或规则三角形网络。在采集数据随机分布的情况下，使用三角形建模方法建立网络或者使用混合建模方法。根据派生数据间接建立 DEM 表面的方法首先是根据原始采集数据内插高程点，然后建立 DEM 表面。例如，在 DEM 表面建立前先进行从随机数据到格网数据的内插处理就属于这种情况。

这一章将主要讲述如何构建 DEM 表面的理论基础，而一些细节的算法将在第 5 章和第 6 章讲。

4.2　建立数字地形表面模型的各种方法

4.2.1　地形表面重建与内插的通用多项式函数

在开始讨论有关建立 DEM 表面的各种方法之前，先介绍在 DEM 实践中应用较广的重建 DEM 表面的数学函数。

前面曾经提到，DEM 表面可用以下的数学表达式进行描述：

$$Z = f(X, Y) \tag{4.1}$$

实现这个表达式的最常用的多项式函数如表 4.1 所示（Petrie and Kennie，1990）。

表 4.1　用于表面重建的通用多项式

独立项	项次	表面性质	项数
$Z = a_0$	0 次项	平面	1
$+ a_1 X + a_2 Y$	1 次项	线形	2
$+ a_3 XY + a_4 X^2 + a_5 Y^2$	2 次项	二次抛物面	3
$+ a_6 X^3 + a_7 Y^3 + a_8 XY^2 + a_9 X^2 Y$	3 次项	三次曲面	4
$+ a_{10} X^4 + a_{11} Y^4 + a_{12} X^3 Y + a_{13} X^2 Y^2 + a_{14} XY^3$	4 次项	四次曲面	5
$+ a_{15} X^5 \cdots$	5 次项	五次曲面	6

某一特定建模程序在建立实际表面时，一般只使用函数中的其中几项，并不一定需要这个函数中的所有各项，而某一项的选择由系统设计者或实现者决定。只有在极少数情况下，才有可能由用户决定使用哪几项来建立某一特定地形的模型。

如图 4.1 所示，通用多项式中每一项的图形都有自己的特征，通过对这些特定项的使用，便可建立具有独特特征的表面。

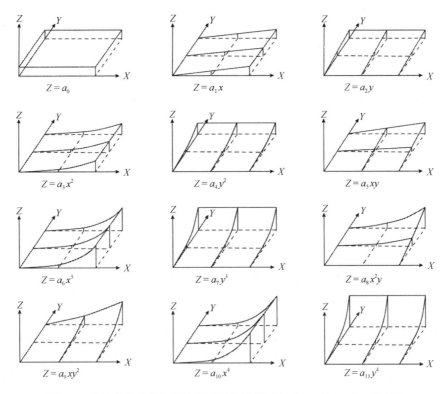

图 4.1　多项式中各单独项的表面形状特征（Petrie and Kennie，1990）

4.2.2　基于点的表面建模

如果只使用多项式的零次项来建立 DEM 表面，则对每一数据点都可建立一水平平面，如图 4.1 所示。假如使用单个数据点建立的平面表示此点周围的一小块区域（在地理分析领域也称这一点的影响区域），则整个 DEM 表面可由一系列相邻的不连续表面构成。

对每一个单独平面的子面域，其数学表达式可简单表示为

$$Z_i = H_i \tag{4.2}$$

式中，Z_i 为 i 点周围一定范围内水平面的高度；H_i 为 i 点的高程值。

这种方法非常简单，唯一困难之处在于确定相邻点间的边界。由于这种方法是在单个数据点高程信息的基础上形成了一系列的子面，因此这种方法被认为是基于点的表面建模方法。

从理论上说，因为这种方法只涉及独立的点，所以可用于处理所有类型的数据。就此而论，不规则分布的数据可通过建立不规则形状的平面来完成表面建模的过程。至于确定每一点的影响区域，如果使用的数据具有规则的结构，如正方形格网、等边三角形、六边形等，则计算更为简单（图 4.2（a）、（b））；但如果使用的数据不规则，则需要通过 Voronoi 图（见第 4.3.1 节）来确定影响范围（图 4.2（c））。尽管在表面建模时实行这种方法似乎可行，但由于其所建立表面的不连续性，因此并不是一种真正实用的方法。

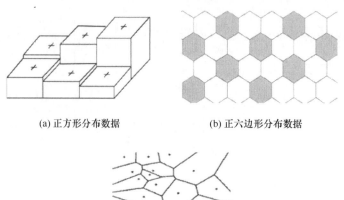

(a) 正方形分布数据　　　　(b) 正六边形分布数据

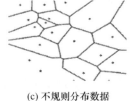

(c) 不规则分布数据

图 4.2　基于采样点的非连续 DEM 建模结果

4.2.3　基于三角形的表面建模

如果使用通用多项式中更多的项，则可以建立更为复杂的表面。分析多项式的前三项（两个一次项和一个零次项），可以发现它们能生成一平面。为决定这三项的系数，最少需使用三个点。这三个点可生成一平面三角形，从而此三角形决定了一倾斜的表面。

如果每个三角形所代表的平面只用于代表三角形所覆盖的区域，则整个 DEM 表面可由一系列相互连接的相邻三角形组成。这种建模方法通常被称作基于三角形的表面建模（图 4.3（b））。

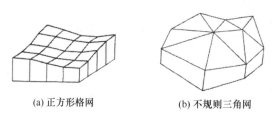

(a) 正方形格网　　　　　　(b) 不规则三角网

图 4.3　包含一系列相互邻接面的连续表面

由于规则正方形格网、矩形或其他任意形状的多边形都可以分解为一系列的规则三角形，因此三角形被认为是在所有图形中最为基本的单元。但是，三角形可以是不规则的。由不规则三角形组成的网络称为不规则三角形网（triangular irregular network，TIN），其生成方法将在第 5 章介绍。

基于三角形的表面建模可适用于所有的数据结构，而不管这些数据是由选择采样、混合采样、规则采样、剖面采样生成，还是由等高线法生成。由于三角形在形状和大小方面有很大的灵活性，所以这种建模方法也很容易地融合断裂线、结构线或其他任何数据。因此，基于三角形的方法在地形表面建模中得到了越来越多的应用，已成为表面建模的主要方法之一。

实际上，对于三角形建模的方法有时会使用高于一次的多项式，在这种情况下形成的三角形已不是平面的三角形，而可能是一个由多个三角形形成的曲面。

4.2.4　基于格网的建模

如果通用多项式中的前三项与 a_3XY 项一起使用的话，则至少需要 4 个点以确定一个表面。这种表面称为双线性表面。理论上，任意形状的四边形都可用作这种表面的基础，但考虑实际因素，如输出的数据结构及最终的表面形态，正方形格网为最佳的选择。在基于格网表面建模的情况下，最终表面将包含一系列邻接的双线性表面（图 4.3（a））。

从实用的角度来看，格网数据在数据处理方面有很多优点，因此根据规则格网采样方法和渐进采样方法获取的数据，特别是正方形格网数据，最适合基于格网的表面建模，这也是为什么有些 DEM 软件包只接受格网数据的原因。在这种情况下，对数据必须首先进行从随机到格网内插的预处理，以确保输入数据为所要求的形式。基于格网的建模常用于处理覆盖平缓地区的全局数据，但对于有着陡峭斜坡和大量断裂线等地形形态比较破碎的地区，如果不进行特殊处理（增加特征点、线或加大密度），这种方法并不适用。

应当指出，高次多项式也可用于建立 DEM 表面（图 4.4），但它的一个主要问题是如果对范围较大的区域使用高次多项式函数则可能导致 DEM 表面出现无法预料的异常情况。为减少这种情况的发生，在实际应用中通常只使用二次或三次项。

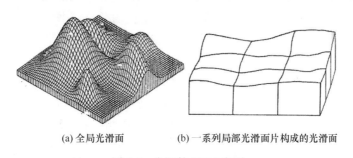

(a) 全局光滑面　　　　　(b) 一系列局部光滑面片构成的光滑面

图 4.4　光滑的 DEM 表面

使用多项式建立 DEM 表面所需要的最少高程点的数目由所使用函数项的数目决定。在实际应用下，用于建立 DEM 表面的几何结构除可使用基本的三角形或正方形格网外，还可使用其他的几何图形。考虑到在数据结构和数据处理方面的困难，原始的高程数据能否均匀分布仍然是非常重要的。

4.2.5　混合式表面建模

在地形建模领域通常对经某一特定几何结构构建而成且用于表面建模的实际数据结构称作网络。基于这一点考虑，也可以说 DEM 表面通常是由两种主要类型网络中的一种或另一种（格网网络或三角形网络）建立的。然而，在建立 DEM 表面时，也经常用到混合建模方法。例如，对格网网络来说，可将其分解为三角形网络，以形成一线性的连续表面；反之，对不规则三角网经内插处理，也可形成格网网络。

在某些软件包中对混合表面建模方法的应用是首先根据系统格网采样建立基础的正方形或三角形格网，如果数据中包含结构线（如在混合采样情况下），则规则格网分解成局部不规则三角网。图 4.5 演示了混合表面建模的一个例子。

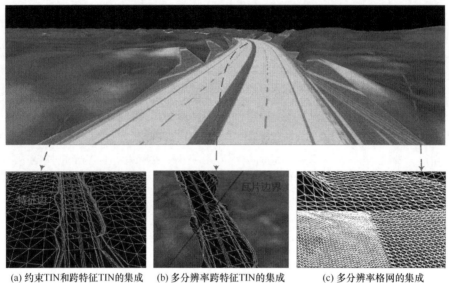

(a) 约束TIN和跨特征TIN的集成　　(b) 多分辨率跨特征TIN的集成　　　(c) 多分辨率格网的集成

图 4.5　使用混合表面方法进行表面建模的一个多分辨率场景

　　大范围地形建模中，为了在复杂表面特征的保真度和格网面片数据量的大小之间取得最佳的平衡，传统做法要么采用格网（Grid）结构的多分辨率表示，要么采用 TIN 结构的多分辨率表示。这种单纯性数据结构的表示对于单一数据源是有效的，如全球地形模型或全国地形模型采用简单规则的格网模型很容易实现瓦片式分块组织和高效管理，而对于高速铁路或高速公路这样的长大线路模型由于大量设施结构需要精细表达往往需要采用更复杂的 TIN 模型。在优化设计、施工进度管理、设施管理，以及应急响应决策等实际工作中，还需要将精细的线路模型无缝集成到更宏观的地形模型中去，这时单纯性的 Grid 或 TIN 模型，尤其是视点相关和保特征的多分辨率表示，就难以保持多源异构模型数据在几何、拓扑和语义等方面的一致性。一种有效的解决方案是妥善利用全局 Grid 和局部嵌入式 TIN 的多分辨率混合表达。

　　混合表面建模的另一种形式是将基于点的建模与基于格网或基于三角形的建模结合。此时如果数据是规则分布的话，则独立点影响区域的边界可由格网网络或三角形网络决定，如果数据点不规则分布，则影响区域由三角形网络决定。

4.3　数字地形表面模型的连续性

　　基于以上任意一种构建方法都可以生成数据地形表面模型。所构建的地形表面模型可以根据不同的标准进行分类，其中连续性是被广泛采用的标准之一。根据局部地形表面间的连续性特征，可将数字地形表面模型划分为不连续数字地形表面模型、连续数字地形表面模型和光滑数字地形表面模型三类。

4.3.1　不连续数字地形表面模型

　　不连续数字地形表面模型是指在局部地形表面间具有不连续特征的数字地形表面模型，这类模型通过一组局部地形表面集合表达完整地形区域。不连续数字地形表面模型的基本思想是通过临近点（集）的高程值表达采样点的高程（Peucker，1972）。因此，任何插值点的高程可以被近似赋值为其最临近点的高程。通过这种方式，整个地形表面可被表达为一系列的平面，如图4.3（a）所示的局部表面。

这类地形表面模型通常采用基于点的表面建模方法建立。根据4.2.2节所给出的基于点的表面建模方法，这类模型既可以通过规则数据集构建也可以通过不规则数据集建立：从规则数据集建立的优势是子表面间的边界更易确定，但当数据集不规则分布时，影响每个点的区域边界则需要通过算法求解。通常采用的方法是于1991年首次提出并在地理分析中广泛采用的Thiessen多边形法（Brassel and Reif，1979）。实际上Thiessen多边形是一个由一系列嵌入式垂直平分线所包围的区域。由区域内所有点构成的Thiessen多边形形成一个Thiessen图，在不同的学科领域中Thiessen图也被称为Voronoi图、Wigner-Seitz cells或Dirichlet tessellation，但它们的基本思路是一致的。近年来，Voronoi图的命名在地理信息科学领域较为常见，因此下文和后续章节中统一采用Voronoi图表达这个概念。

狄洛尼（Delaunay）三角网为相互邻接且互不重叠的三角形的集合，每一个三角形的外接圆内不包含其他的点。狄洛尼三角网是Voronoi图的对偶图，由对应Voronoi多边形共边的点连接而成。狄洛尼三角形由三个相邻点连接而成，这三个相邻点对应的Voronoi多边形有一个公共的顶点，此顶点同时也是狄洛尼三角形外接圆的圆心。描述了欧几里得平面上16个点的狄洛尼三角网，以及Voronoi图的对偶，从图4.6中可以看出狄洛尼三角网遵守平面图形的欧拉定理：

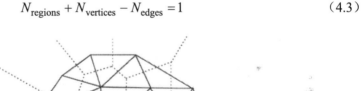

$$N_{\text{regions}} + N_{\text{vertices}} - N_{\text{edges}} = 1 \tag{4.3}$$

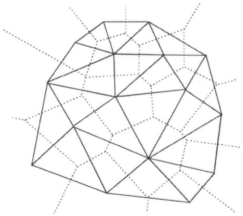

图4.6　平面点（16个）集合的狄洛尼三角网（实线）与Voronoi图（虚线）

4.3.2　连续数字地形表面模型

连续地形表面模型则是通过一系列的相互连接的局部表面实现数字地形表面建模。其基本思想是每个数据点表达为一个单值连续表面的采样点，相邻子表面的边界可能是不平滑的，这种不平滑，可能表现在其在一阶或高阶导数上的不连续，两种连续数字地形表面的示例如图4.4所示。

严格地说，一个连续表面的一阶导数既可以是连续的也可以是不连续的。但本书中将一阶导数不连续的连续表面定义为连续数字地形表面，如图 4.7（a）所示，而一阶导数连续的连续表面则用于表达 4.3.3 节所述的光滑表面。图 4.7（b）、（c）展示了连续数字地形表面的一阶导数不连续性特征。

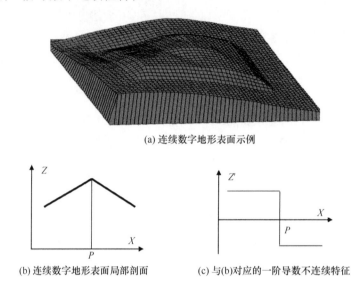

(a) 连续数字地形表面示例

(b) 连续数字地形表面局部剖面　　　(c) 与(b)对应的一阶导数不连续特征

图 4.7　连续数字地形表面及其一阶导数不连续特征

对一些用户来说，一阶导数的不连续特征比建模本身或最终图形输出更难以接受。然而，同样值得注意的是，与一阶导数的不连续特征对应的相邻地块（格网或三角形）间具有区分性的边界在大多数情况下是可以被接受的。事实上，它可能还需要被专门地引入建模过程。特别是在表达如河流、断裂线、断层等线状地形特征时，需要通过选择性或复合抽样处理因这些线状地形特征而打断或变换方向的轮廓线。

4.3.3　光滑数字地形表面模型

光滑数字地形表面模型是指具有一阶或高阶导数连续性的数字地形表面，图 4.8 给出了两个光滑数字地形表面模型示例。通常，这类模型面向区域或全局实现。通常情况下，其生产基于以下假设：

（1）在测量中，源数据总是包含一定的随机误差（或噪声），由此，所创建的数字地形表面不需要经过所有采样点；

（2）所创建的表面应比源数据所指示的更光滑或至少达到源数据标准。

为了达到以上条件，在建模过程中，需要一定程度的数据冗余，通常采用多项式进行最小二乘平差的方法实现。图 4.8 为典型的光滑 DEM 表面。

为获得一个基于大数据集的全局表面模型，整个模型将通过高阶多项式创建。这个过程可能涉及对应每个数据点的方程组，产生庞大的数据量和计算开销。此外，所产生的表面模型还可能包括数据点间难以预测的振荡，称为龙格现象（Runge's phenomenon）。这不仅是地形表面建模本身所不愿接受的情况，更是高保真地形表达和应用中亟须避免的问题。

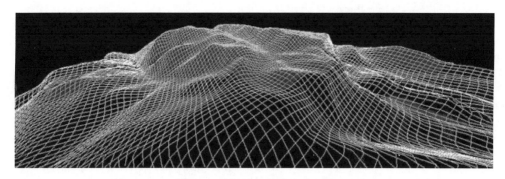

图 4.8 典型的光滑 DEM 表面

为了解决以上问题，数据集通常被划分为一系列连续的数据块，这些数据块既可以采用形状和大小规则的如格网或等边三角形形式，也可以采用不规则的随机分布的点集。在每个数据块内部，可以采用低阶多项式实现建模，若存在数据冗余则再次使用最小二乘方法处理。值得注意的是，这种解决方案虽然能保证数据块内部的平滑，但数据块间却难以避免边界的突变等不一致问题，这就需要在建模的过程中建立相邻数据块间的一阶或高阶连续性，换而言之，即数据块的无缝连接（图 4.4（b））。这项处理无疑需要大量的计算开销。

4.4 三角网的生成途径

三角网被视为最基本的一种网络，它既可适应规则分布数据，也可适应不规则分布数据，即可通过对三角网的内插生成规则格网网络，也可根据三角网建立连续或光滑表面。

4.4.1 从规则数据生成规则三角网

如果原始数据以一种规则而系统的方式获取，则所生成的三角网是所有形式中最为简单的一种。从这种规则的数据生成 TIN，一般有两种方式：一种方式是直接将格网进行分解组合即可得到三角形；另一种方式则是通过一定的法则，选择重要的点来建立三角形，对后者将在 4.4.2 节进行详细讨论。

在正方形格网的情况下，以一条或两条对角线简单地将格网分解便形成了一系列规则的三角形。图 4.9 显示了根据规则格网生成的三种可能的三角形结构。在另外一些不太常用的基于规则三角形的量测数据中，三角网已隐含地建立起来。

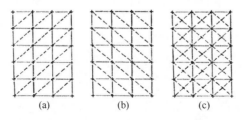

(a)　　　　　(b)　　　　　(c)

图 4.9 根据规则数据建立的不同三角形剖分网络

显然，以这样的方法根据正方形格网来生成三角网，有时是相当随意的，图 4.10 清楚地显示了这一点。图 4.10（a）显示了根据正方形格网建立的双线形表面，图 4.10（b）显示了此格网根据图 4.9（a）中的对角线方向所分开的两个三角形，图 4.10（c）显示了对应图 4.9（b）而生成的三角形，而图 4.10（d）则对应于图 4.9（c），此时两对角线将格网分成四个顶点相对的三角形。尽管图中每个例子中的格网节点的高程值都相同，但根据图 4.10 所显示的不同表面所内插出来的高程点其高程值将相差很大。

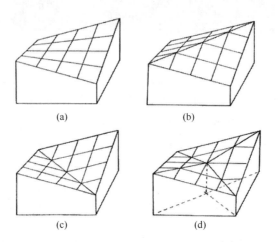

图 4.10　根据正方形格网可能建立的各种线性面元

4.4.2　从规则数据生成不规则三角网

　　上一节中讨论的从规则数据生成规则三角网是直接的生成方法，在此过程中，没有任何信息损失。但是，由于地形表面起伏特征在空间分布上的差异性，以规则而系统的方式获取的原始数据在对应地形特征方面可能存在冗余，特别是由影像匹配或激光扫描的数据。也就是说，每个原始格网高程点对于表达地形特征的重要性程度都不相同，有些"重要"而有些"不重要"。这意味着，在地形建模过程中，可以去掉一些曲面上"不重要"的点，或选择地形曲面上"重要"的点（very important point，VIP）来建模。这时原来的规则格网数据变得不规则，因而需要建立 TIN（图 4.11）。

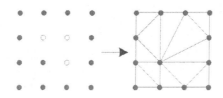

● 重要的点（特征点）
○ 不重要的点

图 4.11　从正方形格网到三角网

　　现在的问题是要确定哪些点是"重要"的点。这就需要对每个点进行评估，计算一个重要性指标。Chen 和 Guevara（1987）采用二次微分之和表示点的重要性。假设剖面上点的高度 H 是一个关于位置 x 的函数，位置 X_{i-1}，X_i 和 X_{i+1} 的垂距因规则格网采样

间距而相等，如图 4.12 所示。有

$$H = f(x) \tag{4.4}$$

则，AC 间的距离表示点 X_i 的二次微分值，公式化表达为

$$\frac{\mathrm{d}^2 H}{\mathrm{d}X^2} = f''(X_i) = 2\left(f(X_{i-1}) - \frac{f(X_{i-1}) + f(X_{i+1})}{2}\right) \tag{4.5}$$

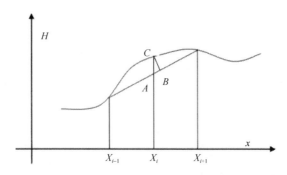

图 4.12　地形剖面和位置点的二次微分值

对每个点，Chen 和 Guevara（1987）同时考虑上-下、左-右、左-右下、左-右上四个方向的二次微分值，将其作为点的重要性指标。在此过程中，点的数目首先被确定，随之点集中最具重要性的点被提取出来。然而，相比预先指定的点数，点的选择应首先考虑满足 DTM 的精度需求。在提取重要点后，Li（1990）和 Li 等（1998）建立了其重要程度与 DTM 精度损失的关联。重要度阈值由此取代点的数目作为考虑指标。在这个过程中将产生另一个问题：在给定精度损失的条件下，如何确定适当的重要度阈值？

为了解决该问题，需要首先检测图 4.12 中 AC 的距离。由此可知，AC 是位置 $x = X_i$ 的误差。当 X_i 被移除，则剖面可通过 X_{i-1} 高程值线性内插获得。这意味着 DTM 误差和精度损失将与重要点的选择与移除相关。由此产生的问题是：以标准差或 RMSE 度量时，当小于一定重要度的点全部被删除时，将损失多少精度？换句话说，即需要考虑精度损失与特定重要度之间的关系。若误差分布已知，则可获取该关系。然而，参见第 8 章的讨论，尽管误差分布近似正态分布，其误差仍难以准确获取。因此，具体关系需要通过实验来确定。针对该问题，Li（1990）和 Li 等（1998）通过对包含大约 2000 个监测点的两个大法内区域进行实验，得出 DTM 精度损失 σ_{loss} 阈值 $\mathrm{Sig}_{\mathrm{Threshold}}$ 的关系为

$$\sigma_{\mathrm{loss}} = \frac{\mathrm{Sig}_{\mathrm{Threshold}}}{3} \tag{4.6}$$

假设选择重要点前后的 DTM 的精度以方差形式 $\sigma^2_{\mathrm{before}}$ 和 $\sigma^2_{\mathrm{after}}$ 表达，则

$$\sigma^2_{\mathrm{after}} = \sigma^2_{\mathrm{before}} + \sigma^2_{\mathrm{loss}} \tag{4.7}$$

结合以上等式，则阈值与选择点和 DTM 精度间的关系为

$$\mathrm{Sig}_{\mathrm{Threshold}} = 3\sigma_{\mathrm{loss}} = 3\sqrt{\sigma^2_{\mathrm{after}} - \sigma^2_{\mathrm{before}}} \tag{4.8}$$

这种思路与 Makarovic（1977，1984）提出的采用以下拉普拉斯算子渐进抑制思路类似：

$$L = \begin{pmatrix} 0 & 1 & 0 \\ 1 & -4 & 1 \\ 0 & 1 & 0 \end{pmatrix} \qquad (4.9)$$

选择重要点后，将得到不规则分布的点数据，因此，可采用 TIN 的生成过程来做后续处理。4.4.3 节将给出相关原理，同时第 5 章将详细讨论 TIN 的生成过程。

4.4.3 从混合数据生成不规则三角网

在第 2 章中曾经介绍，混合数据是链状数据（即断裂线、结构线与河流线等）与根据规则格网采样或渐进采样获取的格网数据结合后形成的一种数据。图 4.13 给出了以这种数据建立三角网的一个典型例子。在这个例子中，格网被首先分解为规则的三角形，但如果有特征线穿过格网边的话，则格网并不通过自身的对角线分解，而是考虑特征线上的点，在格网中生成不规则形状的三角形。

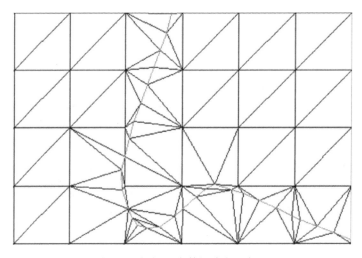

图 4.13　根据混合数据建立三角网

4.4.4 从等高线生成不规则三角网

利用 Delaunay 三角化算法从等高线数据生成不规则三角网需要特别处理平三角形（构成三角形的顶点高程相等）问题。图 4.14 给出了两条等高线间产生的平面三角形示例。平三角形出现的原因是三角形的三点均选自同一条等高线。这类问题可以通过两种方法解决：

（1）在构建 TIN 时，添加"构成三角形的顶点不能全部来自同一条等高线"；

（2）创建等高线骨架，利用创建骨架上的点构建三角形。在第 5 章将详细介绍对这类方案的实现。

此外，考虑到 TIN 模型其光滑度、连续性，以及对地形特征的高保真和精度需求，需要对由等高线构建的 TIN 进行间接加密处理。加密 TIN 模型的本质是形成更多的三角形。比较直接的方法是利用三角形的几何特征，通过三角形顶点或三角形各边特征点的连线剖分原三角形，图 4.15 给出了几种处理方法的示例。

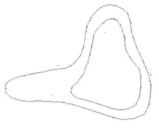 

(a) 两条相邻的等高线示例　　　　(b) 与(a)中等高线对应的平三角形(阴影)

图 4.14　平三角形示例

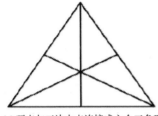 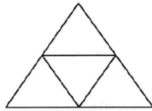 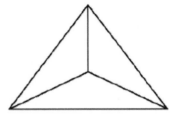

(a) 顶点与三边中点连接成六个三角形　　(b) 三边中点连接成四个三角形　(c) 三角形重心与三顶点连接成三个三角形

图 4.15　TIN 加密示例

对 TIN 模型进行加密的关键是选取合适的插值点，然后对插值点的高程进行合理的运算。通常，插值点的选取主要考虑三角形内的几何特征点，如中心、垂心、重心等。插入点的高程值的计算方法在第 6 章介绍。

4.5　格网的生成途径

基于格网的表面建模是建立 DEM 表面的另一种主要的方法，但是这种方法只是适用于格网数据。显然，如果在正方形格网基础上使用了规则格网采样方法，则结果数据已经是合适的格网形状，在形成网络前不需要任何特殊的处理。如果采用了其他的一些采样方法如选择采样、剖面法采样或等高线法采样等，则需要解决如何形成格网网络的问题。在 DEM 文献中，对从任何非格网数据形成格网网络的过程称从随机到栅格的内插。

从随机到栅格的内插方法一般有三种：基于点的方法、基于面片的方法和基于全局的方法。然而从本质上说，在从随机到栅格内插的过程中最关心的只是局部的信息，因为在这个过程中，格网点的内插只与局部范围内格网节点足够的高程表达有关，并不涉及建模区域的整体地形。因此，基于点与基于面片的内插方法是此特定目的最为主要的方法。关于内插方法本书第 7 章有详细的介绍，在此不再赘述。

4.5.1　从细格网到粗格网：重采样

用影像相关的方法可以获取很大密度的格网式数据，如从 GPM–2 系统，每一立体模型可获得 50 万~70 万个点。这种数据量有时是不必要的，这时我们可采用重采样，从细格网数据中获得粗格网的数据。

最简单的取舍方法是从细格网数据中选取一些点，以形成所需的粗格网。图 4.16

是这一选取方法的示意图。在图 4.16（a）中，我们简单地隔一行、列取数，这时新格网的间距是旧格网的 2 倍。同样的，我们可以隔 N 行、列取数，以获得 $N+1$ 倍的间距。另一种方法如图 4.16（b）所示，在原格网的对角线上采样，这时新格网的间距是旧格网的 $\sqrt{2}$ 倍。同样的，我们可以得到 $N\sqrt{2}$ 倍间距的新格网。

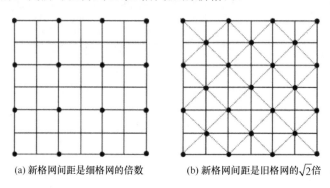

(a) 新格网间距是细格网的倍数　　　　(b) 新格网间距是旧格网的 $\sqrt{2}$ 倍

图 4.16　从细格网到粗格网重采样：简单的取舍

如果需要的新格网的间距总是旧格网的 N 倍或 $N\sqrt{2}$ 倍，那么情况就相当简单。但实际上并非总是如此，如旧格网的间距为 3m，而新格网的间距为 5m（图 4.17（a）），这时有些点可自动选取，而另外一些点需要内插。假设起点的格网坐标为（0，0），则格网（0，5），（5，0）和（5，5）都将自动成为新格网点，其在新格网里的坐标为（0，3），（3，0）和（3，3）。其他的新格网点需内插。常用的方法有以下三种。

（1）最近点法：例如，点 A 在由以下四点组成的格网中，（3，1），（3，2），（4，1），（4，2）。而 A 最邻近（3，2），因此，格网点（3，2）的高程将成为 A 点的取值。

（2）双线性法：双线性内插，顾名思义，是两个方向的线性内插，即一次沿行方向而另一次沿列方向。图 4.17（b）是双线性内插的示意图。要求得新格网点在地面上的高程（即 P 的位置），首先用（3，2）和（4，2）内插出 P_1 的高程，用（3，1）和（4，1）内插出 P_2 的高程，这是列方向上的线性内插。然后用 P_1 和 P_2 来内插 A 点的高程，这是行方向上的线性内插。同样的，我们可以先在行方向上进行内插得 P_3 和 P_4 的高程，然后用 P_3 和 P_4 来内插 A 点的高程。内插的公式将在第 6 章中介绍。

（3）局部曲面法：常用 3×3 或 4×4 格网来形成一个局部的曲面，然后内插出该曲面范围内的所有新格网点。

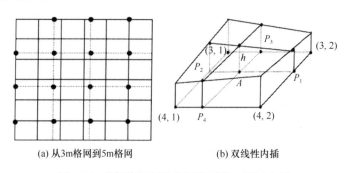

(a) 从3m格网到5m格网　　　　(b) 双线性内插

图 4.17　从粗格网到细格网重采样：通过内插

4.5.2 从粗格网到细格网：加密

由于地形模型的不同应用目的和技术手段，采集空间离散点的数据密度不同。通过测量手段获得的分辨率低的格网（即粗格网），有可能在特定应用领域中要求需要利用其生成高分辨率格网，即由粗格网到细格网的加密。

用低分辨率的格网生成高分辨率格网是对数据的二次处理。因为格网在生成时是利用测量离散高程点插值得来，每个插值方法都是利用一组离散点高程值进行数学运算得到待插值点的高程值，因此，规则格网每个格网点的高程值并不是孤立的，存在内在联系。这就为保证精度前提下的格网加密提供了前提。

最简单的加密方法是对细网进行规则加密，以形成所需的粗格网。这个过程可视为上一节中从细格网到粗格网采样的逆过程，如简单采用数学倍数关系细分格网。

此外利用原有格网顶点信息在格网单元内部进行内插也是格网加密可行的方法，这种方法常被应用于计算机仿真实现实时地形多分辨率表达等方面，图 4.18 展示了一个从粗格网到细格网的加密效果图。

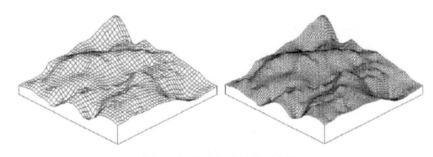

图 4.18　格网加密效果示意图

4.5.3 从离散点生成格网

从离散点到格网点有两种方法：一种是直接用离散点来内插格网点；另一种是经由三角网内插。图 4.19 是这两种方法的示意图。

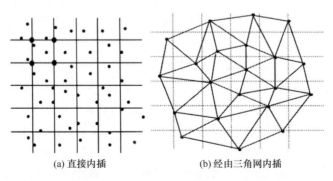

(a) 直接内插　　　　　(b) 经由三角网内插

图 4.19　从（随机）离散点生成格网

在直接内插法中，根据建立的表面模型的大小，可分为逐点法、局部法及全局法，详细内容见第 6 章。

在经由三角网的方法中，先由离散点建立三角网，然后又分两种方法来内插：一种方法是用内插点所在的斜面三角形来内插该点的高程；另一种方法是由最邻近内插点的一串三角形来拟合一个曲面，然后由该曲面来求内插点的高程。图 4.20 是这两种方法的示意图。图 4.20（a）表示，格网点 1，2，3 和 4 分别由斜三角面 A，B，C 和 E 线性内插而得。图 4.20（b）表示格网点 1 是从由邻近该点的一串三角面（A，B，C，D 和 E）而拟合的曲面而得。

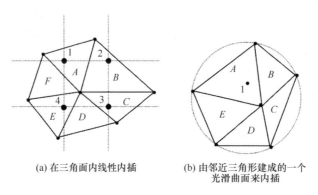

(a) 在三角面内线性内插　　　　(b) 由邻近三角形建成的一个
　　　　　　　　　　　　　　　　　　光滑曲面来内插

图 4.20　从离散到格网：经由三角网

4.5.4　从等高线生成格网

如果原始数据是等高线，则有三种方法生成格网 DEM：等高线离散化法、等高线内插法、等高线构建 TIN 法。

将等高线离散化后，采用随机到栅格的转换方法则可形成格网 DEM，这种方式很简单，思路直观，但是正如将等高线离散化生成 TIN 时没有考虑等高线自身的特性一样，生成的 DEM 格网也可能会出现一些异常情况，如一些格网值会偏离实际地形。

实际应用中通常使用两种方法。其中一种是沿预定轴方向的等高线直接内插方法，在这种方法中使用的预定轴数目可能有一条、两条或四条。首先计算这些轴与相邻两等高线的交点，然后利用这些交点通过基于点的内插方法完成内插的过程。在此过程中如前面所提到的一样使用了距离权函数。很多与这些方法有关的论文已经发表，如 Clarke 曾经引用过的 Yoeli（1975）的论文。在图 4.21 中，所有 8 个点都将被用作内插 P 点高程的参考点。

另一种方法称为沿内插点最陡坡度的内插，它与理想的人工内插过程相似，但不同于前一种方法。在这种方法中，相邻等高线上沿最陡坡度上的两点被首先搜索出来，然后根据这两点线性内插出格网节点的高程值。按 Leberl 和 Olson（1982）的描述，在预定轴与相邻等高线的 8 个交点中确定坡度最大的方向，然后这两点被用于线性内插 P 点的高程。Clarke 等（1982）曾使用非线性的三次多项式函数来进行内插计算，在这种情况下，如图 4.22 所示，使用了四条等高线上的四个点，这四个点为内插点最陡峭方向的上方和下方各两个点。这种方法被称作最陡坡度上的三次内插（CISS）。

实际上，所有涉及等高线内插方法的问题都在于如何确定用于内插所需要的点。这种方法的一个主要缺点是有时由于等高线信息的缺乏（如等高线不连续的情况），在确定内插所需的点时会出现一些问题，如在选择内插所需的数据点时，由于等高线不连

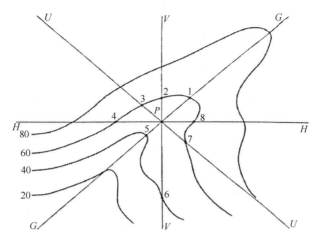

图 4.21　根据等高线内插格网点（Leberl and Olson，1982）

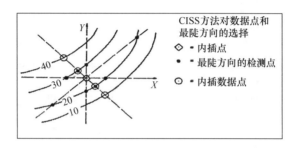

图 4.22　CISS 内插方法中使用的数据点（Clarke et al.，1982）

续可能会导致所使用的预定轴穿过另外的一条等高线，这时如果不做特殊的处理，则内插的结果是不可靠的。另外，究竟选择哪些点实际上是一个不定解的问题。再有，如果要产生大量的规则格网点，该方法的计算效率也很低。针对这些问题，利用地图代数知识研发的等高线内插方法，实现了最速下降线水平投影上的线性插值，被认为是 DEM最优的线性内插方法（胡海等，2006）。

等高线构建 TIN 法在实际生产中也常用，关于等高线生成 TIN 的方法在前面有详细的阐述，这里主要是将等高线作为约束构建带约束的 TIN，确保对地形特征的逼真重建。当生成 TIN 后，则可使用所谓的随机到栅格转换方法由 TIN 进行内插快速生成格网 DEM，这种方式与前两种方式比较在精度和效率方面都是最优的。因为在建立 TIN时可以充分考虑等高线的自身特性，可以灵活地适应任意复杂的图形数据，还能顾及地形特征（包括自动抽取等高线的骨架点，如在第 8.2 节所介绍的），运行速度也很快。

参 考 文 献

胡海，杨传勇，胡鹏. 2006. DEM 最优线性生成技术 MADEM. 华中科技大学学报(自然科学版), 35(6): 118~121.

吴华意. 1999. 拟三角网数据结构及其算法研究. 武汉: 武汉测绘科技大学博士学位论文.

朱庆，陈楚江. 1998. 不规则三角网的快速建立及其动态更新. 武汉测绘科技大学学报, 23(3): 204~207.

Brassel K, Reif D. 1979. Procedure to generate Thiessen polygon. Geographical Analysis, 11(3): 289~303.

Chen Z, Guevara J. 1987. Systematic selection of very important points (VIP) from digital terrain model for constructing triangular irregular networks. Auto Carto, 8: 50~56.

Clarke A, Gruen A, Loon J. 1982. A contour-specific interpolation algorithm for DEM generation. International Archive of Photogrammetry and Remote Sensing, 14(III): 68~81.

Leberl F, Olson D. 1982. Raster scanning for operational digitizing of graphical data. Photogrammetric Engineering and Remote Sensing, 48(4): 615~627.

Li Z L. 1990. Sampling Strategy and Accuracy Assessment for Digital Terrain Modelling. The University of Glasgow. ph. D. Thesis.

Li Z L, Lam K, Li C M. 1998. Effect of compression on the accuracy of DTM. Geographic Information Science, 4(1-2): 37~43.

Makarivic B. 1977. Regressive rejection—A digital data compression technique. Proceedings of ASP/ACSM Fall Convention. Little Rock.

Makarovic B. 1984. A test on compression of digital terrain model data. ITC Journal, (2): 133~138.

Petrie G, Kennie T. 1990. Terrain Modelling in Surveying and Civil Engineering. England: Whittles Publishing.

Peucker T. 1972. Computer Cartography. Association of American Geographer, Commission on College Geography, Washington DC: 75.

Schuts G. 1976. Review of interpolation methods for digital terrain models. International Archives of Photogrammetry, 21(3): 389~412.

TsaiV J D. 1993. An overview and a linear-time algorithm. International Journal of GIS, 7(6): 501~524.

Xie X, Xu W P, Zhu Q, Zhang Y T, Du Z Q. 2013. Integration method of TINs and grids for multi-resolution surface modeling. Geo-spatial Information Science, 16(1): 61~68.

Yoeli P. 1975. Compilation of data for computer-assisted relief cartography. Display and Analysis of Spatial Data, 352~367.

Yeoli P. 1977. Computer executed interpolation of contours into arrays of randomly distributed height points. The Cartographic Journal, 14: 103~108.

Yue T X. 2011. Surface Modelling: High Accuracy and High Speed Methods. New York: CRC Press.

第5章　不规则三角网的生成

在第4章讲过，基于三角网和正方形格网的建模方法使用较多，被认为是两种基本的建模方法。三角网被视为最基本的一种网络，它既可适应规则分布数据，也可适应不规则分布数据，即可通过对三角网的内插生成规则格网网络，也可根据三角网直接建立连续或光滑表面模型。本章将讨论三角网的基本概念、生成原则及生成方法，特别是狄洛尼三角网（Delaunay triangulation，DT）。

5.1　不规则三角网的生成原则

5.1.1　三角网及其生成法则

通俗地讲，所谓的三角网指的是用三角形将一个平面剖分。数学上，散点集 $P\{p_1, p_2, \cdots, p_n\}$ 的三角网，也叫三角剖分，是一种平面图，满足以下条件：

（1）平面图中所有的面都是三角面；

（2）所有三角面的合集是散点集 P 的凸包；

（3）三角面之间没有相交边；

（4）平面图中的边不包含点集中（除了端点以外）的任何点。

可以想象，基于一散点集，可以生成多种不同结构的三角网。图5.1展示了基于同一数据集得到的三种不同的三角网。由此将产生以下问题："哪一种三角网最优"？为了回答这个问题，必须给出约束三角网构建的基本原则。

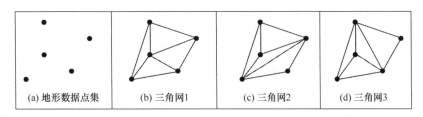

(a) 地形数据点集	(b) 三角网1	(c) 三角网2	(d) 三角网3

图5.1　基于同一数据集的三种不同的三角网

通过调查发现，图5.1（b）中的"三角网1"被一致推举。究其理由，绝大多数人认为是"比较等边"或"比较等角"。可见，最优的三角网应该全部由等边三角形（也就是等角三角形）构成。但由于实际数据的分布不规则，这样的理想最优解无法得到。在这一前提下，人们根据三角形的几何参数（边长均匀性、周长大小、面积大小、角度均匀性等）提出了一些次优解的三角网生成法则（McLain，1976；Yoeli，1977；Elfick，1979），如图5.2所示，包括：

（1）最小"距离和"法则，新三角形顶点到基边（给定边）两顶点的距离和最小。

（2）最小周长法则，新三角形三边的和最小。事实上，最小距离和是给定一条边后的最小周长。

（3）最小外接圆半径法则，新三角形顶点应该保证其外接圆的半径取最小值。

（4）最大张角法则，新三角形顶点到基边的张角为最大。

（5）最小面积比法则，新三角形内切圆面积与三角形面积之比（或新三角形面积与周长平方之比）为最小。

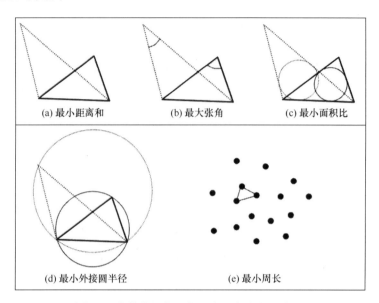

图 5.2　离散数据集三角网生成之次优解法则

但实际上，这些法则没有得到广泛的应用，因为依据这些法则生成的三角网不一定是唯一的。而最常用的法则却是狄洛尼法则，也称"空外接圆"法则，将在下一节介绍。

5.1.2　狄洛尼三角网的生成原理：空外接圆法则

"空外接圆法则"指的是：一个三角形的外接圆中不能包括点集中的任何其他点。由这一法则形成的三角形称为狄洛尼三角形，由这样的系列三角形构成的三角网称为狄洛尼三角网，因此空外接圆法则也称狄洛尼法则。图 5.3 是狄洛尼三角形的示意。图 5.3（a）为一组采样点（A、B、C 和 D）；图 5.3（b）表示若选择点 C 与 A 和 B 构建△ABC，则点 D 位于△ABC 的外接圆内，这种情况不符合空外接圆法则；但如果选择点 D 与 A 和 B 构建三角形△ABD，如图 5.3（c）所示，则符合空外接圆法则。因此这组数据应该由△ABD 和△ACD 构成三角形。

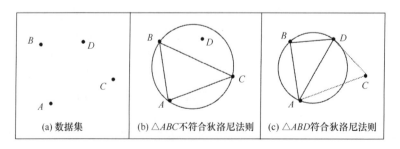

图 5.3　狄洛尼三角网的空外接圆法则示例

狄洛尼三角网是至今最受广泛应用的构网形式，因为它具有以下优异特性。

（1）唯一性：不论从何处开始构网，最终都将得到一致的结果。

（2）最近性：以最近的三点形成三角形，且各三角形的边都不会相交。

（3）最优性：如果将由两个相邻三角形构成的凸四边形的对角线互换，那么两个三角形的六个内角中最小角不会变大。

（4）规则性：如果将三角网中的每个三角形的最小角按升序排列，则狄洛尼三角网的排列得到的数值最大。

（5）区域性：插入、删除或移动某一个三角形顶点时只会影响临近的三角形。

（6）凸包性：三角网最外层的边界形成一个凸多边形的外壳。

（7）对偶性：狄洛尼三角网与 Voronoi 图有对偶关系。

5.1.3 三角网的优化过程：最大最小角法则

前一节讲到，三角网构建的法则众多，所以结果也不会一致。如果要将非狄洛尼三角网转换成狄洛尼三角网，则需要对三角网进行改造。Lawson 于 1972 年（Tsai，1993）提出的"局部等角法则"（也称为"最大最小角法则"）是将普通三角网转变成狄洛尼三角网的最基本原则。由于优化通常在局部进行，所以也称为局部优化过程（local optimization procedure，LOP）。

狄洛尼三角网的最大最小角法则指的是，对于由两个毗邻狄洛尼三角形构成的凸四边形，如果交换此四边形的两条对角线，不会增加这两个三角形六个内角中的最小值。所以如果交换两条对角线时，则最小角变大而最大角变小，这说明两三角形不是狄洛尼三角形，而需要优化，即交换两条对角线。图 5.4 是 LOP 优化的示意。图 5.4（a）中，三角形△ABC 和△ACD 构成了一个凸四边形，∠CAD 和∠ADC 分别为其最小内角和最大内角；当交换对角线时，如图 5.4（b）所示，新的最小内角 ∠CBD 大于∠CAD ，新的最大内角 ∠ADB 小于∠ADC 。这意味着，图 5.4（b）的构成形式是最优的。

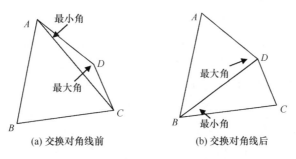

图 5.4 三角网的最大最小角法则示例

利用 LOP 对已有三角网优化是一个逐步进行的局部改造过程。图 5.5 是对三角网优化过程的示例。由于优化是在局部进行，所以 LOP 被广泛用于三角网的动态构建，即在已有三角网中不停地插入（或删除）新点，不停地局部更新三角网，最后建成狄洛尼三角网。三角网的动态构建将在 6.4 节介绍。

(a) 初始三角网　　　　(b) 第一次优化　　　　(c) 第二次优化　　　　(d) 第三次优化

图 5.5　三角网的优化过程示例

5.2　狄洛尼三角网生成途径与方法

5.2.1　狄洛尼三角网生成途径

从不同的角度，可将狄洛尼三角网生成的不同途径进行分类。从数据格式的角度，可以分为基于矢量的与基于栅格的。从构网方式的角度，可以分为动态的与静态的。从数据处理过程的角度，可以分为直接的与间接的。直接途径指的是从给定点集，利用三角网构网方法（见 5.2.2 节）而得到三角网。间接途径指的是从给定点集，首先生成一个其他网络（如 Voronoi 图），再利用这个刚生成的网络间接得到三角网。图 5.6 是三角网生成途径的一个关系图。

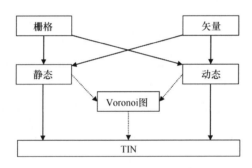

图 5.6　三角网生成的不同途径

5.2.2　狄洛尼三角网生成方法

狄洛尼三角网构网算法可按途径来分类。有许多基于矢量的构网算法，也有许多基于栅格的构网算法；有许多静态的构网算法，也有许多动态的构网算法；有许多直接的构网算法，也有许多间接的构网算法。它们之间不相互独立，有重叠。因此，这里按构网方式来分，即静态三角网和动态三角网，见图 5.7。

静态三角网指的是在整个建网过程中，已建好的三角网不会因新增点参与构网而发生改变；而对于动态三角网则相反，在构网时，当一个点被选中参与构网时，原有的三角网被重构以满足狄洛尼外接圆法则。从而在三角网构网过程中可以判断哪些顶点的重要性大，这一特点也可用于对地表进行简化。

静态三角网构网法主要有辐射扫描算法、递归分裂算法、分解吞并算法、逐步扩散算法、改进层次算法等。动态三角网构网算法主要有增量式算法及增量式动态生成和修改算法。以上算法基本上反映了构建狄洛尼三角网的各种途径。在生成 TIN 的算法中数据结构的设计和选择对算法的运行效率紧密相关。以下章节将详细介绍各类算法。

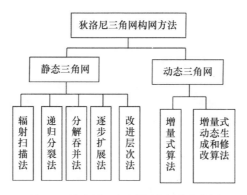

图 5.7　狄洛尼三角网构网方法分类图

5.3　狄洛尼三角网的静态生长法

5.3.1　递归生长法

如图 5.8 所示，递归生长法的基本原理是首先生成一个初始三角形，然后分别以三条边进行扩展计算，找到邻近的控制点并分别形成三角形，重复此过程，直至最终形成三角网。

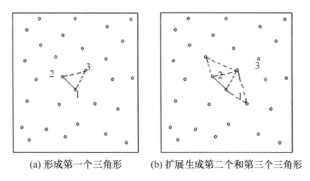

(a) 形成第一个三角形　　　(b) 扩展生成第二个和第三个三角形

图 5.8　递归生长法构建 Delaunay 三角网

递归生长算法的具体执行过程为：

（1）在所有数据中取任意一点 1（一般从几何中心附近开始），查找距离此点最近的点 2，相连后作为初始基线 1—2；

（2）在初始基线右边应用 Delaunay 法则搜寻第三点 3，形成第一个 Delaunay 三角形；

（3）并以此三角形的两条新边（2—3，3—1）作为新的初始基线；

（4）重复步骤（2）和（3）直至所有数据点处理完毕。

该算法主要的工作是在大量数据点中搜寻给定基线符合要求的邻域点。一种比较简单的搜索方法是通过计算三角形外接圆的圆心和半径来完成对邻域点的搜索。为减少搜索时间，还可以预先将数据按 X 或 Y 坐标分块并进行排序。使用外接圆的搜索方法限定了基线的待选邻域点，因而降低了用于搜寻 Delaunay 三角网的计算时间。如果引入约束线段，则在确定第三点时还要判断形成的三角形边是否与约束线段交叉。

5.3.2 凸闭包搜索法

与递归生长法相反，凸闭包搜索法的基本思想是首先找到包含数据区域的最小凸多边形，并从该多边形开始从外向里逐层形成三角形网络。平面点凸闭包的定义是包含这些平面点的最小凸多边形。在凸闭包中，连接任意两点的线段必须完全位于多边形内。凸闭包是数据点的自然极限边界，相当于包围数据点的最短路径。显然，凸闭包是数据集标准 Delaunay 三角网的一部分。

1. 凸闭包生成算法

最常用的凸闭包算法是 Graham 扫描法和 Jarvis 步进法。其他常用方法还包括中心法、水平法和快包法。

（1）Graham 扫描法的基本思想是通过设置一个关于候选点的堆栈 s 来解决凸包问题。这个算法可以直接在原数据上进行运算，因此空间复杂度为 $O(1)$。但如果将凸包的结果存储到另一数组中，则可能在代码级别进行优化。由于在扫描凸包前要进行排序，因此时间复杂度至少为快速排序的 $O(n\lg n)$。后面的扫描过程复杂度为 $O(n)$，因此整个算法的复杂度为 $O(n\lg n)$。

（2）Jarvis 步进法思路是首先计算点集最右边的点为凸包顶点的起点，逐点计算有向向量，当其余顶点全部在有向向量的左侧或右侧，则该点为凸包的下一顶点。此过程执行后，点按极角自动顺时针或逆时针排序，只需要按任意两点的次序就可以了。而左侧或右侧的判断可以用前述的矢量点积性质实现。

（3）中心法的思路是先构造一个中心点，然后将它与各点连接起来，按斜率递增的方法，求出凸包上部；再按斜率递减的方法，求出凸包下部。

（4）水平法的思路是从最左边的点开始，按斜率递增的方法，求出凸包上部；再按斜率递减的方法，求出凸包下部。水平法较中心法减少了斜率无限大的可能，减少了代码的复杂度。

（5）快包法的思路是选择最左、最右、最上、最下的点，它们必组成一个凸四边形（或三角形）。这个四边形内的点必定不在凸包上。然后将其余的点按最接近的边分成四部分，再进行快包法。

以下具体给出一种可行的凸闭包算法步骤（图 5.9）。

（1）搜寻分别对应 x–y，x+y 最大值及 x–y，x+y 最小值的各两个点。这些点为凸闭包的顶点，且总是位于数据集的四个角上，如图 5.9（a）中的点 7，9，12，6 所示。

（2）将这些点以逆时针方向存储于循环链表中。

（3）对链表中的点 I 及其后续点 J 搜索线段 IJ 及其右边的所有点，计算对 IJ 有最大偏移量的点 K 作为 IJ 之间新的凸闭包顶点，如点 11 对边 7—9。

（4）重复（2）、（3）直至找不到新的顶点为止。

2. 从凸闭包生成三角网

一旦提取出数据区域的凸闭包，就可以从其中的一条边开始逐层构建三角网，具体算法如图 5.10 所示。

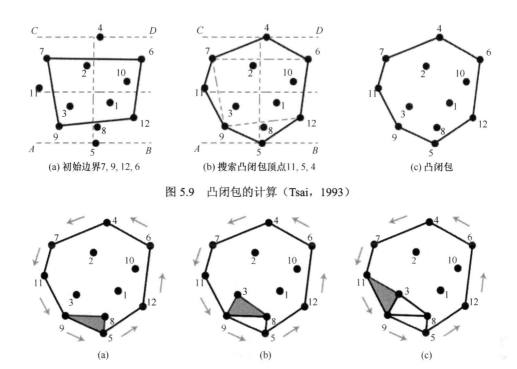

(a) 初始边界7, 9, 12, 6 (b) 搜索凸闭包顶点11, 5, 4 (c) 凸闭包

图 5.9 凸闭包的计算（Tsai，1993）

(a)   (b)   (c)

图 5.10 凸闭包收缩法形成三角网

（1）将凸多边形按逆时针顺序存入链表结构，左下角点附近的顶点排第一。

（2）选择第一个点作为起点，与其相邻点的连线作为第一条基边，如图 5.10 中的 9—5。

（3）从数据点中寻找与基边左最邻近的点 8 作为三角形的顶点。这样便形成了第一个 Delaunay 三角形。

（4）将起点 9 与顶点 8 的连线换作基边，重复（3）即可形成第二个三角形。

（5）重复第（4）步，直到三角形的顶点为另一个边界点 11。这样，借助于一个起点 9 便形成了一层 Delaunay 三角形。

（6）适当修改边界点序列，依次选取前一层三角网的顶点作为新起点，重复前面的处理，便可建立起连续的一层一层的三角网。

该方法同样可以考虑约束线段。但随着数据点分布密度的不同，实际情况往往比较复杂，如边界收缩后一个完整的区域可能会分解成若干个相互独立的子区域。当数据量较大时如何提高顶点选择的效率是该方法的关键。

5.4 狄洛尼三角网的动态生长法

5.4.1 数据逐点插入法

5.3 节介绍的三角网生长算法最大的问题是计算的时间复杂性，由于每个三角形的形成都涉及所有待处理的点，且难于通过简单的分块或排序予以彻底解决。数据点越多，问题越突出。本节将要介绍的数据逐点插入法在很大程度上克服了数据选择问题。逐点插入法又称 Bowyer-Watson 算法（Bowyer，1981；Watson，1981），被认为是最实用的 TIN 生成方法，其具体算法如图 5.11 所示。

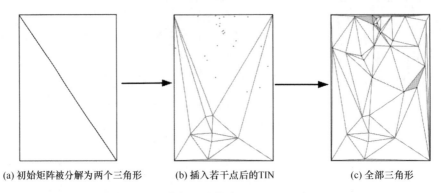

(a) 初始矩阵被分解为两个三角形　　(b) 插入若干点后的TIN　　(c) 全部三角形

图 5.11　逐点插入法构建 Delaunay 三角网

（1）首先提取整个数据区域的最小外界矩形范围，并以此作为最简单的凸闭包。

（2）按一定规则将数据区域的矩形范围进行格网划分，为了取得比较理想的综合效率，可以限定每个格网单元平均拥有的数据点数。

（3）根据数据点的 (x, y) 坐标建立分块索引的线性链表。

（4）剖分数据区域的凸闭包形成两个超三角形，所有的数据点都一定在这两个三角形范围内。

（5）按照（3）建立的数据链表顺序往（4）的三角形中插入数据点。首先找到包含数据点的三角形，进而连接该点与三角形的三个顶点，简单剖分该三角形为三个新的三角形。

（6）根据 Delaunay 三角形的空圆特性，分别调整新生成的三个三角形及其相邻的三角形。对相邻的三角形两两进行检测，如果其中一个三角形的外接圆中包含有另一个三角形除公共顶点外的第三个顶点，则交换公共边。

（7）重复步骤（5）、（6）直至所有的数据点都被插入到三角网中。

可见，由于步骤（3）的处理，保证相邻的数据点渐次插入，并通过搜寻加入点的影响三角网，现存的三角网在局部范围内得到了动态更新。从而大大提高了寻找包含数据点的三角形的效率。

该算法包含两个关键的基本步骤如图 5.12 所示。首先是在初始三角网中快速准确定位包含待插入点的三角形；其次，是如何确保局部三角网重构满足 Delaunay 三角形法则。下面逐一对这两个方面进行介绍。

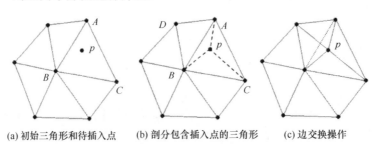

(a) 初始三角形和待插入点　　(b) 剖分包含插入点的三角形　　(c) 边交换操作

图 5.12　逐点插入法构建 Delaunay 三角网的关键步骤

5.4.2　快速定位三角形的穿行算法

对于一个海量的数据集，搜索定位一个数据点所在的三角形采用穿行算法（Gold et al.，1977）能明显提高计算效率。该算法主要解决两个基本问题：一是确定简便的数值标准用以判断一个点是否在三角形范围以内；二是如果当前三角形不包含这个点就给定一个指针用以指向下一个待判断的三角形。

一点 P 和一个有向线段 $\overrightarrow{AB}$ 之间的方向关系采用如下的公式进行计算：

$$D(A,B,P) = \begin{vmatrix} x_A & y_A & 1 \\ x_B & y_B & 1 \\ x_P & y_P & 1 \end{vmatrix} \tag{5.1}$$

这个值 D 实际上就是这个点与线段构成的△ABP 面积的两倍，根据这个面积值的正负号即能可靠地判定其方向关系：

$$D(A,B,P) \begin{cases} >0: \text{三点处于逆时针顺序，即} P \text{位于线段} \overrightarrow{AB} \text{的左侧} \\ =0: \text{三点共线} \\ <0: \text{三点处于顺时针顺序，即} P \text{位于线段} \overrightarrow{AB} \text{的右侧} \end{cases} \tag{5.2}$$

采用上述两个公式计算的结果就能准确判定一个点是否在三角形以内，见图 5.13。其基本原理如下，如果要判断点 p 是否在△123 内，则可分别根据三角形的三个边计算得到三个面积值：

$$\Delta a_1 = \begin{vmatrix} x_p & y_p & 1 \\ x_2 & y_2 & 1 \\ x_3 & y_3 & 1 \end{vmatrix} \quad \Delta a_2 = \begin{vmatrix} x_1 & y_1 & 1 \\ x_p & y_p & 1 \\ x_3 & y_3 & 1 \end{vmatrix} \quad \Delta a_3 = \begin{vmatrix} x_1 & y_1 & 1 \\ x_2 & y_2 & 1 \\ x_p & y_p & 1 \end{vmatrix} \tag{5.3}$$

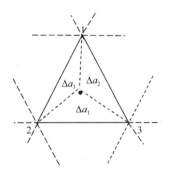

图 5.13　根据局部 "面积坐标" 判定点是否落在三角形内

这三个值又被称为相对于三个顶点的局部面积坐标。如果一个点的三个局部面积坐标都是正值，则该点位于三角形内部；否则该点位于三角形以外，也就是说至少有一个局部面积坐标是负的。

要搜索定位包含一个新的待插入点的三角形，可以从初始三角网中的任意一个三角形开始，如果所有的局部面积坐标都是正值，则该三角形就是目标三角形。如果不是，则只判断与局部面积坐标为负的那个边邻接的三角形，依此类推，直到找到三角形为止。

图 5.14 形象展示了穿行算法的基本原理。对于海量数据集,为了提高整体处理效率,一般还可以预先记录均匀分布的若干三角形基本信息,以便就近选取初试三角形开始穿行算法。这对于已有 TIN 数据集的局部更新十分有效。

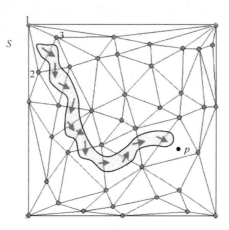

图 5.14　穿行算法基本原理

5.4.3　边交换算法

一旦搜索到待插入点所在的三角形,该三角形将被剖分为 3 个三角形,如图 5.12(b)所示。与之邻接的三个外围三角形将进一步被测试,判断是否满足 Delaunay 条件(即空圆准则)。测试可以用 5.1.3 节讲的 LOP 方法进行。也可以用 5.1.2 节讲的空圆法则来进行。后者的计算如下的值:

$$H(A,B,C,D) = \begin{vmatrix} x_A & y_A & x_A^2 + y_A^2 & 1 \\ x_B & y_B & x_B^2 + y_B^2 & 1 \\ x_C & y_C & x_C^2 + y_C^2 & 1 \\ x_D & y_D & x_D^2 + y_D^2 & 1 \end{vmatrix} \qquad (5.4)$$

式中,A,B 和 C 为按逆时针顺序编排的三角形的三个顶点,插入点 D 要进行测试,判断依据是

$$H(A,B,C,D) = \begin{cases} > 0, \text{点在三角形影响范围内} \\ < 0, \text{点在三角形影响范围外} \\ = 0, \text{共圆} \end{cases} \qquad (5.5)$$

以新剖分的三角形为基准,逐一判断邻接的外部三角形,如果该三角形的顶点落在基准三角形的外接圆影响范围内,则就要交换两个三角形的公共边互为对角线,使得插入点尽量接近周围点。新产生的三角形边将记录在堆栈中以供后续进一步测试处理,依此类推,直到所有相邻的三角形都满足 Delaunay 条件。

5.4.4　三角网点的删除

允许在已有三角网中插入点数据在工程设计中非常重要;与此同时,考虑设计需要而允许从已有三角网中删除点数据同样十分关键。从狄洛尼三角网中删除点的问题被视

为插入点算法的逆过程（Heller，1990）。其原理是：将具有最小外接圆的三角形通过交换边（参见前述插入算法的逆过程）删除，从而减少邻接三角形数目，迭代执行以上方案直至保留三个三角形，其中涉及关键技术如点的定位、影响域确定、LOP 优化等在插入点算法中已经具体介绍。

图 5.15 给出了一个删除三角网点的示例。如图 5.15（a）所示△DCB 具有最小外接圆，因此它被首先删除得到如图 5.15（b）所示的形式；在余下的邻接三角形中，△AED 具有最小外接圆，因此它接着被删除，得到如图 5.15（c）所示的三个三角形；最终点 P 被删除进而保存三个三角形，如图 5.15（d）所示。

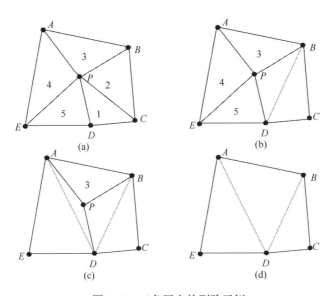

图 5.15　三角网点的删除示例

删除三角网点的具体方法可以通过凸耳权值点删除、凸耳结合空外接圆检测，以及影响域外围剖分等方式实现。

凸耳权值点删除算法基本思想是：查找以删除点为顶点的所有三角形，构成影响域；然后，在影响域边界三角形中，计算每个三角形凸耳的权值；其中，在影响域边界点中，任意相邻三个点，两侧点连线位于多边形内部，该三点所组成的三角形为凸耳。寻找权值最小的凸耳，交换该凸耳与删除点形成四边形的对角线，若影响域边界包括约束线，对角线交换时要保留约束线；更新凸耳权值，继续寻找下一个权值最小的凸耳，交换对角线直到以删除点为顶点的三角形个数减到 3 个，合并 3 个三角形，点删除完成。由于需要对权值进行比较，这种实现方式通常需要一个优先队列数据结构，队列根据权值由小到大的顺序排列，处理过程根据队列依次进行。和图 5.12 的流程类似，这种方式的执行流程也是通过插入对角线构建新的三角形；然后对新的三角形计算面积，并根据面积大小插入序列作为下一轮判断的输入，迭代执行以上处理方式，直到最终得到三个三角形并删除点 P。

结合凸耳和空外接圆检测算法不需要计算凸耳权值，但需依次对每个凸耳进行空外接圆检测，若凸耳外接圆不包含影响域其他节点，符合空外接圆检测，进行对角线交换。

影响域外围边三角剖分算法的基本思想为：查找与删除点有关的三角形和边，将其删除，保留影响域边界，若边界为简单多边形，利用 LOP 法则，直接进行三角剖分；若边界为复杂多边形，对边界节点中任意相邻三个节点进行检测，若满足凸耳性质，并且外接圆不包括其他边界节点，该凸耳加入剖分三角形中，继续进行剖分，最后进行 LOP 优化。

5.5　带约束条件的狄洛尼三角网

5.5.1　带约束条件的狄洛尼三角网的定义与法则

在第 2 章中详细论述过地形的特征线，最典型的特征线包括连接局部高程极大值的山脊线和连接局部高程极小值的山谷线等。因此，带约束条件的 Delaunay 三角网即当不相交的地形特征线、特殊的范围边界线等被作为预先定义的限制条件作用于 TIN 的生成当中时，这些特征线不被任何三角形的边打断。为了支持算法的设计与实现，给出带约束条件的 Delaunay 三角网定义如下。

定义：令单点集 M 和线段端点集 E 之并为 V（$V=M\cup E$），如果在 V 的每个 Delaunay 三角形的外接圆范围内不包含任何与三角形的顶点均通视的其他点，而点 P_i 与 P_j $(P_i, P_j \in V)$ 当且仅当连线 P_iP_j 不与 L 中的任何约束线段相交叉（除在端点处外）时才互相通视，那么称这个 Delaunay 三角网为 V 由 L 约束的 Delaunay 三角网（朱庆和陈楚江，1998）。

带约束条件的三角网仍然满足 Delaunay 法则，但其局部等角特性有较小的改变。当需要考虑约束条件时，可视图有助于重新定义 Delaunay 法则和 Lawson LOP 交换原则。对数据点及作为约束条件的断裂线，可视图由互相可视的任意两点连接而成。在可视图中，除在断裂线的端点处外，连接线与任一断裂线都不相交（图 5.16）。由此 Delaunay 法则及 Lawson LOP 交换可以重新定义如下。

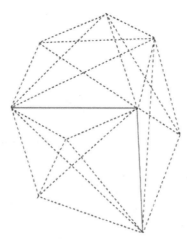

图 5.16　9 个点与两条约束线段的通视图（Tsai，1993）

（1）带约束条件的 Delaunay 法则：只有当三角形外接圆内不包含任何其他点，且其三个顶点相互通视时，此三角形才是一个带约束条件的 Delaunay 三角形。

（2）带约束条件的 Delaunay Lawson LOP 交换：只有在带约束条件的 Delaunay 法则满足的条件下，由两相邻三角形组成的凸四边形的局部最佳对角线（locally optimal diagonal）才被选取。

生成带约束条件的狄洛尼三角网可以通过两种思路：其一，也是相对最简单的处理方法是所谓的"加密法"，即通过加密约束线段上的数据点，将约束数据转换为普通数据，从而按标准 Delaunay 三角形剖分即可，如图 5.17 所示。尽管该方法加大了数据量并改变了原始数据集，但由于简单易行、稳定可靠，在许多情况下可以很好地满足需要。该方法唯一的问题在于如何恰当地确定特征线上加密数据点之间的距离，一般取平均数据点间距的一半或更小即可。其二，则是直接处理约束线段的方法，后文主要介绍直接处理约束线段的算法。

图 5.17　加密法生成带约束条件的 Delaunay 三角网

5.5.2　顾及线段约束的三角网生成算法

考虑线段约束可以在形成 Delaunay 三角形的同时进行，如根据带约束条件的 Delaunay 法则建立静态三角网的生长算法就是如此。而采用更多的方法是在动态生成三角网的基础上，采用两步法实现 CDT（constrained Delaunay triangulation）的建立。所谓两步法即分以下两步完成：

（1）将所有数据包括约束线段上的数据点，建立标准的 Delaunay 三角网；

（2）嵌入线段约束，根据对角线交换法 LOP 调整每条线段影响区域内的所有三角形。

在作为约束条件的地形特征信息存在时，当标准 Delaunay 三角网建立起来后，便可加入预先给定的约束线段以完成带约束条件的 Delaunay 三角网的构建。如图 5.18 所示，下面步骤用于完成约束线段的插入：

（1）在三角网中插入一约束线段；

（2）确定边界与约束线段相交的三角形，如果两个这样的三角形有公共边，则将此公共边删除，最后形成约束线段的影响多边形；

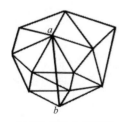   

(a) 插入线段ab，搜索其　　(b) 连接节点a与影响多边形　　(c) 应用带约束条件的Lawson LOP　　(d) 带约束线段ab的三角网
　　影响多边形　　　　　　　的所有顶点　　　　　　交换对三角形网进行优化

图 5.18　约束线段 ab 插入到已有 Delaunay 三角网的过程（Tsai，1993）

（3）将影响多边形其他各顶点与约束线段的起始节点相连；

（4）应用带约束条件的 LOP 交换，更新影响多边形内的三角网，使约束边成为三角网中的一边；

（5）重复步骤（1）~（4），直至所有约束线段都加入三角网中。

5.5.3 从等高线生成三角网

等高线是一种特殊的特征线，等高线也可以作为约束线段，图 5.19 显示了一个考虑等高线特性的 Delaunay 三角网。

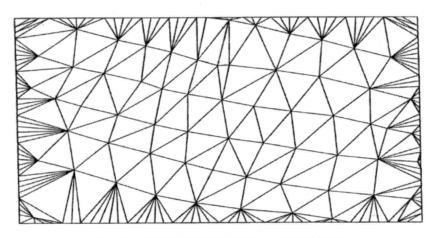

图 5.19 将等高线当作断裂线建立三角网的示例

从等高线生成三角网一般有三种算法：等高线离散点直接生成 TIN 方法、将等高线作为特征线的方法，以及自动增加特征点及优化 TIN 的方法。

第一种，等高线离散点直接生成 TIN 方法。首先直接将等高线上的点离散化，然后采用上面所讲的从不规则点生成 TIN 的方法。但是由于这种算法只独立地考虑了数据中的每一个点，而并未考虑等高线数据的特殊结构，所以会导致很坏的结果，如出现三角形的三个顶点都位于同一条等高线上（即所谓的"平三角形"）或者三角形某一边穿过了等高线这样的情况（图 5.20）。这些情形按 TIN 的特性都是不允许的；此外，将所有点都离散化为特征点将极大增加计算开销。因此，在实际应用中，这种算法很少直接使用。通常将等高线作为特征线来构建三角网。

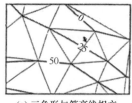 

(a) 三角形与等高线相交　　(b) 三角形的三个顶点都位于
　　　　　　　　　　　　　　　同一条等高线上

图 5.20 对等高线进行不合理三角化的示例

第二种，将等高线作为特征线的方法的实现方法是当每一条等高线当作断裂线或结构线时，对三角形而言，至多只能从同一等高线取两个点。

第三种，自动增加特征点及优化 TIN 的方法。仍将等高线离散化建立 TIN，但采用增加特征点的方式来消除 TIN 中的"平三角形"，并使用优化 TIN 的方式来消除不合理的三角形，如三角形与等高线相交等，另外对 TIN 中的三角形进行处理以使得 TIN 更接近理想化的情况。使用手工方式增加特征点线，无论在效率方面，还是在完整性、合理性等方面都是很有限的。因此需要设计一定的算法来自动提取特征点。这些算法的原理大都基于原始等高线的拓扑关系。对 TIN 进行优化则需对三角形进行扫描判断并以一定的准则进行合理化的处理。

一种自动提取特征点的可行方法是通过从等高线图生成的 Voronoi 图上提取骨架线，并将骨架线上的点作为特征点用于生成三角网。在等高线重建地形的方法中，使用骨架线可以不仅保留曲线段之间的拓扑关系，还可用于提取附加点以消除"平三角形"。骨架线上点的高程可由估算获得。基于该方法可以估计出合理的地形坡度，并且为 TIN 的构建自动提取有意义的特征点（Tse and Gold，2002）。下文将重点阐述如何从等高线图中提取骨架线进而支持优化 TIN 的生成方法。

1. 从等高线图中提取骨架线

Blum（1967）首次研究了表达不规则的"生物"形状的骨架概念，如图 5.21 所示。一个连续形状的骨架由一系列与该形状相接的圆心轨迹构成。一个矩形的骨架线提取原理如图 5.22 所示。

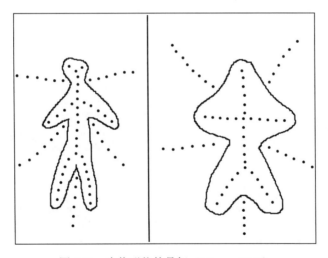

图 5.21　生物形状的骨架（Blum，1967）

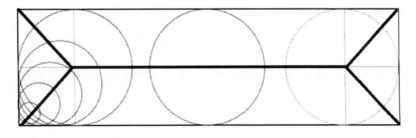

图 5.22　一个矩形的骨架线原理示意

当采样密度大于曲线和骨架距离的 0.42 倍时，连续的骨架线特征点集可通过 Voronoi 图提取，其原理如图 5.23 所示（Amenta et al., 1998；Thibault and Gold, 2000）。当 Delaunay 三角形的外接圆不包含 Voronoi 图的顶点时，Voronoi 图顶点在骨架线上；当 Delaunay 三角形的外接圆包含 Voronoi 图的顶点时，Delaunay 三角形的边就是边界线。图 5.24 给出了由此方法得到的提取骨架线后的等高线图。

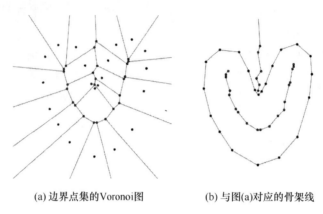

(a) 边界点集的Voronoi图　　　　　　(b) 与图(a)对应的骨架线

图 5.23　Voronoi 图及其得到的骨架线（Thibault and Gold，2000）

图 5.24　提取骨架线后的等高线图（Gold and Thibault，1999）

2. 骨架线中特征点的高程估计

在图 5.24 中可见，一些骨架线位于等高线间，因此，提取等高线图的骨架线后，还要估计骨架线上点的高程。其原理如图 5.25 所示。其中，图 5.25（a）展示了一个山谷的局部及其骨架线分支；图 5.25（b）利用圆的半径比例估计图 5.25（a）中骨架线上点的高程。

设 Z_i 是待估计骨架点的高程，则 Z_i 可通过式（5.6）计算得到：

$$Z_i = Z_c - \frac{R_i}{R_r} \times \frac{Z_c - Z_b}{2} \tag{5.6}$$

式中，Z_c 为有新增点的等高线高程；Z_b 为相邻等高线的高程；R_r 为参考圆的半径；R_i 为架点的半径。图 5.26 展示了一个计算估计出的骨架线上点的高程示例。

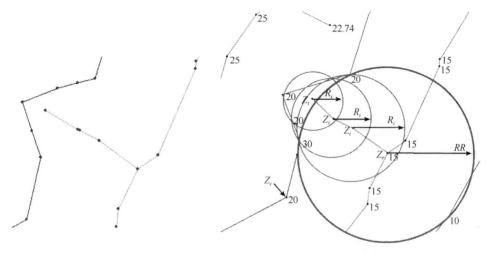

(a) 一个山谷的局部及其骨架线分支　　　　(b) 利用圆的半径比例估计图(a)中骨架线的高程

图 5.25　骨架点高程估计原理（Gold and Thibault，1999）

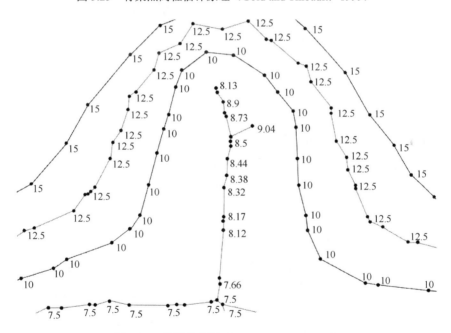

图 5.26　骨架线高程（Tse and Gold，2002）

3. 利用包含骨架线的等高线数据生成三角网

在构建 TIN 时，骨架线的点作为约束信息和原始等高线点一并作为输入数据。图 5.27 给出了一组从相同的等高线分别生成的不带约束和带骨架线约束的不同的 TIN 模型示例，明显可见，图 5.27（a）中的"平三角形"扭曲了实际地形，而图 5.27（b）使用增加了骨架点的等高线建立 TIN 并对 TIN 进行优化后，对地形表达的效果则要好得多。

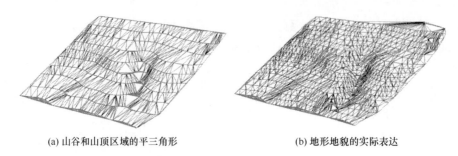

(a) 山谷和山顶区域的平三角形   (b) 地形地貌的实际表达

图 5.27 从相同的等高线生成的不同的 TIN 模型（Tse and Gold，2002）

5.6 基于栅格的三角网生成算法

前面几种方法都是由矢量方式来形成三角网，实际上使用栅格的方式也可建立三角网，本节针对这类方法进行阐述。

5.6.1 从离散点到等距离线：距离变换原理

距离变换是计算并标识空间点集各点到参照体的距离的变换或过程。欧氏距离变换被证实在生成 Voronoi 图中具有高效性（沈晶等，2012），因此，本节中的距离变换特指欧氏距离变换。采用距离平方值代替距离值参与运算，将减少计算量，并极大地提高距离值精度（理论上采用距离平方值（SqD）将没有计算误差）。每个栅格单元的 SqD 值需要根据周围的 8 邻域栅格单元的 SqD 来判断，它们的关系如图 5.28 所示。这 8 个栅格单元的 SqD 在图中依次标记为 SqD1，SqD2，…，SqD8。则欧氏距离变换方法（胡鹏等，2006）如下。

（1）赋所有实体点为 0 值，并赋所有非实体空间点为一足够大的正数 M。

（2）顺序访问（从左下角到右上角），即行号 i 和列号 j 均按 0，1，2，…递增，

$$\mathrm{Sq}D(i, j) = \min\left[\mathrm{Sq}D_1(i, j), \mathrm{Sq}D_2(i, j), \mathrm{Sq}D_3(i, j), \mathrm{Sq}D_4(i, j), \mathrm{Sq}D(i, j)\right]$$

其中，

$$\mathrm{Sq}D_1(i, j) = \mathrm{Sq}D(i-1, j) + 1.0, \mathrm{Sq}D_2(i, j) = \mathrm{Sq}D(i-1, j-1) + 2.0, \mathrm{Sq}D_3(i, j) =$$
$$\mathrm{Sq}D(i-1, j) + 1.0, \mathrm{Sq}D_4(i, j) = \mathrm{Sq}D_4(i-1, j+1) + 2.0$$

逆序访问（从右上角到左下角），并改写各点平方值：

$$\mathrm{Sq}D(i, j) = \min\left[\mathrm{Sq}D_5(i, j), \mathrm{Sq}D_6(i, j), \mathrm{Sq}D_7(i, j), \mathrm{Sq}D_8(i, j), \mathrm{Sq}D(i, j)\right]$$

其中，

$$\mathrm{Sq}D_5(i, j) = \mathrm{Sq}D(i, j+1) + 1.0, \mathrm{Sq}D_6(i+1, j+1) = \mathrm{Sq}D(i+1, j+1) + 2.0,$$
$$\mathrm{Sq}D_7(i, j) = \mathrm{Sq}D(i, j+1) + 1.0, \mathrm{Sq}D_8(i, j) = \mathrm{Sq}D_4(i=1, j-1) + 2.0$$

（3）改写各点距离平方值为距离值：

$$C(i, j) = \mathrm{int}\left\{\left[\mathrm{Sq}D(i, j)\right]^{1/2} = 0.5\right\}$$

在栅格方式下，数学形态学是实现距离变化比较好的选择之一（陈晓勇，1991；马飞，1996）。数学形态学（mathematic morphology）是 Matheron 和 Serra 于 1965 年创立

8	7	6
1	SqD	5
2	3	4

图 5.28 邻接像素的编号

的，主要用于研究数字影像形态结构特征与快速并行处理方法。通过对栅格数据形态结构的变换而实现数据的结构分析和特征提取。其中二值形态学（函数值域定义在 0 或 1）是将图形视作集合，通过集合逻辑运算（交、并和补）与集合形态变换（平移、扩张和侵蚀），在结构元作用下转换到新的形态结构。

如果将要建立 TIN 的区域与一幅数字影像相对应，凡是与数据点对应的像素灰度值为 1，其他的像素灰度值为 0，则可对这个二值影像进行形态变换建立 TIN。用形态学建立 TIN，主要是为了确定相邻参考点间的拓扑关系，因而只与点之间的相对距离有关，而与点之间的实际距离无直接关系。因此，为了能快速处理，以参考点间的最小距离为像素大小，将内插区域转化为一幅二值影像，参考点所在的像素灰度值为 1，其他像素的灰度值为 0。

5.6.2 从等距离线到泰森多边形

设 X 为参考点像素集合，则除去这些参考点后的剩余部分（即 X 的余集 X^c）的骨架（skeleton），即为建立 TIN 的泰森多边形。

定义：连续影像 A 的骨架 SK（A）就是 A 的最大内切圆的圆心集合。所谓最大内切圆是指那些与 A 的边界至少在两点相切的圆。

利用条件序贯细化形态变换可求得骨架，且能保证 A 中各分量的拓扑邻接关系。其结果为连续单像元宽度，以及各向同性的像元集合。具体算法如下。

设 C_k 为半径为 k 的栅格圆环，A 为影像的一个子集，令

$$A_k = \bigcap_{i=1}^{k}(A \ominus C_i) = A_{k-1} \bigcap (A \ominus C_k) \tag{5.7}$$

选用结构元 L_i（$i=1, 2, \cdots, 8$），则

$$\mathrm{SK}(A) = A\mathrm{O}\{L_K\}; \{A_k\} \tag{5.8}$$

即 A 的骨架由 A 的条件序贯细化变换生成。迭代的终止条件为

$$\bigcup_{i=1}^{8}(\mathrm{SK}(A) \otimes L_i) = （空集合） \tag{5.9}$$

则以上骨架算法得到 SK(X^c)，即所需要的泰森多边形。

5.6.3 从泰森多边形到狄洛尼三角网

若 X 为参考点集，$P_i \in X$ 是 X 的任意一参考点，将与 P_i 所在的泰森多边形相邻的泰森多边形中的参考点与 P_i 相连接，就构成了以 P_i 为顶点的所有的三角形的边。

（1）将 P_i 所在多边形扩张至边界（即 y 的骨架）。则将 P_i 进行条件序贯扩张，直至充满该泰森多边形，同时不越过多边形的边界：

$$\begin{cases} D_i = P_i \cdot \{H\}; \mathrm{SK}\left(X^c\right)^c \\ H = \begin{pmatrix} 1 & 1 & 1 \\ 1 & 1 & 1 \\ 1 & 1 & 1 \end{pmatrix} \end{cases} \tag{5.10}$$

（2）提取与 P_i 所在的泰森多边形 D_i 相邻的多边形集合。首先作 H 对 D_i 的扩张，跨越边界，然后将 D_i 的元素去掉，剩下 D_i 边界与相邻多边形的元素，再作条件序贯扩张，条件是不超越边界（即 X^c 的骨架）。D_i 相邻多边形的集合 D_i'：

$$D_i' = [(D_i \oplus H) \bigcap D_i^c] \oplus \{H\}; (\mathrm{SK}(X^c))^c \tag{5.11}$$

（3）提取 D_i' 中属于 X 的点，即提取位于与 P_i 所在泰森多边形相邻的泰森多边形中的参考点集：

$$Q_i = D_i' \bigcap X \tag{5.12}$$

依次连接 P_i 与 Q_i 中的点，生成 TIN 相应的边。

对 X 中的每一点作相同的处理，记录网点邻接以及有关信息并存储，就构建了三角网数字地面模型 TIN。图 5.29 为根据等高线数据建立的三角网。

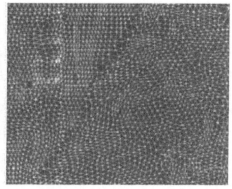

图 5.29　采用数学形态学方法建立 Delaunay 三角网

应当指出，将形态学的方法用于 DEM 研究还是近十几年来的事，并且由于它的抽象性和复杂性而不为许多人所知，但使用数学形态学建立 TIN，可简化许多矢量方法所考虑的操作，而且如果进行并行处理，则建立 TIN 的速度会大大提高（陈晓勇，1991；马飞，1996）。另外，使用形态变换还可以很容易处理特征点和特征线约束问题，只需要在建立泰森多边形时加上这些点线即可。

5.7　地形特征约束的 TIN 动态更新

前面介绍了 TIN 生成的多种基本算法，本节将针对我国新一代省级高精度 DEM 生产的实际需求，介绍多源数据支持下通用的高保真 TIN 的动态更新方法。

5.7.1　新一代省级通用 DEM 更新特点

随着激光扫描测量和倾斜摄影测量等新技术的日益普及，获取的地形数据越来越精细。随着地形特征自动化智能化提取技术的进步，可供地形数据生产使用的特征数据日益丰富，且精度也不断提高。目前，除了常用的数字化等高线数据外，还可以通过已有的 DEM 数据反演得到山脊线、山谷线等特征线数据；随着 LiDAR 点云和高分辨率遥感影像的大量应用，特征提取出现了众多的新方法，特征数据来源更加广泛，而且也弥补了利用原有 DEM 数据反演得到的特征局限性。作为高精度的省级基础地理信息产品，DEM 数据源除了高精度的测量高程点数据外，需要越来越多地利用到显式记录或隐性蕴含的特征点、特征线、特征面信息，以及相关的属性信息等，构建高保真的 TIN 因此成为当前新一代省级高精度 DEM 生产的主要技术发展趋势之一（陈少勤等，2014）。由于 TIN 具有复杂的拓扑关系和紧凑的数据结构，大范围的 TIN 模型数据库如何充分利用多类型的点线特征数据进行局部动态更新是生产实践中面临的主要技术瓶颈问题之一。

5.7.2　地形特征约束的 TIN 动态更新方法

省级高保真 TIN 模型的动态更新，一方面，其范围广，精度高，数据量大；另一方面，更新面临着特征数据频繁的添加、删除、替换等操作，对数据组织与处理提出了更高的要求。同时，由于数据更新常常不是全局性的，而多是一种分散的局部更新的方式，因此前面介绍的逐点插入法特别适合于 TIN 的动态更新，使得整个更新流程简单高效可靠。如图 5.30 所示，该方法确保构建高保真的 DEM 模型，除了基本的离散高程点数据外，可以灵活加入各种特征约束，包括特征点、特征线、特征面三大类。其中特征点数据包括山顶点、盆地中心点、鞍部最低点、谷口点、山脚点、坡度变换点等，这些单个的特征点可以自动插入并且只影响局部范围内的相邻三角形；特征线包括山谷线、山脊线、陡坎、海岸线、水涯线等；特征面数据包括湖面、梯田等，特征面可以用特征线对

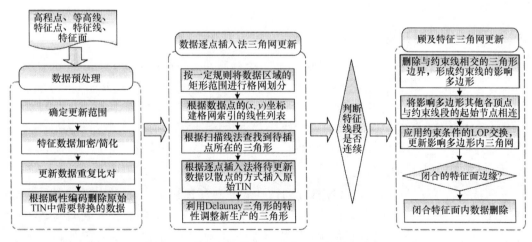

图 5.30　特征约束的 TIN 动态更新数据处理流程

其边界线进行表达。对于特征线数据通过加密这样的预处理可以保证生成的三角网形状更加均衡,避免长特征线在构网时可能带来的不确定性。根据待插入特征数据的范围、精度和属性等信息可自动识别需要更新的 TIN 区域,利用 5.5 节介绍的顾及线段约束的三角网生成算法即可实现 TIN 的动态更新。图 5.31 所示为局部插入特征线后 TIN 更新前后的结果对比,由于新增地形特征线信息,重要的山脊山谷等地形结构特征更加精细准确。

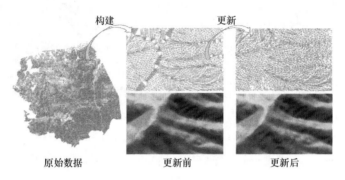

图 5.31   特征约束的 TIN 动态更新结果

5.8   复杂地形表面的 TIN 模型

5.8.1   2.5D+3D

为了简单化目的,前面介绍的各种 TIN 模型都是在一个平面空间(如只采用 X、Y 坐标)建立的地形表面模型,在每个平面位置上假定只有一个高程值(Z 坐标)。这对大多数情况下的自然地形地貌是合适的。但是,随着城镇化发展的不断推进,越来越多的人工建筑如隧洞、桥梁、建筑物等生长在地球表层当中。因此越来越多的地表工程建设与管理需要将传统的标准平面 TIN 拓展到可以表达这些精细化的三维表面结构(Tse and Gold,2002)。基于以上需求,传统 2.5D+3D 混合表达的复杂地形表面的 TIN 模型因此被提出。

5.8.2   地形+桥梁+隧道+建筑

2.5D+3D 混合表达的复杂地形表面的 TIN 模型在表达地形+桥梁/隧道/建筑的工程中被广泛使用。目前,生成 2.5D+3D 混合表达的 TIN 模型主要有直接和间接两类方法。

直接的方法是根据密集点线数据建立真三维表面模型,根据激光扫描点云数据和倾斜摄影测量密集点云数据直接建立精细化的三维 TIN 模型已经十分普遍(Vu et al.,2012)。如图 5.32 所示,是商业软件街景工厂 Street Factory™从多角度倾斜影像自动生成的城市三维地表模型。

间接的方法是将 DEM 与计算机辅助设计(CAD)、BIM 或三维 GIS 等模型数据无缝集成,主要思想就是在传统平面 TIN 基础上无缝嵌入各种地物的三维表面模型。如图 5.33 所示,在地形起伏不平的山区修建隧道桥梁,地形地貌的精细化三维 TIN 模型表达则可通过参数化模型与地形表面模型之间的布尔运算实现无缝套合。

图 5.32　根据密集点云数据直接生成精细化的三维 TIN 模型

http://www.geo-airbusds.com

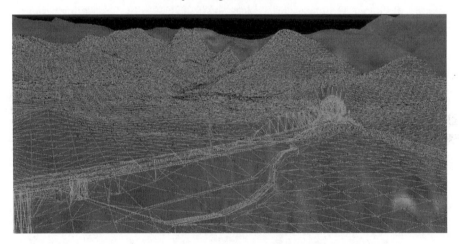

图 5.33　桥隧模型与地形模型无缝套合间接生成精细化的三维 TIN 模型

参 考 文 献

陈少勤, 张骏骁, 陈捷, 谢潇. 2014. 地形特征约束的不规则三角网动态更新方法. 地理信息世界, 21(4): 71~775.

陈晓勇. 1991. 数学形态学与影像分析. 北京: 测绘出版社.

胡鹏, 游涟, 杨传勇, 吴艳兰. 2006. 地图代数(第二版). 武汉: 武汉大学出版社.

马飞. 1996. 数学形态学在遥感和地理信息系统数据分析与处理中的应用研究. 武汉: 武汉测绘科技大学博士学位论文.

沈晶, 刘纪平, 林祥国, 赵荣. 2012. 集成距离变换和区域邻接图生成 Delaunay 三角网的方法研究. 武汉大学学报(信息科学版), 37(8): 1000~1003.

朱庆, 陈楚江. 1998. 不规则三角网的快速建立及其动态更新. 武汉测绘科技大学学报, 23(3): 204~207.

Amenta N, Bern M, Eppstein D. 1998. The crust and the beta-skeleton: Combinatorial curve reconstruction. Graphical Models and Image Processing, 60: 125~135.

Blum H. 1967. A transformation for extracting new descriptors of shape. In: Whaten Dunn W. Models for the Perception of Speech and Visual Form. Cambridge: MIT Press, 153~171.

Bowyer A. 1981. Computing dirichlet tessellations. The Computer Journal, 24(2): 162~166.

Brassel K, Reif D. 1979. Procedure to generate Thiesen polygon. Geographical Analysis, 11(3): 289~303.

Elfick M H. 1979. Contouring by use of a triangular mesh. Cartographic Journal, 16: 24~29.

Gold C M, Thibault D. 1999. Terrain reconstruction from contours by skeleton retraction. Proceedings of 2nd International Workshop on Dynamic and Multi-dimensional GIS, Beijing.

Gold C M, Charters T D, Ramsden J. 1977. Automated contour mapping using triangular element data structures and an interpolant over each triangular domain. Computer Graphics, 11(2): 170~175.

Heller M. 1990. Triangulation algorithms for adaptive terrain modeling. In: Proceedings, Fourth International Symposium on Spatial Data Handling, 163~174.

McLain D H. 1976. Two dimensional interpolation from random data. Computer Journal, 19: 178~181.

Mirante A, Weingarten N. 1982. The radial sweep algorithm for constructing triangulated irregular networks. IEEE Computer Graphics and Applications, 2(3): 11~21.

Thibault D, Gold C. 2000. Terrain reconstruction from contours by skeleton construction. GeoInformatica, 4(4): 349~374.

Tsai V J D. 1993. Delaunay triangulations in TIN creation: An overview and a linear-time algorithm. International Journal of Geographical Information Science, 7(6): 501~524.

Tse O C R, Gold C M. 2002. TIN Meets CAD - Extending the TIN Concept in GIS. In: Sloot P M A, Tan C J K, Dongarra J J, Hoekstra A G. Computational Science-ICCS(2331). The Netherlands: Springer-Verlag Berlin Heidelberg. 135~143.

Vu H H, Labatut P, Pons J P, et al. 2012. High accuracy and visibility-consistent dense multiview stereo. Pattern Analysis and Machine Intelligence, IEEE Transactions on, 34(5): 889~901.

Watson D F. 1981. Computing the n-dimensional Delaunay tessellation with applications to Voronoi diagram. The Computer journal, 24(2): 167~172.

Yeoli P. 1977. Computer executed interpolation of contours into arrays of randomly distributed height points. The Cartographic Journal, 14: 103~108.

第6章 数字高程模型内插

6.1 内插的基本概念

内插是数字高程模型的重要问题，它贯穿在 DEM 的生产、质量控制、精度评定和分析应用等各个环节。在 20 世纪 60~70 年代，内插是国际摄影测量与遥感学会的重点研究方向。但到 70 年代末，大家的共识是内插在数字高程模型中并非以前想象的那么重要，主要是因为：

（1）采样所得的数据密度可以很大；

（2）内插解决不了采用引起的信息损失问题。

因此，在数字高程模型建模时，一般采用简单的内插。为此，本节只介绍几种简单的内插方法。

6.1.1 插值与估值

估值，根据维基百科，是根据已知信息（或经验）找到一个有用的估计或近似值的过程，如房地产估值、股票估值、公司估值、灾害损失估值等。所以，估值是一个比较泛的概念，手段也可能多种多样。

在数理统计学中，人们根据已有的采样数据（样本），分析或推断数据反映的本质规律，即根据样本数据推断总体信息的分布或数字特征等（鲜思东，2010）。这种通过样本信息估计总体分布的方法是统计估值。由于样本信息的局域性，估值的结果则既可能高于实际值也可能低于实际值，因此估值方法涉及近似的问题。

插值是根据一组已知的离散点（采样点）数据或分区数据，找到一个函数关系式，使该关系式最好地逼近这些已知的数据，从而能根据该函数关系式推求出任意点或分区的值。因此，插值也是一种通过已知样本点数据推求出其他未知点数据，属于估值的一种方法。

DEM 插值是根据若干参考点高程值求出待定点高程值。其总体执行思想是先获取地形表面一系列离散点来构造一个函数来描述地形表面，然后利用该函数可以获取地表任一点的高程。

6.1.2 内插与外延

DEM 插值包括内插与外延两种方法。

1）内插

根据若干相邻参考点的高程求出待定点（内插点）的高程值，但待定点必须在由这些参考点围成的范围内，图 6.1（a）是一个内插示意图。

2）外延

根据已知参考点，求出由这些参考点围成的范围外的待定点上的高程值，图 6.1（b）是一个外延示意图。

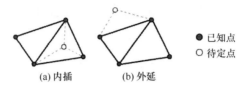

(a) 内插　　　　(b) 外延

　　● 已知点
　　○ 待定点

图 6.1　内插与外延示意图

为了由邻近的数据点内插出待定点的高程，任意一种插值方法都应基于以下假设：

（1）原始地形起伏变化具有连续性且邻近的数据点间有空间相关性；

（2）更邻近的数据点间具有更高的空间相关性。

6.1.3　内插的要素与分类

DEM 内插的中心问题在于：确定插值邻域，选择适当的插值函数，以及确定构面的方式。这些是内插的基本要素。根据这些要求，内插方法可以进行如下分类。

1）根据插值邻域的分类

根据插值邻域的大小，可以分为全局内插与局部内插两类（Petrie，1990）。

全局内插利用所有参考点来构建一个全局的三维表面，所有待定点的高程值都从这个全局面估计而得。这种方法的有效性取决于地形表面的复杂性和区域的实际大小。

可以想象，如果区域太大、地形表面的复杂度大，分块内插将更具有适应性。也就是先将大范围表面划分成若干小块，然后对每块进行构面，最后每块内所有待定点的高程值都从自己相应的面估计而得。因为，每块上构建的面是一个局部面，所以这种方法称为局部内插。通常，为了方便，采用相等大小与形状的小块，而块的大小取决于地形区域的复杂性，且块之间需要有一定的重叠度，来保证块间平滑的衔接。

全局内插是一种极端的思路，即一个面用来内插所有待定点。如果走向另一个极端，一个面也可只用来内插一个待定点，这样的方法逐点内插。为此，有些文献将内插分为逐点内插、逐块内插及全局内插。

2）根据插值函数的分类

按插值函数自变量的个数，内插可分为单变量、双变量和多变量等；而按插值函数的性质，可分为线性内插与非线性内插。

线性内插是根据一组已知的量测点集，利用空间距离等特征的线性等比关系函数去求点集区域范围内其他点高程的近似计算方法。非线性内插则是根据一组已知的量测点集，利用如样条函数等非线性函数逼近的方式去求点集区域范围内其他点高程的近似计算方法。

3）根据构面方式的分类

无论是全局的整体内插还是分块内插或逐点内插，如果拟合面通过所有的参考点，则称之为精确拟合；然而，由于在参考点处的误差或地面的细小变化复杂，拟合面可能不会通过所有参考点，产生残差。但是，如果这种残差被控制到最小值，这种内插则称之为最佳拟合。其中最小平方和是最常用的准则，称为最小二乘法则。这时的拟合称为最小二乘拟合。

6.2 常用内插函数及其求解

这里的常用函数指的是在数字地形建模这样领域的常用函数，跟其他领域可能有所不同。

6.2.1 线性函数

线性内插是使用三个已知数据点（参考点），确定一个线性面，继而求出内插点的高程值。所求的函数形式为

$$Z = a_0 + a_1 x + a_2 y \tag{6.1}$$

式中，a_0，$a_1 x$，$a_2 y$ 为三个参数，需要三个方程来求解。可以根据三个已知参考点如 $P_1(x_1, y_1, z_1)$，$P_2(x_2, y_2, z_2)$，$P_3(x_3, y_3, z_3)$ 计算求得，因为每个参考点可以根据式（6.1）列出一个方程。解算这三个参数可以根据式（6.2）进行严密计算：

$$\begin{bmatrix} a_0 \\ a_1 \\ a_2 \end{bmatrix} = \begin{bmatrix} 1 & x_1 & y_1 \\ 1 & x_2 & y_2 \\ 1 & x_3 & y_3 \end{bmatrix}^{-1} \begin{bmatrix} z_1 \\ z_2 \\ z_3 \end{bmatrix} \tag{6.2}$$

当求得 a_0，$a_1 x$，$a_2 y$ 后，将内插点 $P(x, y)$ 带入式（6.1），便可求得其高程 $P(z)$。这种方法广泛用于基于 TIN 的建模。这时 P_1，P_2，P_3 为三角形的三个顶点。

但当三个参考点所构成的几何形状趋近于一条直线时，这种严密解算会出现不稳定的解，因此宜采用二次线性内插方法。如图 6.2（b）所示，根据三个已知参考点 (A, B, C) 先线性内插出点 l 和 r 点的高程，然后再用 l 和 r 线性内插 $p(x_p, y_p, z_p)$ 点的高程 z_p。其算式如下：

$$\begin{cases} z_l = z_A + (z_B - z_A) \cdot (x_l - x_A) / (x_B - x_A) \\ z_r = z_A + (z_c - z_A) \cdot (x_r - x_A) / (x_C - x_A) \\ z_p = z_l + (z_r - z_l) \cdot (x_p - x_l) / (x_r - x_l) \end{cases} \tag{6.3}$$

式中，$y_p = y_l = y_r$，点 l, r 分别位于直线 AB 和 AC 上。这种方法可以保证稳定可靠的解。

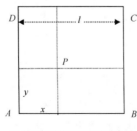
(a) 基于矩阵格网的双线性内插

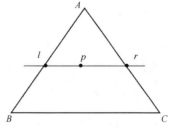
(b) 基于三角形的双线性内插

图 6.2 双线性内插

6.2.2 双线性函数

双线性多项式内插是使用四个参考点，确定一个双线性面，继而求出内插点的高程值。其函数形式为

$$z = a_0 + a_1 x + a_2 y + a_3 xy \tag{6.4}$$

式中，a_0, a_1, a_2, a_3 为四个参数，需要四个参考点以便列四个方程来求解。设这四个点为 $P_1(x_1, y_1, z_1)$，$P_2(x_2, y_2, z_2)$，$P_3(x_3, y_3, z_3)$ $P_4(x_4, y_4, z_4)$，代入式（6.4），得

$$\begin{bmatrix} a_0 \\ a_1 \\ a_2 \\ a_3 \end{bmatrix} = \begin{bmatrix} 1 & x_1 & y_1 & x_1 y_1 \\ 1 & x_2 & y_2 & x_2 y_2 \\ 1 & x_3 & y_3 & x_3 y_3 \\ 1 & x_4 & y_4 & x_4 y_4 \end{bmatrix}^{-1} \begin{bmatrix} z_1 \\ z_2 \\ z_3 \\ z_4 \end{bmatrix} \tag{6.5}$$

以上式（6.5）就唯一确定。当求得四个参数后，将内插点 $P(x, y)$ 的 (x, y) 代入式（6.4），便可求得其高程 $P(z)$。

这种方法广泛用于基于格网的内插。如果参考点呈正方形格网分布（图 6.2（a）），则可以直接使用如下的双线性内插公式：

$$Z_p = Z_A(1 - \frac{x}{l})(1 - \frac{y}{l}) + Z_B(1 - \frac{y}{l})(\frac{x}{l}) + Z_C(\frac{x}{l})(\frac{y}{l}) + Z_D(1 - \frac{x}{l})(\frac{y}{l}) \tag{6.6}$$

式中，A、B、C 和 D 为正方形四个格网点；l 为格网边长；x 和 y 为离左下角点的距离。

6.2.3 二元二次函数

在地形建模的实践中，二次多项式是常用的函数之一，因为它是阶次最低的连续曲面函数，数学表达式如式（6.7）所示：

$$z = f(x, y) = a_0 + a_1 x + a_2 y + a_3 xy + a_4 x^2 + a_5 y^2 \tag{6.7}$$

式中，$a_0, a_1, a_2, a_3, a_4, a_5$ 为六个参数，需要六个方程来求解，并需要六个已知参考点来计算求得。这六个参数可以根据式（6.8）进行严密计算：

$$\begin{bmatrix} z_1 \\ z_2 \\ \vdots \\ z_6 \end{bmatrix} = \begin{bmatrix} 1 & x_1 & y_1 & x_1 y_1 & x_1^2 & y_1^2 \\ 1 & x_2 & y_2 & x_2 y_2 & x_2^2 & y_2^2 \\ \vdots & \vdots & \vdots & \vdots & \vdots & \vdots \\ 1 & x_6 & y_6 & x_6 y_6 & x_6^2 & y_6^2 \end{bmatrix} \begin{bmatrix} a_0 \\ a_1 \\ \vdots \\ a_5 \end{bmatrix} \tag{6.8}$$

当求得六个参数后，将内插点 $P(x, y)$ 的 (x, y) 代入式（6.7），便可求得其高程 $P(z)$。

6.2.4 二元三次函数

二元三次函数是常用的样条函数，用于分块内插。其数学表达式为

$$\begin{aligned} z = f(x, y) = {} & a_1 x^3 y^3 + a_2 x^2 y^3 + a_3 xy^3 + a_4 y^3 + a_5 x^3 y^2 + a_6 x^2 y^2 + a_7 xy^2 \\ & + a_8 y^2 + a_9 x^3 y + a_{10} x^2 y + a_{11} xy + a_{12} y + a_{13} x^3 + a_{14} x^2 + a_{15} x + a_{16} \end{aligned} \tag{6.9}$$

现取在格网数据点条件下，用三次曲面法以每一个方格网作为分块单元构建曲面加以说明，如图 6.3 所示。从式（6.9）可以知道需要列出 16 个线性方程，才能确定这 16 个参数的数值。对任一矩形 $ABCD$，已知四个角点的坐标，将它们代入式（6.9），可列出四个线性方程，其余 12 个方程根据下述力学条件建立，这些力学条件为：

（1）相邻面片拼接处在 x 和 y 方向的斜率都应保持连续；

（2）相邻面片拼接处的扭矩连续。

问题的关键是设法求得三次曲面的一阶导数和二阶混合导数。设 R 为沿 x 轴方向的斜率，S 是沿 y 轴方向的斜率，扭矩为 T，则

$$\begin{cases} R = \partial z / \partial x \\ S = \partial z / \partial y \\ T = \partial z / \partial x \partial y \end{cases} \tag{6.10}$$

可使用不同的方法求得四个角点的 R, S, T 值，较为简单的是使用差商来代替导数。使用等权一阶差商中数求任一网格点 $A(i, j)$ 的导数的公式可写为

$$\begin{cases} R_A = \partial z / \partial x = \dfrac{Z_{i+1,j} - Z_{i-1,j}}{2} \\ S_A = \partial z / \partial y = \dfrac{Z_{i,j+1} - Z_{i,j-1}}{2} \\ T_A = \dfrac{\partial^2 z}{\partial x \partial y} = \left(Z_{i-1,j-1} + Z_{i+1,j+1} \right) - \dfrac{Z_{i+1,j-1} + Z_{i-1,j+1}}{4} \end{cases} \tag{6.11}$$

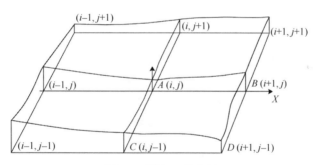

图 6.3　样条函数内插

因此，对于任一角点的导数值，需要使用它周围 8 个角点高程求出。这样，在 $ABCD$ 矩形当中，已知四角点高程 Z_A, Z_B, Z_C, Z_D，以及它们的导数值 R_A, R_B, R_C, R_D, S_A, S_B, S_C, S_D 和 T_A, T_B, T_C, T_D 就可建立 16 个方程，求解得出曲面方程系数 $a_1, a_2, a_3, \cdots, a_{16}$。将内插点 $P(x, y)$ 代入式（6.9），便可求得其高程 $P(z)$。根据上述定义求得的曲面在相邻边上的一阶导数是连续的，因此，整个区域的曲面连接是光滑的。

样条函数保留了微地物特征，拟合时只需与少量数据点配准，因此内插速度快，同时也保证了分块间连接处为平滑连续的曲面。这意味着样条函数内插法可以修改曲面的某一分块而不必重新计算整个曲面。

应该指出的是，在分块上展铺样条曲面时，对相邻多项式分片曲面间的拼接，采用

了弹性力学条件，而地表分块不是狭义的弹性壳体，并不具备采用弹性力学条件的前提，所以，尽管样条函数法有比较严密的理论基础，但未必是数字高程插值的良好数学模型。

6.3 顾及观察误差的内插面拟合

6.3.1 内插面的最小二乘拟合

内插面拟合是利用回归分析思想，对数据点进行的拟合，通过选择一个多项式函数来逼近采样数据的整体变化趋势。多项式函数的通用表达式如表 4.1 所示。

在第 6.2 节已经讲过，函数中参数的多少决定参考点的最少数目。例如，二次曲面有六个参数，至少需要六个参考点。当六个参考点中有一个或多个有粗差（错误）时，所求得的六个参数的精度及可靠性都有问题，导致不可靠的插值结果。所以，实践中往往采用多余观察，即采用多几个参考点来解求内插函数的参数。

当参考点数目大于参数的数目时，能用式（6.12）列出的方程数目也超过参数的数目，所以会出现无穷多个解。图 6.4（a）表示用 9 个参考点确定一条直线的情形。虽然有无穷多可能，但有些偏离趋势很远，造成有些参考点到线的距离（成为残差）很大，显然不太合适。实际上，大家想得到一个最佳结果。答案有两个，即用更合适的数学函数，以及用带条件的优化。图 6.4（b）分别给出了不同类型内插面间的参考点残差示意。可以看到，用曲面内插时，残差比较小。而最小二乘法法是被公认为优化方法。

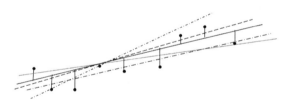

(a) 同类型不同内插面间的参考点残差

(b) 不同类型内插面间的参考点残差

图 6.4 最小二乘拟合：不同内插面的观测值与拟合值差

内插面的最小二乘拟合指的是，由二元函数构成的拟合面值必须使得观测值与相应的拟合值之差，r 的平方和最小，即

$$\sum_{i=1}^{n} r_i^2 = \min \tag{6.12}$$

以下将以 6.2.3 节中介绍的二次多项式为例，推出最小二乘拟合的数学公式。首先假设采用了 n（>6）个参考点。然后，根据式（6.7），可以列出 n 个方程式如下：

$$
\begin{bmatrix} z_1 \\ z_2 \\ \vdots \\ z_n \end{bmatrix} = \begin{bmatrix} 1 & x_1 & y_1 & x_1y_1 & x_1^2 & y_1^2 \\ 1 & x_2 & y_2 & x_2y_2 & x_2^2 & y_2^2 \\ \vdots & \vdots & \vdots & \vdots & \vdots & \vdots \\ 1 & x_n & y_n & x_ny_n & x_n^2 & y_n^2 \end{bmatrix} \begin{bmatrix} a_0 \\ a_1 \\ \vdots \\ a_{n-1} \end{bmatrix} \tag{6.13}
$$

其误差方程式为

$$
\begin{bmatrix} v_1 \\ v_2 \\ \vdots \\ v_n \end{bmatrix} = \begin{bmatrix} 1 & x_1 & y_1 & x_1y_1 & x_1^2 & y_1^2 \\ 1 & x_2 & y_2 & x_2y_2 & x_2^2 & y_2^2 \\ \vdots & \vdots & \vdots & \vdots & \vdots & \vdots \\ 1 & x_n & y_n & x_ny_n & x_n^2 & y_n^2 \end{bmatrix} \begin{bmatrix} a_0 \\ a_1 \\ \vdots \\ a_{n-1} \end{bmatrix} - \begin{bmatrix} z_1 \\ z_2 \\ \vdots \\ z_n \end{bmatrix} \tag{6.14}
$$

用矩阵表示,可写成

$$
\underset{n\times1}{V} = \underset{n\times6}{X}\ \underset{6\times1}{A} - \underset{n\times1}{Z} \tag{6.15}
$$

根据式(6.12),要求 $\sum\limits_{i=1}^{n} v_i^2 = \min$。然后系数矩阵可由下式求得

$$
\underset{6\times1}{A} = \left(\underset{6\times n}{X^{\mathrm{T}}}\ \underset{n\times6}{X}\right)^{-1}\left(\underset{6\times n}{X^{\mathrm{T}}}\ \underset{n\times6}{X}\ \underset{n\times1}{Z}\right) \tag{6.16}
$$

最后,任意内插点 P 的高程值可以将其位置信息 (x,y) 代入式(6.7)计算而得。

值得注意的是:

(1)由于数据点的平面坐标数值较大,为了避免在运算时出现病态矩阵的情况,一般需要对测点平面坐标数据进行中心化处理;

(2)实际上,式(6.12)是简单的最小二乘。当观测值有着不同精度时,我们也采用带权(w)最小二乘。这样,实际的条件成了:

$$
\sum_{i=1}^{n} w_i \times r_i^2 = \min \tag{6.17}
$$

6.3.2 内插面的最小二乘配置

由 Moritz 教授提出的最小二乘配置内插法是一种基于统计的、广泛用于测量学科中的内插方法。在测量中,某一个测量值包含着三部分。

(1)与某些参数有关的值。由于它是这些参数的函数,而这个函数在空间是一个曲面,故被称为趋势面。

(2)不能简单地用某个函数表达的值,称为系统的信号部分。

(3)观测值的偶然误差,或称为随机噪声。例如,在重力测量中某个观测值 g 中就包含:正常重力 r;重力异常 Δg,它是与其他因素有关的信号部分;观测误差 Δ;即

$$
g = r + \Delta g + \Delta \tag{6.18}
$$

当去掉趋势面之后,如果观测值包含信号和噪声两部分,且信号与噪声期望均为 0,两者之协方差亦为 0,则可获得信号估值的残差平方和为最小的线性内插方法,包括内插、滤波和推估,统称最小二乘配置(李德仁,1998)。数字高程模型满足该条件,故

可以使用此法内插。如图 6.5 所示，首先假设任一分块地表都会有一张能反映其基本形态的趋势面。趋势面通常用简单的幂级数多项式来表示，对复杂的地表面来讲，它具有削平、填平实际曲面的作用。其中第 i 号参考点的实测高程数据记为 H_i，投影到趋势面的参考点 i 的高程记为 h_i，从趋势面起算的参考点的高程记为 z_i，z_i 包含两个部分：实际地面与参考面的较差 s_i 和参考点高程的量测误差 r_i，即

$$z_i = s_i + r_i \tag{6.19}$$

其中，z_i，s_i，r_i 应满足的条件是 $E(z_i) = E(s_i) = E(r_i) = 0$。$r_i$ 称作噪声，纯系偶然误差；s_i 称作信号。由于趋势面的数学规律性，s_i 将对一定范围内的内插点高程产生系统性影响。换句话说，信号 s_i 有局部相关性，在数理统计中，通常是用协方差来描述这种相关性的。若这一个子区域内共有 n 个数据点，则每个数据点都能列出一个观测值方程式，对于 n 个数据点，根据相关平差原理，列出 z_i $(i = 1, 2, \cdots, n)$ 的误差方程组的矩阵形式如下：

$$Z = S + R = H - AW \tag{6.20}$$

式中，从趋势面起算的高程向量是

$$Z = \begin{bmatrix} z_1 \\ z_2 \\ \vdots \\ z_n \end{bmatrix} = \begin{bmatrix} r_1 + s_1 \\ r_2 + s_2 \\ \vdots \\ r_n + s_n \end{bmatrix} \tag{6.21}$$

趋势面上对应的高程向量为

$$AW = \begin{bmatrix} 1 & x_1 & y_1 & x_1 y_1 & x_1^2 & y_1^2 & \cdots \\ 1 & x_2 & y_2 & x_2 y_2 & x_2^2 & y_2^2 & \cdots \\ \vdots & \vdots & \vdots & \vdots & \vdots & \vdots & \cdots \end{bmatrix} \begin{bmatrix} a_0 \\ a_1 \\ \vdots \end{bmatrix} = \begin{bmatrix} h_1 \\ h_2 \\ \vdots \end{bmatrix} \tag{6.22}$$

参考点高程观测向量为

$$H = \begin{bmatrix} H_1 \\ H_2 \\ \vdots \\ H_n \end{bmatrix} \tag{6.23}$$

式中，n 为分块扩充范围内参考点的个数。按最小二乘法相关平差方法求解，得到趋势面系数向量：

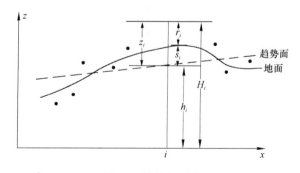

图 6.5　信号与噪声

$$W = [A^T C_{zz}^{-1} A]^{-1} [A^T C_{zz}^{-1} h] \quad W = [a_0 a_1 \cdots]^T \tag{6.24}$$

任一内插点 p 的信号为

$$s'p = C_{s'z}^T C_{zz}^{-1} Z \tag{6.25}$$

式中，C_{zz} 为 z 的协方差矩阵。

用待插点在趋势面上的高程 h'_p 加上待插点的信号 s'_p，即得所求待插点的高程 H'_p：

$$H'_p = h'_p + s'_p \tag{6.26}$$

最小二乘配置法数字高程分块内插的关键问题之一，是如何建立 z 或 s 的协方差矩阵。换句话说，是如何解决信号相关性规律的问题。

由数理统计理论得知，二维各态历经性平稳随机过程的协方差仅与不同点间的水平距离有关；最小二乘配置法内插高程时，认为信号 s 和趋势面起算高程 z 的协方差仅与点间的水平距离有关：距离越近，协方差越大，超过一定的距离，协方差趋近于零值。高斯函数正好满足函数值随距离缩短而增大的条件，所以习惯上以高斯函数作为相关函数，用来计算协方差。

最小二乘配置法有严密的数理统计理论依据，但大量的试验结果表明，它未必能在数字地面模型内插应用中取得良好的拟合效果，原因主要是以下两点。

（1）应用最小二乘配置法的前提，是处理对象必须属于遍历性平稳随机过程。但实际地表起伏现象都十分复杂，各类地貌形态未必都符合各态历经性平稳随机过程的统计规律，地面点间趋势面起算高程的相关度量未必仅与距离有关。实际上，大多数地貌变化都不是各向同性的，地表起伏的相关性不仅与距离有关，也与方向有关。如果前提条件不符合，就难以保证得到良好的内插质量。

（2）确定趋势面和协方差函数的参数，是一个循环迭代过程。当迭代收敛速度慢时，其计算量可能比大多数高程内插算法都大，因而此方法并不实用。

6.3.3 内插面的总体最小二乘拟合

随着最小二乘理论的发展，人们逐渐发现：总是把误差归结到观测值而不考虑系数矩阵误差或是其他变量的观测误差，只对一种观测值进行平差计算的思想显得不再合理有效。换句话说，传统的最小二乘法（OLS）只考虑了一种变量的误差，并以其残差平方和最小作为平差计算的准则，这明显不符合测量误差的理论和实际情况。

事实上，不管是自变量还是因变量，均为测量数据，都存在测量误差。从理论上讲除了考虑因变量误差也应该考虑自变量的误差，实际问题中参数估计的观测值和系数矩阵都可能存在误差，针对这种更复杂的情况，近来提出了总体最小二乘法（TLS），其基本思想更符合测量数据的实际情况，理论上也更为严密。总体最小二乘的实际应用也是应运而生。利用总体最小二乘法对这些数据进行处理可以满足不同领域的需要。

在前面讨论的最小二乘拟合中，$\sum_{i=1}^{n} w_i \times r_i^2 = \min$ 是对应高程而言。那里，(x, y) 的误差并没有考虑。图 6.6 为最小二乘与总体最小二乘的比较。在最小二乘，残差指的是参考点沿着 Y 方向到拟合线的距离。而总体最小二乘时，残差指的是参考点到拟合线的最短距离：

$$\sum_{i=1}^{n}\left(w_{i,x} \times r_{i,x}^2\right) + \sum_{i=1}^{n} w_{i,y} \times r_{i,y}^2 = \min \tag{6.27}$$

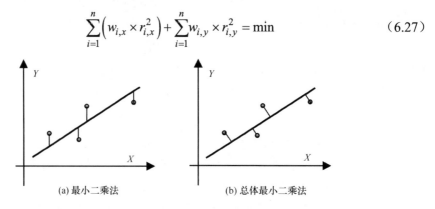

图 6.6　最小二乘法与总体最小二乘法示意图

6.3.4　内插面的抗粗差最小二乘拟合：鲁棒最小二乘拟合

传统经验告诉我们，粗差不可避免。而粗差对最小二乘拟合的结果会有很大的影响。因此，抗粗差最小二乘拟合在最小二乘拟合的基础上发展了起来，使得结果更可靠，因此叫做鲁棒（robust）最小二乘拟合。

鲁棒最小二乘拟合是一种选权迭代法，通过验后方差估计求出观测值的验后方差。然后利用方差检验找出方差异常大的观测值，根据方差与权成反比的关系，给它一个相应小的权，进行下一步的迭代平差计算，重复以上过程，使含有粗差的观测值的权越来越小甚至等于 0，从而使其对平差结果的影响很小，在某种意义上说，当观测值的权很小或者等于 0 时，也就相当于从观测序列中剔除了该观测值，因此在迭代的过程中，逐步发现粗差并将其剔除。由于在地形建模中不太常用，具体方法在这里就不作详细介绍。

6.4　顾及地域范围的内插面拟合策略

6.4.1　逐点内插法与距离倒数加权

在内插方法分类时讲过，逐点内插法是一个极端。它以待插点为中心，取一个局部范围（也叫窗口），用该范围内的参考点来拟合一个内插面，最后该待插点的高程由这个面计算而得。每个待插点都要建立自己的一个面，因此待插点位置变动时，窗口位置也随之移动，因此又称移动面法。

逐点内插法的关键问题是：

（1）要在待插点周围取多大的一个窗口？

（2）要用一个什么样的局部函数去拟合窗口内的参考点？

对问题（1）（窗口大小），通常有两种方案。第一种方案是用几何范围来确定，即以内插点为中心，用具有一定半径的圆形或一定边长的矩形范围等来确定，如图 6.7（b）所示。第二种方案是用点数来确定，即取最近的 N 个点，如图 6.7（a）所示。但是单凭点数有时候会出现分布极不均匀的情况，如图 6.8（a）所示。所以也有人考虑将待求点周围分成 4 个或 8 个区，从每个区选择一定数量的点，如图 6.8（b）、（c）所示。

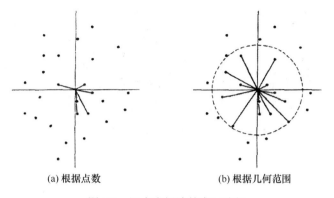

(a) 根据点数　　　　　　　　　　(b) 根据几何范围

图 6.7　逐点内插法的窗口选择

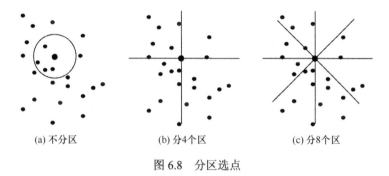

(a) 不分区　　　　　(b) 分4个区　　　　　(c) 分8个区

图 6.8　分区选点

对问题（2）（拟合面），通常也有两种方案。第一种方案是用一个曲面来拟合窗口内参考点。这种方案可以以 6.3.1 节介绍的最小二乘拟合来实现，这里不再重复。第二种方案是用一个平面来拟合窗口内的参考点。这时，这个平面的高度常用加权平均法来确定，其数学表达式为

$$z = \frac{\sum\limits_{i=1}^{n} w_i z_i}{\sum\limits_{i=1}^{n} w_i} \tag{6.28}$$

式中，z_i 为 i 点的高程；n 为窗口内参考点数目；w_i 为 i 点的权重。权重的确定通常采用一个跟距离称反比的函数。常用的权函数有

$$常用权函数 = \begin{cases} w_i = \dfrac{1}{d_i} \\[2mm] w_i = \dfrac{1}{d_i^2} \\[2mm] w_i = \left(\dfrac{R - d_i}{d_i}\right)^2 \\[2mm] w_i = e^{-\frac{d_i^2}{K^2}} \end{cases} \tag{6.29}$$

式中，w_i 为 i 点的权重；R 为窗口半径；d_i 为 i 点到内插点的距离；K 为一个常数。

另外一种方法是用面积代替距离来建立权函数。第 4 章中介绍的 Voronoi 领域是每

点的影响范围，因此可以用作定权指标。如图 6.9 所示，内插 p 的 Voronoi 领域由 6 部分组成，从（点 1 到点 6 中的）每个点的 Voronoi 领域都"偷"了一块。每个点被"偷"的 Voronoi 领域面积大小不一，基本上是近的点贡献大，远的贡献小。因此，这一被"偷"的面积可以用作参考点的权（Gold，1989）。数学表达式可以写成

$$w_i = V_{i,\,\text{old}} \bigcap V_p \tag{6.30}$$

式中，$V_{i,\,\text{old}}$ 为（加入内插点前）第 i 点的旧 Voronoi 领域范围；V_p 为（加入内插后）内插点自己的 Voronoi 领域范围。

逐点内插法的使用十分灵活，精度较高，计算简单，不需要计算机有很大的内存容量，因而应用更为广泛。

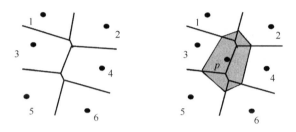

图 6.9　新插入点的 Voronoi 领域

6.4.2　整体内插

整体内插就是 6.1.3 节所说的全局内插，即将区域内所有参考点用来建立一个全局的拟合面，以后区域内所有的内插点高程都从这个面内插而得，因此又称整体函数法内插。整体内插主要通过如表 4.2 所示的多项式函数，采用第 6.3.1 节所介绍的最小二乘法来实现。具体方法在这里不再重复。

整体函数内插法的优点是易于理解，简单地形特征因为参考点比较少，选择低阶（如二阶）多项式来描述就可以了。但当地貌复杂时、区域范围大时，参考点的个数也会多，通常选用比较高阶的多项式函数，如三阶（或三次）多项式。这里的三次（三阶）多项式不仅仅包含三次方的 4 项，也包含比三次低的所有项，即二次的 3 项，一次的 2 项及零次的 1 项。选择高次多项式固然能使数学面能更好地通过参考点，但会出现难以控制的振荡现象，称为龙格现象，使函数极不稳定。图 6.10 表示一组数据分别由 4 阶和 6 阶多项式拟合 8 个参考点时产生的振荡现象。

另外，整体内插法中需要解求高次的线性方程组，参考点测量误差的微小扰动都可能引起高次多项式参数的很大变化，使高次多项式插值很难得到稳定解。由于整体内插法的上述缺点，实际工作中很少用于直接内插，但是常被用于模拟大范围的宏观趋势，以便剔除一些不符合总体趋势的数据点。

6.4.3　分块内插

由于实际的地形是很复杂的，整个地形用一个多项式来拟合比较困难。因此 DEM 内插中一般不用整体函数内插，而采用局部内插。局部内插也称为分块内插。DEM 的分块

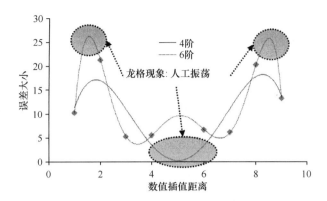

图 6.10　多项式内插时高阶引起的振荡：龙格现象

内插就是将一个区域按一定的方法进行分块，对每一个分块根据地形曲面特征使用不同的函数单独进行曲面拟合和内插。

分块内插方法的第一个主要问题是分块大小的确定。就目前技术而言，还没有一种运用智能法或自适应法进行地貌形态识别后自动确定分块大小的算法。每块的大小根据地貌复杂程度和参考点的分布密度决定。分块内插的分块范围在内插过程中一经确定，其形状、大小和位置都保持不变，凡落在分块上的待插点都用展铺在该分块上的唯一确定的数学面进行内插。

分块内插方法的第二个主要问题是内插函数的确定。典型的局部内插有线性内插、局部多项式内插、双线性内插或样条函数内插等（详细讨论见第 6.2 节）。特别是基于 TIN 和正方形格网的剖分法双线性内插是 DEM 分析与应用中最常用的方法。每块的面积越小，内部的起伏变化会越简单，可用简单函数较好描述地形曲面。

分块内插方法的第三个主要问题是连续性问题。通常通过块间重叠来保持内插面的连续性。也就是说，相邻块间要求有适当宽度的重叠，以保证相邻块间能平滑、连续地拼接。当然也可以通过数学上的函数连续性、一阶导数连续性等条件来实现（见第 6.2.4 节）。

6.4.4　有限元法

有限元法在各行各业都得到广泛的应用。在地形建模中，先将一个大的表面分成许多细小的规则格网（正方形、等边三角形等），然后用简单的数学函数（如双线性）来拟合小格网上的地表。Ebner 等（1980）利用有限元法编制了 DEM 内插软件 HIFI。在他们的方法中，格网上的高程为未知，需要内插。如图 6.11 所示，其中 p 点位参考点，其高程用 $z(x, y)$ 来表示；四个格网点的高程待求，用 $z_{i,j}$, $z_{i+1, j}$, $z_{i+1, j+1}$, $z_{i,j+1}$ 来表示。这样，根据式（6.6），可得

$$z(x, y) = z_{i,j}\left(1 - \frac{\Delta x}{d}\right)\left(1 - \frac{\Delta y}{d}\right) + z_{i+1, j}\left(1 - \frac{\Delta x}{d}\right)\left(1 - \frac{\Delta y}{d}\right)$$
$$+ z_{i+1, j+1}\left(1 - \frac{\Delta x}{d}\right)\left(1 - \frac{\Delta y}{d}\right) + z_{i, j+1}\left(1 - \frac{\Delta x}{d}\right)\left(1 - \frac{\Delta y}{d}\right) \tag{6.31}$$

设 $\delta x = \Delta x / d$ 及 $\delta y = \Delta y / d$，式（6.31）可写成

$$z(x,y) = z_{i,j}(1-\delta_x)(1-\delta_y) + z_{i+1,j}(1-\delta_y)\delta_x + z_{i+1,j+1}\delta_x\delta_y + z_{i,j+1}(1-\delta_x)\delta_y \quad (6.32)$$

从式（6.32）可得误差方程如下：

$$v_p = z_{i,j}(1-\delta_x)(1-\delta_y) + z_{i+1,j}(1-\delta_y)\delta_x + z_{i+1,j+1}\delta_x\delta_y + z_{i,j+1}(1-\delta_x)\delta_y - z_p \quad (6.33)$$

为了保证连续性，用 x 和 y 方向上的二次微分（实际为二次高程差）来构建二个虚拟的误差方程：

$$\begin{cases} v_x(i,j) = z_{i-1,j} - 2z_{i,j} + z_{i+1,j} = 0 \\ v_y(i,j) = z_{i,j-1} - 2z_{i,j} + z_{i,j+1} = 0 \end{cases} \quad (6.34)$$

也可引入权重。设虚拟误差的权重为 1，已知高程点（观测值）的权重为 w_p，最后的最小二乘形式可表达为

$$\sum_{k=1}^{S} v_k^2 \times w_p + \sum_{i=2}^{n-1}\sum_{j=1}^{m} v_x^2(i,j) + \sum_{i=1}^{n}\sum_{j=2}^{m-1} v_y^2(i,j) = \min \quad (6.35)$$

式中，S 为参考点总数；m, n 为 DEM 格网的行、列数。

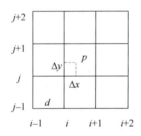

图 6.11　用于格网点内插的有限元法

6.5　顾及地形特征的内插

在第 5 章讲到，如果有地形特征线，要采用带条件的 TIN，来防止三角形边跨越地形特征线。内插也是一样，要顾及地形特征线，特别是采用线性内插和基于距离的加权平均时。所以顾及地形特征线的内插也被提了出来。

6.5.1　投影内插

如图 6.12 表示区域内有一条山谷线，而内插点在这条线的右边。用逐点内插法，在圆形窗口内找到两个参考点。如果两个点与内插点在同一直线上，可用线性内插；但如果不在同一直线上，则用加权平均法。从图 6.12 中可以看出，不管用哪一种，内插得到的高程总是大大高于地面实际值。

图 6.13 是投影内插（projective interpolation）的一个例子。这里，投影内插指的是将两条趋势线投影到通过内插点的垂线，得到两个交点（即两个高程值），一般取两者的均值作为内插点的高程值。在图 6.13 中，将 AB 的高程趋势通过 P 的垂线得一值，从另一个方向将 DC 的高程趋势通过 P 的垂线有得一值 DC。这两个的均值可作为投影内插的结果。

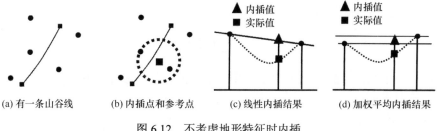

(a) 有一条山谷线　　(b) 内插点和参考点　　(c) 线性内插结果　　(d) 加权平均内插结果

图 6.12　不考虑地形特征时内插

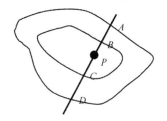
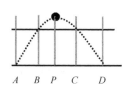
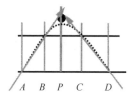

图 6.13　投影内插

6.5.2　克里金法

克里金法（Kriging）插值法又称空间自协方差最佳插值法，它是以其发明者南非矿业工程师 D. G. Krige 的名字命名的一种最优内插法。Kriging 法广泛地应用于矿物分析、地下水模拟、土壤制图等领域。在 20 世纪 70 年代，曾有人将它用地形内插，但精度改善不明显，所以在 DEM 中应用不多。这里仅仅作一简单介绍。

克里金法内插实际上也是加权平均，跟式（6.28）形式一样。但不同的是权重系数的确定。在克里金法中，权重由描述数据的空间相关特性的半变异函数决定（见式（2.5）和式（2.6），图 2.11）。要创建构建一个表面，将研究区域中的每个位置或单元中心进行预测。克里金内插结果是能够满足内插点 (x, y) 处的估计值 z 与真实值 H 的差最小的一套最优解，即

$$\mathrm{Var}(Z - H) = \min \qquad (6.36)$$

同时满足无偏估计的条件：

$$E(Z - H) = 0 \qquad (6.37)$$

克里金法首先考虑的是高程在空间位置上的变异分布，确定对一个待插点值有影响的距离范围，然后用此范围内的参考点来估计待插点的高程值，在估权时也考虑给数据聚集点一较小的权。

6.5.3　多面叠加内插法

多面叠加法（多面函数法）是美国依阿华州大学 Hardy 教授于 1977 年提出的，它的基本思想是任何一个规则的或不规则的连续曲面均可以由若干个简单面（或称单值数学面）来叠加逼近。具体做法是在每个数据点上建立一个曲面，然后在 Z 方向上将各个旋转曲面按一定比例叠加成一张整体的连续曲面，使之严格地通过各个数据点。

多面叠加的数学表达式为

$$Z = f(x, y) = \sum_{i=1}^{n} K_i Q(x, y, x_i, y_i) \tag{6.38}$$

式中，$Q(x, y, x_i, y_i)$ 为参加插值计算的简单数学面，又称多面函数的核函数；n 为简单数学面的张数，或多层叠加面的层数，它的值与分块扩充范围内参考点的个数相等；K_i 为待定参数，它代表了第 i 个核函数对多层叠加面的贡献。为了计算方便，多层叠加面中的 n 个核函数一般选用同一类型的简单函数，通常是围绕竖向轴旋转的曲面，这条竖轴正好通过某一参考点，例如：

（1）锥面

$$Q_1(x, y, x_i, y_i) = C + \left[(x - x_i)^2 + (y - y_i)^2 \right]^{\frac{1}{2}} \tag{6.39}$$

（2）双曲面

$$Q_2(x, y, x_i, y_i) = \left[(x - x_i)^2 + (y - y_i)^2 + \sigma \right]^{\frac{1}{2}} \tag{6.40}$$

式中，σ 为非零参数。式（6.12）表示一段双曲线绕竖轴旋转而成的曲面，当 $\sigma = 0$ 时，此曲面就退化为圆锥面。

（3）三次曲面

$$Q_3(x, y, x_i, y_i) = C + \left[(x - x_i)^2 + (y - y_i)^2 \right]^{\frac{3}{2}} \tag{6.41}$$

上式是母线为三次曲线的旋转面。在上述各式中，$\left[(x - x_i)^2 + (y - y_i)^2 \right]^{\frac{1}{2}}$ 为内插值点到参考点 (x_i, y_i, z_i) 之间的水平距离。

（4）旋转面（一）

$$Q_4 = 1 - \frac{D_i^2}{a^2} \tag{6.42}$$

式中，a 为参数。

（5）旋转面（二）

$$Q_5 = C_0 \exp^{-a^2 D_i^2} \tag{6.43}$$

式中，Q_5 为以高斯曲线为母线的旋转面；C_0，a 为两个参数。

对多层叠加面的解算，可通过将 m 个参考点的三维坐标代入式（6.28），得一误差方程组，按最小二乘法解求 n 个待定系数（$m>n$）。具体做法在这里就不再详述。对于所选取每个临近点的权值，请参阅李德仁（1988）的著作。

多面叠加的一个重要的优点是如果希望对地形增加各种约束和限制，则可以设计某一函数将其增加到多面叠加的函数体内。例如，希望在内插中考虑地面坡度的信息，就可以设计具有坡度特性的函数。在数字高程模型中，如果在数据点密度较小和数据点精度很高的情况下，要优先采用多面叠加的内插方法，但在一般情况下，地球表面特征都很复杂，难以确定某一特定函数严格表示地形变化（人工地物除外）。另外这种方法处理烦琐，计算量大，因而多面叠加方法并不常用。

6.6 关于内插方法的探讨

本章分别讨论了整体内插、分块内插、单点及剖分内插中具体的内插方法。一般说来，大范围内的地形很复杂，用整体内插法若选取参考点个数较少时，不足以描述整个地形。而若选用较高阶次的多项式时易出现振荡现象，很难获得稳定解。因此在 DEM 内插中通常不采用整体内插法。

相对于整体内插，分块内插能够较好地保留地物细节，并通过块间重叠保持了内插面的连续性，是应用中较常选用的策略。其中双线性内插法由于简单直观，常常用于实际工程。分块内插方法的一个主要问题是分块大小的确定。就目前技术而言，还没有一种运用智能法或自适应法进行地貌形态识别后自动确定分块大小、进行高程内插的算法。

剖分内插属于分块内插的一种。在所讨论的分块内插方法中，大部分都涉及解求复杂的方程组，应用起来较为不便。所以实际应用中人们常常通过建立剖分三角网直接进行内插，也就是用 TIN 完全覆盖平面。由于 TIN 可以适应各种数据分布，并能方便地处理断裂线、构造线、不连续的地表等数据，所以 TIN 被认为是一种快速准确的随机栅格转换方式。

逐点内插应用简便，但计算量较大。其关键问题在于内插窗口域的确定。这不仅影响到内插的精度，还关系到内插速度。

各种内插方法在不同的地貌地区和不同采点方式下有不同的误差。本章讨论了每种方法的适用前提及优缺点，应用时要根据各方法的特点，结合应用的不同侧重，从内插精度、速度等方面选取合理的最优的方法。

参 考 文 献

柯正谊, 何建邦, 池天河. 1993. 数字地面模型. 北京: 中国科学技术出版社.

李德仁. 1998. 误差处理和可靠性理论: 摄影测量平差的近代发展. 北京: 测绘出版社.

马飞. 1996. 数学形态学在遥感和地理信息系统数据分析与处理中的应用研究. 武汉: 武汉测绘科技大学博士学位论文.

宋敦江, 岳天祥, 杜正平. 2012. 一种由等高线构建 DEM 的新方法. 武汉大学学报(信息科学版), 37(4): 472~476.

鲜思东. 2010. 概率论与数理统计. 北京: 科学出版社.

朱庆, 李志林, 龚健雅, 眭海刚. 1999. 论我国"1:1万数字高程模型的更新与建库". 武汉测绘科技大学学报, 24(2): 129~133.

Ebner H, Hofmann-Wellenhof B, Reiss P A, Steidler F. 1980. HIFI-A minicomputer program package for height interpolation by finite elements. International Archives of Photogrammetry and Remote Sensing, 23(IV): 202~241.

Gold C M. 1989. Surface interpolation, spatial adjacency and GIS. Three dimensional applications in geographic information systems, 21~35.

Li Z L. 1990. Sampling strategy and accuracy assessment for digital terran modelling. Pacific Journal of

Mathematics, 3(3): 605~611.

Petrie G. 1990. Modelling, interpolation and contouring procedures. In: Petrie G, Kennie T. Terrain Modelling in Surveying and Civil Engineering. Caitness: Whittles Publishing, 112~137.

Thibault D, Gold C M. 1999. Terrain reconstruction from contours by skeleton retraction. Beijing: Proceedings of 2rd International Workshop on Dynamic and Multi-dimensional GIS, 4~6.

Yue T X. 2011. Surface Modelling: High Accuracy and High Speed Methods. New York: CRC Press (Taylor & Francis Group).

第7章 数字高程模型采样数据的质量控制

7.1 数字高程模型生产的质量控制：概念与策略

7.1.1 数据采集带来的误差

众所周知，不管采用何种测量方法，测量数据总会包含各种各样的误差。数据采集误差来自：

（1）原始资料的误差；

（2）采点设备误差；

（3）人为误差；

（4）坐标转换误差。

对于使用摄影测量方法采集的 DEM 数据来说，原始资料的误差主要表现为航片的误差（包含航摄中各种误差的综合）、定向点误差；采点设备误差包括测图仪的误差和计算机计算有效位数；人为误差包括测标切立体模型表面的误差（采用数字影像匹配时为影像匹配基元的定位误差）；坐标转换误差包括相对定向和绝对定向的误差。

对于使用数字化地形图等高线和高程点方法采集的 DEM 数据来说，误差包括原始地形图的误差、采点误差、控制点转换误差。地形图的误差包括量测误差、地图综合（坐标移位）、纸张或材料变形所引起的误差；采点设备误差包括地形图手扶或扫描时数字化仪或扫描仪的误差；人为误差包括数字化对点误差及高程赋值误差和控制点转换误差，这种误差主要来源于控制点数字化和控制点大地坐标匹配时产生的误差。

DEM 数据误差可分为系统误差、随机误差（也称为偶然误差，在图像处理中称随机噪声，统计学中称白点噪声）和粗差（错误）。

系统误差的产生常常不是由 DEM 原始数据所引起的，如在摄影测量中，系统误差的产生通常与物理方面的因素有关，即它们可能源于摄影胶片的温度变化或测量仪器本身。另外测量仪器在使用前缺乏必要的校正，或者因为观测者自身的限制（如观测立体的敏锐度或未能进行正确的绝对定向等），也有可能产生系统误差。系统误差一般为常数，也可以互相抵消。在 DEM 的生产实践中，大部分进行数据获取的人员都充分认识到了系统误差的存在，并尽量将其影响减低到最低的程度。

按经典的误差理论，对同一目标的量测由于观测误差的存在，其测量值会有所不同，且不表现出任何必然规律，这种误差便称为随机误差或噪声。随机误差一般使用滤波的方法来处理以减低其影响。

粗差实际上是一种错误。同随机误差和系统误差相比，它们在测量中出现的可能性一般较小。在某些情况下，如操作者记录了一个点的错误读数，或者由于识别错误而观测了另一个不相干点，或者在使用自动记录仪时仪器处于不正常的工作状态等，都会出现粗差。粗差通常也发生在自动影像相关时影像的错误匹配。根据统计学的观点，粗差是与其他观测值不属于同一集合（或采样空间）的观测值，因此它们不能与集合中的其他观测值一起使用，必须予以剔除。基于这个原因，对测量方法和观测程序应统筹规划，以便于粗差的检测及剔除。

7.1.2 数据质量控制的策略

与其他工业产品一样，在前文中本书阐明了数字高程模型据质量的内涵（参见 1.4.4 节）。DEM 数据质量控制是个复杂的过程，必须从误差产生和扩散的每个过程和环节入手，采用一定的方法来减小误差，从而建立高质量的 DEM 数据库。DEM 数据的质量控制可以从三方面入手：

（1）减少数据采集时的误差引入；

（2）对采集到的数据作误差处理以提高可靠性；

（3）减少表面建模时误差的引入。

"减少数据采集时的误差引入"不是一件容易的事。用摄影测量方法采集数据时，常用在线质量控制。本章将在 7.2 节讨论在线质量控制。"减少表面建模时误差的引入"就是要用最合适的曲面来拟合地表。这个问题已在第 4 章中讨论过，其余内容将在第 8 章中详细阐述。本章着重讨论 DEM 数据滤波粗差的检测及剔除；检查最终 DEM 的质量，即如何进行质量检查、如何进行 DEM 的精度评定，也是 DEM 质量控制中的重要内容，也将在本章中讨论。

7.2 摄影测量法采集数据的质量控制

所谓的在线质量控制指的是在数据采集过程中对所采集的数据进行检查，如发现错误，马上纠正。检查时常用目视法。作业中大多直接将 DEM 格网点映射至立体模型上检查格网点高程符合状态，既简单又直接。

7.2.1 在线控制：等高线叠加法

此法主要应用于由等高线制作的 DEM 质量检查，将已获得的 DEM 数据内插生成等高线，并将刚生成的等高线与另一个图形产品叠加，以便用目视检查等高线是否有异常情况。如有，则意味着有粗差（错误），要再重测或修改一些数据点。通常，在线质量控制指的是将由 DEM 数据内插而得到的等高线投影到立体模型上，如两者符合，则意味着没有粗差。如某些地方明显不符合，则意味着有粗差，需要对那里的采集数据进行检查并修改，若无异常，则需重测一些数据点。

另一种方法是将由 DEM 数据内插而得到的等高线与正射影像叠加，目视检查等高线是否有突变情况，或与地形图、地形特征点线比较，当地貌形态、同名点（近似）高程差异较大时则需重测、编辑，直至 DEM 合格。此方法局限于 DEM 粗差的检查。

7.2.2 在线控制：零立体法

此法是根据左、右正射影像零立体对 DEM 进行检测。根据原始左、右片影像和影像匹配提供的待查 DEM，对由左、右片制作的 2 个正射影像进行匹配。若待查 DEM 正确，且地面无高程障碍物（房屋、树木和垂直断裂），则这两张正射像片应构成零立体，即其左右视差应该为 0。若有视差存在，则可能是如下两种原因：

（1）定向参数有错，从而导致左右正射影像不一致，或利用正射影像对的再匹配过程本身有错；

（2）用以生成正射影像的 DEM 有错。

如果排除第一种可能，那么此时在正射影像对上出现的视差就是 DEM 错误的直接反映。因此，采用基于立体正射影像对的零立体方法可以作为对仅仅利用正射影像的立体叠加进行质量控制过程的补充，以提高原始 DEM 数据的完整性和可靠性。

7.2.3 基于数字摄影测量工作站的质量检查的流程

（1）影像质量检查：影像分为数字影像和扫描数字影像，前者为数字航摄系统获取的影像，后者为将航空光学胶片扫描后获取的影像。文件命名、数据格式是否正确，影像的现实性是否符合要求，影像反差是否适中、色调饱满，纹理是否清晰，影像灰度直方图是否在 0~255 灰度级呈正态分布；当采用扫描影像时，还应检查扫描分辨率设定是否正确无误，框标是否齐全、清晰。

（2）参数文件的检查：像机参数文件、项目参数文件、控制点参数文件、模型参数文件填写是否正确。

（3）空三结果检查：内定向、相对定向、绝对定向结果是否符合限差要求。

（4）影像匹配结果检查：等视差曲线是否真实反映地貌形态，匹配点是否准确切准地面。

（5）DEM 检查：①软件提供 DEM 物方格网点与立体模型叠合显示功能，并可进行单点编辑，若无相应软件，对 DEM 的检查只能局限于 DEM 粗差的检查。检查方法是利用 DEM 内插生成等高线，并与 DOM 叠加，机上目视检查等高线是否有突变情况，或与地形图比较，当地貌形态、同名点（近似）高程差异较大时再次重复匹配、编辑，直至 DEM 合格。②DEM 拼接后应检查、判断有无错位或裂缝，造成错位或裂缝的情况有几种，如未按要求进行外扩裁切，而两接边 DEM 的定位点又选在了格网的不同位置；两接边 DEM 位于换带边缘未进行换带处理；两接边 DEM 分别属于不同的坐标系未进行转换处理等。③检查 DEM 格网大小及范围裁切是否符合要求。

（6）产品归档检查。

7.3 地图数字化的质量控制

7.3.1 基于等高线拓扑关系的粗差检测与剔除

如果 DEM 原始数据来自等高线地形图，那么对于这些数据中的粗差检测与剔除可以有两种方式：一种是将所有的等高线当作是离散的点，这样可用上一节的方式进行粗差检测与剔除；另一种是考虑等高线的拓扑关系来进行粗差检测与剔除。

由等高线地形图生成 DEM 的一个最重要的误差来源是等高线的数字化。在数字化的过程中，一般由人工交互式配赋等高线的高程值，而完全无误地配赋所有等高线的高程值几乎是不可能的，因此粗差便不可避免的产生了。对等高线高程值配赋错误有个明显的特点是该条等高线上的所有点的高程值全是错的，当错误被改正后，等高线上的所有点的高程值也将全部被改正。从这一点来说，将等高线作为离散的点，然后进行单个的粗差剔除显然不太合适。另外由于一条等高线跨越的范围很大，假如有错，其上的高程点也不可能形成簇群。因此，需要找寻一种更合理高效的方法进行处理。

众所周知，相邻等高线的高程值之间的关系有且仅有三种：递增、递减或相等（图7.1）。根据这些关系，可对等高线的高程值是否有错作一判断。例如，图 7.2 为等高距为 10m 的等高线，按正常的规律，高程值应分别为 50m、60m、70m、80m、90m、100m、110m，但第三条等高线的高程值却是 170m，显然是错误的。

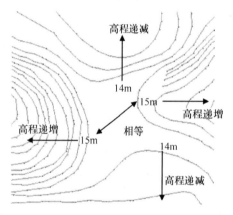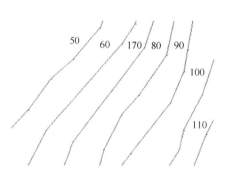

图 7.1　相邻等高线高程值之间的关系　　　　图 7.2　有粗差的等高线示例
等高距为 1m，原图比例尺为 1∶1 万　　　　　　　　等高距为 10m

应当指出，在等高线地形图上由于存在等高线密集、注记的压盖、断崖地形等情况，常常造成等高线的不连续有时甚至丢失的情形，由此将产生等高线异常邻接的情况，具体如图 7.3 所示，实线是等高线，虚线是由该等高线产生的 Voronoi 多边形，等高线 2、3 本来应该是一条连续的等高线，原图断开或者数字化质量等原因而造成数据中的局部断开，使得等高线 1 和等高线 4 在 Voronoi 多边形中有了公共边。那么，会得出等高线 1 和等高线 4 邻接的不合理结果（刘建军等，2004）。

检测所有的可能错误是很困难的。换句话说，仍然不能仅仅依靠等高距来决定可疑处是否错误。因此，在对所有的可疑处自动检测后，应当对每个可疑处根据等高线的关系由人工交互进行校验并进行修改，剔除粗差。

7.3.2　基于地形图扫描矢量化的质量检查的流程

DEM 生产时的质量过程控制方法，以及分析质量管理的具体内容。不同的生产方

图 7.3　由于等高线过于密集造成的等高线不连续（刘建军等，2004）

式、不同的生产设备和对产品质量不同的要求，以及质量控制的内容方法存在较大的差异。

（1）基础资料的质量。基础资料分为薄膜黑图和彩图两种。复制薄膜黑图必须符合作业规程中的要求，当原图确有质量问题，要进行处理才能使用。图廓点和有无非均匀变形是重点检查的内容，检查一般采用量测图廓边长，计算与理论值的较差，较差在0.3mm 以内的图幅，可以认为变形较小符合要求；如果边长较差大于 0.3mm，可先将图进行扫描，将扫描影像进行几何纠正，消灭系统变形误差，然后选择方里网交点坐标与理论值比较，误差小于 0.1mm 的符合精度要求，否则应进行局部控制纠正。没有方里网交点的，可选择特征点，从彩图上获得理论坐标值，计算变形误差。

（2）预处理图的质量。主要检查：湖泊、水库、双线河的选取是否合理；高程估读是否正确；原图上等高线断开的地方，预处理是否合理；为了配合 TIN 构造，增加的特征点是否正确。

（3）扫描影像的质量。扫描仪是否达到规定的技术指标；扫描影像是否按要求的格式命名和文件组织存储；扫描影像的完整性和影像质量是否达到要求，不粘连，不发虚。

（4）矢量化。矢量化过程的各种参数设置应合理，核实新添加的数据的正确性。在屏幕上将矢量数据和栅格影像叠合显示，检查应数字化的要素是否有遗漏；检查是否存在短小毛刺；检查高程赋值有无粗差；检查补绘的等高线是否合理；不应该有多边形错误和不合理的悬挂节点；检查要素之间是否不合理的粘连或打结。

（5）数据转换建立拓扑关系。检查图廓点的坐标值及点号是否正确；检查坐标转换误差是否符合精度要求；检查各数据层的正确性；检查每一层的拓扑关系是否正确。检查每一个属性表是否正确，属性项的名称、定义和顺序是否符合规定要求；检查属性值是否超过值域范围。检查各属性项的值的正确性。

（6）接边检查。检查各要素是否与本图图廓线严格吻合，不得偏离；检查相邻图幅要素是否全部接边，接边误差是否在规定值之内，属性值是否一致。

（7）位置精度和属性精度检查。属性精度，完整性和逻辑一致性检查；位置精度和属性代码，可以在工作站上对矢量数据属性进行符号化和注记，以栅格数据当背景显示，检查其正确性；绘图检查也是一种可行的方法，可以充分利用人力资源。

（8）生成 TIN。检查生成 TIN 是否采用了规定的数据内容；检查生成 TIN 时使用的各种参数是否合理和正确；检查 TIN 是否覆盖整个图幅范围，并向图廓外适当延伸；对 TIN 进行检验，发现粗差的地方和不合理的地方退回上一步，修改矢量数据。使用方法：交互式检查。

（9）生成 DEM。检查生成 DEM 的内插模型；检查 DEM 数据起止点坐标的正确性；检查高程值有效范围区是否正确；检查 DEM 是否存在不平滑的地方需要编辑处理；检查 DEM 是否有粗差，退上一步修改；检查元数据文件是否正确。主要检查方法：将 DEM 按高程分层设色，与等高线和扫描影像叠加显示或绘图输出检查，或将 DEM 生成的三维晕渲图与等高线叠加检查。相邻图幅 DEM 接边处是否连续，有无裂缝。

（10）DEM 编辑。检查 DEM 数据中存在的不平滑现象是否彻底编辑干净和合理。

（11）检查图历簿填写内容是否完整，正确。

（12）产品归档检查。检查各种数据资料、图形资料、文档资料是否齐全；检查存储数据的介质和规格是否按规定要求；检查备份的数量；检查数据是否可用；文件组织、文件命名是否按规定要求。

7.4　原始数据之随机误差的滤波

因为 DEM 产品是由 DEM 原始数据经过一系列的处理获得的，所以 DEM 原始数据的质量将极大地影响到通过原始数据建立的 DEM 表面的质量。DEM 原始数据的质量可使用原始数据的三个属性（即精度、密度和分布）的质量来衡量。密度和分布与采样有关，相关问题可通过第 2 章介绍的合理采样策略解决。而对于另一个涉及 DEM 原始数据质量的重要因素是数据点自身的精度来说，显然数据点精度越低，则数据质量越差。数据精度首先与量测过程有关，数据点经量测获取后，精度值便可相应获得或估算出来。这里需强调的是任何测量数据的精度值都是不同类型误差的综合结果。实际上，本节的目的在于提出滤波算法以消除或降低原始数据的某些误差所带来的影响，从而提高 DEM 及其最终产品的质量。

7.4.1　随机噪声对数字高程模型原始数据的影响

任何一个空间数据集都可以看作由三部分组成：①区域信号；②局部信号；③随机噪声。在数字高程模型中，第一部分最为重要，因为它描述了地形表面的基本形状；第二部分的重要性随着 DEM 产品的比例尺的变化而改变。在大比例尺时，它对于表达地形的细节是非常关键的，但在小比例尺时，由于并不需要表达地形表面的许多细节，所以第二部分将被作为随机噪声处理；与前两部分相反，第三部分即随机噪声无论在任何情况下总是会扭曲原始数据的真实性。事实上，明确定义这三部分的界限是很困难的。一般地，随机噪声总是作为数据的高频部分而存在。

显然，分离数据集合中的人们感兴趣的主要信息与其余的作为随机噪声的信息是很重要的一项工作。这种分离的技术称为滤波，而用于滤波的设备和过程则称为滤波器。使用滤波对数据集进行的处理称为数据滤波。

数字滤波器可以用来抽取数字集合中的某一类特定信息。如果一数字滤波器可分离低频信息，则此数字滤波器称作低通滤波器，反之，则称作高通滤波器。因为 DEM 数据集的高频信号总是被作为噪声，所以在这里的处理中总是使用低通滤波器。

在讨论如何对随机噪声进行滤波，以及使用滤波处理后究竟能对 DEM 的数据质量提高多少之前，有必要先了解随机噪声是如何影响 DEM 及它的产品质量的。

Ebisch 在 1984 年研究了在格网 DEM 数据中引入舍入误差后对 DEM 质量的影响，随后他对 DEM 数据中的随机噪声及 DEM 生成的等高线质量影响也做了探讨。Ebisch 的第一个实验是先使用 51×51 格网数据生成了等高距为 1m 的很光滑的等高线（图 7.4（a）），然后他将所有的格网数据高程值的小数部分全部去掉后生成了另一等高线（图 7.4（b）），以此来检验舍入误差对 DEM 质量的影响。另一个实验是将振幅大小为±0.165m 的随机噪声增加到 DEM 原始数据中生成了呈锯齿状的等高线（图 7.4（c））。这个例子很好地说明了随机噪声对 DEM 原始数据，以及从该 DEM 导出的等高线的质量的影响。

7.4.2　低通滤波去噪方法

卷积分可以在一维空间或二维空间上进行，两种情况的原理是一样的。为简便起见，此处讨论一维的情况。

假设 $X(t)$ 和 $f(t)$ 是两个函数，$X(t)$ 和 $f(t)$ 卷积的结果是函数 $Y(t)$，于是在位置 u 处 $Y(t)$ 的值可定义如下：

$$Y(t) = \int_{-\infty}^{+\infty} X(t)f(u-t)\mathrm{d}t \qquad (7.1)$$

对于 DEM 数据的滤波而言，$X(t)$ 是有可能包含粗差的输入数据的函数，$f(t)$ 是一正态分布加权函数，$Y(t)$ 则包含数据滤波后的低频信息（实际上为一光滑函数）。在实际应用中，t 的取值没有必要从负无穷到正无穷，而只需取在一定范围内的值即可。

权重函数可以使用多种函数，如矩形波函数、三角函数或高斯函数。在本书中，取高斯函数作为权重函数。高斯函数可表述如下：

$$f(t) = \exp(-t^2/2\sigma^2) \qquad (7.2)$$

上述卷积的定义适用于连续函数。但是在 DEM 应用中，原始数据仅仅能以离散形式获得。因此，必须定义离散的卷积运算来进行处理，离散化的原理是使用对称的函数作为权重函数。由于高斯函数是对称函数，在本节中使用它作为权重函数。它的原理可用下面一维的情况进行描述。

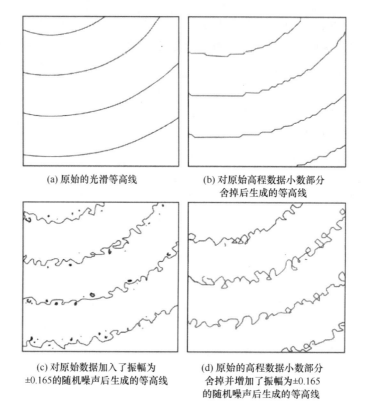

(a) 原始的光滑等高线

(b) 对原始高程数据小数部分舍掉后生成的等高线

(c) 对原始数据加入了振幅为±0.165的随机噪声后生成的等高线

(d) 原始的高程数据小数部分舍掉并增加了振幅为±0.165的随机噪声后生成的等高线

图 7.4　舍入误差及随机噪声对由 DEM 生成的等高线质量的影响（Ebisch，1984）

假如：

$$X(t) = (A1, \ A2, \ A3, \ A4, \ A5, \ A6, \ A7);$$

$$f(t) = (W1, \ W2, \ W3, \ W4, \ W5);$$

$$Y(t) = (B1, \ B2, \ B3, \ B4, \ B5, \ B6, \ B7);$$

那么，表 7.1 解释了离散的卷积运算。取 $B4$ 作为例子，其结果为：

$$B4 = W1 \times A2 + W2 \times A3 + W3 \times A4 + W4 \times A5 + W5 \times A6$$

表 7.1　离散的卷积运算（高斯函数作为权函数）

$X(t)$	00　00　$A1$　$A2$　$A3$　$A4$　$A5$　$A6$　$A7$　00　00		结果
运算	×＋×＋×＋×＋×＋×＋×＋×＋×＋×		
$f(t)$	$W1$　$W2$　$W3$　$W4$　$W5$		$B1$
	$W1$　$W2$　$W3$　$W4$　$W5$		$B2$
	$W1$　$W2$　$W3$　$W4$　$W5$		$B3$
	$W1$　$W2$　$W3$　$W4$　$W5$	=	$B4$
	$W1$　$W2$　$W3$　$W4$　$W5$		$B5$
	$W1$　$W2$　$W3$　$W4$　$W5$		$B6$
	$W1$　$W2$　$W3$　$W4$　$W5$		$B7$

窗口大小的选择，以及对落在窗口中的各种数据权重的选择对于卷积运算的光滑效果有很大的影响。如果有且仅有一个点落入窗口，那么根本没有光滑的效果可言。落在窗口内的点的权重差别越小，光滑效果越明显。如果给每个点相同的权重则卷积的结果实际上就是算术平均。表7.2列出了由式（7.2）中的高斯函数所计算的部分权重值，这些权重值可以生成各种权矩阵。当然，权矩阵也可以使用预定的参数从式（7.2）直接计算。

表 7.2　高斯函数计算权重

t	0.0×SD	0.5×SD	1.0×SD	1.5×SD	2.0×SD	3.0×SD
$f(t)$	1.0	0.8825	0.6065	0.3247	0.1353	0.0111

在本实验（Li，1990）中使用的数据是由全数字立体测图系统生成的，航空像片的比例尺大约是 1∶18000，在像片上采集的数据点之间的间隔是 128μm。最后生成的实验区域数据是一个近似规格格网、格网间距为 2.3m 的数据集合。这个实验区域的数据密度是相当高的，大约在像片上 1cm² 的范围内有 8588（113×76）个点。这些密集的数据点提供了关于地表粗糙度的具体细节。对实验数据进行检测的数据是用解析测图仪对相同的航片进行测定的。

在实验中，用卷积运算对数据进行滤波处理。由于原始数据是并不很规则的格网数据，所以使用一维的卷积运算在格网的两个方向分别进行运算，而不使用二维的卷积运算。对每个点最后的结果使用两个方向卷积运算后的平均值。在每个方向上的窗口大小规定为每个窗口 5 个点，由于每个点的间隔不同，所以各个点的权重是根据式（7.3）分别计算的。在未进行归一化处理前的权重近似值如下：

$$f(t) = (0.1353, 0.6065, 1.0, 0.6065, 0.1353) \tag{7.3}$$

在计算每个点的权重时，式（7.1）中的变量 t 取自每个窗口中心点与各点的距离，而变量 σ^2 则使用格网的两点平均间隔2.3m。表7.3是对实验数据滤波前后的精度比较。图 7.5 是滤波前后相应的等高线图，可明显看出，等高线上小的弯曲和抖动在滤波后消失了，与原始等高线滤波后生成的等高线相比，视觉效果要好多了。

表 7.3　对随机噪声进行滤波前后的精度比较

参数	滤波前	滤波后
最大的残差	+3.20m	+2.67m
最小的残差	−3.29m	−2.76m
误差平均值	0.12m	−0.02m
标准方差	±1.11m	±0.98m
中误差	±1.12m	±0.98m
检查点个数	154	154

7.4.3　关于数字高程模型数据滤波的探讨

此次实验中使用的数据是非常密集的，数据点的格网间隔在地面上大约是2.3m。实际上，这种密度的数据只可能从配备有半自动或全自动相关技术如基于自动影像相关的影像匹配技术设备中获取。对这样的数据，地表表达的可信度并不是一个主要的问题，而在计算过程中的误差以及其他的随机噪声则是需要重视的。

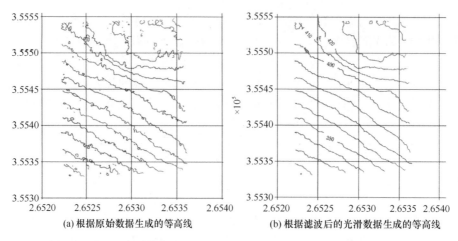

(a) 根据原始数据生成的等高线　　　　　　　　(b) 根据滤波后的光滑数据生成的等高线

图 7.5　对 DEM 原始数据进行低通滤波可提高 DEM 原始数据的质量图

从实验的结果中可以知道，采集密集的数据点尽管对表达地表的细节有很大的益处，但是由影像相关技术等带来的计算误差也伴随而来，这种随机噪声对生成的 DEM 质量以及由 DEM 导出的等高线质量都有很大的影响。因此，对于密集的数据，应当采取滤波技术（如卷积运算）对数据进行光滑处理从而提高数据的质量，相应地，从处理后数据导出的产品质量也得到了提高。

那么，究竟应该对多密集的数据进行滤波处理呢？也就是说，需要在什么情况下对数据进行滤波呢？这是一个很难回答的问题。显然，首先应当考虑计算中存在的随机误差的振幅大小。一般来说，振幅值应当比高程值 H 的 0.005% 小，因此，对这个问题的粗略回答是如果在数据采集和重建过程中损失的精度远远大于这个值（高程数值 H 的 0.005%），那么将不能使用滤波技术。反之，如果随机误差确实构成了误差的主要部分，就必须使用滤波技术提高数据的质量。正如我们在图 7.5（b）中所看到的，在滤波后等高线中仍然存在锯齿状的现象。这可能是由于在测量过程中的某些错误或者地表本身一些非自然的特征所致。有关这方面的问题将在下节阐述。

7.5　基于趋势面的粗差检测与剔除

与随机噪声相比，粗差对数字高程数据所反映的空间变化的扭曲更为严重。在有些情况下，粗差的存在会导致 DEM 及其产品严重失真甚至完全不能接受。因此，设计一些算法检测数字高程数据中的粗差并将其消除是完全必要的。然而，传统的粗差处理都是基于平差原理，如果不存在平差的问题，也就不能在平差过程中对粗差进行自动定位。要检查 DEM 数据可能存在的错误，显然要进行更加妥善的处理，而不能简单地借用一般的平差方法。同时，仅仅分析单个独立的数据也是得不到解决的，只有从整体或局部区域来对数据进行分析处理。本节阐述的方法实际是从整体上来考虑的，下一节将从局部区域考虑坡度信息以对粗差进行剔除。

7.5.1　基于趋势面的粗差检测与剔除

按照自然地形地貌的成因，绝大多数自然地形表面符合一定的自然趋势，表现为连续的空间渐变模型，并且这种连续变化可以用一种平滑的数学表面——趋势面加以描述。对粗差的检测，可以通过模型误差即实际观测值与趋势面计算值（模型值）之差来判定其是否属于异常数据，因此趋势面分析的一个典型应用就是揭示研究区域中不同于总趋势的最大偏离部分。由此可见，可以采用趋势面分析找出偏离总趋势超过一定阈值的异常数据可疑点。趋势面可有各种不同的形式，其中一种是由下式所构成的最小二乘趋势面：

$$Z(x, y) = \sum_{k=0}^{j}\sum_{i=0}^{k}a_{ki}x^{k-i}y^{i}, \ (j = 2, 3) \tag{7.4}$$

根据处理区域的形状大小，可以灵活选择不同阶次的多项式，对大而复杂的区域应采用较高阶次。根据统计规律，常用三倍中误差作为极限误差，即模型误差大于极限误差的观测数据被认为是粗差。然而，由于二次或高次多项式本身的不稳定，有可能产生并不符合实际地形起伏的大数字或小数字，仅仅依靠这一项判据显然是不能解决所有问题的。虽然通过趋势面分析可以找出绝大部分可疑数据，从而把问题局部化、简单化，但是趋势面分析的一个缺点是尽管它可以找出大部分可疑数据，但它不能确定这些数据是否为真正的粗差，因此，需要寻找另一种方法对这些数据进行进一步的分析。

7.5.2 基于三维可视化的粗差检测

一种比较好的方法是提供基于 DEM 的三维表面可视化的方法交互式地来审查这些可疑数据，剔除严重影响数据质量的粗差或者说错误。这样便可以结合区域地貌变化规律对异常点做出快速准确的判定。从 DEM 进行三维表面可视化是 DEM 的一个重要功能，有关这方面内容请参见第 12 章。

三维表面可视化的前提是要建立数字地形模型，为了保证所有分析都基于原始数据，可选的办法是直接利用原始数据建立不规则三角形网络模型（TIN）。为人机交互式地判定并剔除含有粗差的高程异常点，考虑到交互响应的效率和可视化图形对异常值的敏感性，则一方面需要高效可靠的建模技术，另一方面可视化处理的策略也很关键。关于自动建立 TIN 的算法请参见第 5 章。至于用于数据检查目的的可视化方法，利用可疑点周围的一个局部区域进行基于 TIN 的线网透视显示比较有利。图 7.6 所示为等高线数

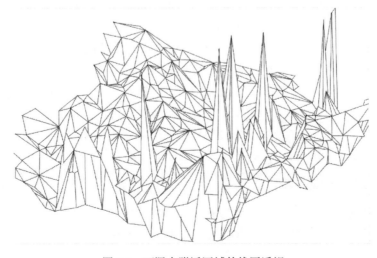

图 7.6　可疑点附近区域的线网透视

字化时，一条等高线的高程值配赋有错后产生的结果。可见，对于一个特定的研究区域，在三维透视图上可疑点是否表现为粗差非常直观，很容易据此做出正确判定。

7.6　基于坡度信息的格网数据粗差检测与剔除

前面已经提到，DEM 原始数据可能以规则格网形式存在，也可能以不规则分布的方式存在。以规则格网形式存在的数据具有一些独特的特性，如高程数据能以简洁而经济的方式存储在高程矩阵中。这些特性有助于数据粗差检测算法的设计。也正因为如此，适合于格网数据粗差检测的算法可能对检测不规则分布数据的粗差毫无用处，因此对不同类型的数据，有必要设计不同的粗差检测算法。

这一节将介绍一种检测规则格网数据中粗差的算法，以及利用这种算法得出的一些实验结果（Li，1990）。对不规则分布数据的粗差检测算法将于下一节介绍。

7.6.1　算法推导的理论背景

由于坡度是地表面上点的一个基本属性，而计算一个格网数据点在不同方向上的坡度是很容易进行的，所以利用坡度信息作为检测格网数据中粗差的基础是可行的。

Hannah 在 1981 年曾推导过检测粗差的算法。该算法的原理可简述如下：首先，计算待测点 P 与其八邻域点（边界点除外）间的坡度。当所有数据点都计算完毕后，对计算出的坡度进行以下三步检测。

第一步称坡度阈值检测。在这一步中，检测 P 点周围的（八个）坡度值，判断其是否正常，也即坡度值是否超过某一预先设定的阈值。

第二步称为局部邻域坡度一致性检测，这一步检查横跨 P 点的四对坡度差值的绝对值，以确定是否有差值超过给定的阈值。

第三步称作远邻域坡度一致性检测，这一步与前一步比较相似，它检测跨越 P 点周围八邻域点的每个点的坡度差值是否超过给定的阈值。

上述三个步骤的检测结果将作为判断某一点是否被接受的依据。作为检测粗差的算法，这个算法的整体效果表现在，对起伏不平的地区它产生了过于平坦化的不良结果，而在平坦地区它又产生了一些不自然的特征。

从实质来说，Hannah 算法的最大缺点在于其所有接受或拒绝一个点的即定准则都建立在绝对的意义之上。很显然，绝对坡度值或坡度差值在不同地方可能会相差很大，如在起伏不平的地区，其绝对坡度差值肯定要大于相对平坦地区的相应值，而陡峭地区的坡度值显然也会比平坦地区的坡度值大很多。这就是说，除非地形特征非常一致，否则很难找到一个适合于全部区域的绝对阈值。因此，应该从相对意义上确定某些标准，而不是简单地设定一些绝对值。

7.6.2　检测粗差的一般原理

下面提出的算法基于坡度连续性的概念，它考虑坡度变化的相对值，并进而以这些相对值计算统计值，作为判定数据点合法性的阈值，避免了使用预先给定绝对阈值带来的问题。

这个算法与 Hannah 算法在本质上有两个主要的区别。首先，新算法考虑了相对坡度变化值，而不是绝对变化值；其次，接受或拒绝某一特定高程值的阈值基于相对坡度变化的统计信息，而不是使用预先定义的绝对值。新算法的原理如下。

如图 7.7 所示，数据点 P 在高程矩阵中的行列号为 (I,J)，它的八邻域点 5，6，7，10，12，15，16 和 17 的行列号分别是 $(I+1,J-1)$，$(I+1,J)$，$(I+1,J+1)$，$(I,J-1)$，$(I,J+1)$，$(I-1,J-1)$，$(I-1,J)$ 和 $(I-1,J+1)$。

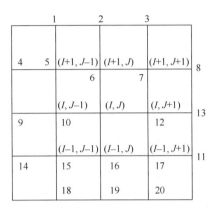

图 7.7　原始格网数据中的点 P 与它的邻域

以这八个邻域点和 P 点可在行列方向上分别计算六个坡度值。以行方向上的计算为例，这六个坡度值分别是点 5 和 6、6 和 7、10 和 P、P 和 12、15 和 16，以及 16 和 17 之间的坡度。从两个坡度值中可计算三个坡度变化值，如点 6，P 和 16 间的坡度变化值便可根据这些坡度值计算出来。上文曾经提到，这些计算出来的初始值都是绝对意义上的值，在不同的地方会有所不同，因此有必要根据它们计算一些相对意义上的值。

显然，如果 P 点没有粗差，尽管坡度和坡度变化的绝对值在不同地方可能会有所变化，但在同一方向（如行方向）上的坡度变化差值（differences in slope change，DSC）应保持一致。因此，这些坡度变化差值应该就是我们所希望得到的相对值，可以作为评估坡度一致性和检测粗差的基础。

这就是说，除了边界点外的所有点，都可通过三个坡度变化值计算每一方向上的 DSC 值。所有点的 DSC 值将作为这个算法的基础，通过它们计算出一个统计值，以建立所要求的阈值，这个阈值便作为判断某点是否包含粗差的基础。对点 P 来说，如果以 P 为中心的所有四个 DSC 值都超过了阈值，则认为 P 点含有粗差。

7.6.3　坡度变化差值（DSC）的计算

以 J 方向上的坡度计算为例，算式如下：

$$\text{SLOPE}_j(I+1,J-1)=(Z(I+1,j)-Z(I+1,J-1))/\text{DIST}(J-1,J) \tag{7.5}$$

式中，DIST $(J-1,J)$ 为节点 $(I+1,J)$ 和 $(I+1,J-1)$ 间的距离。同理，可计算 $\text{SLOPE}_j(I+1,J)$、$\text{SLOPE}_j(I,J-1)$、$\text{SLOPE}_j(I,J)$、$\text{SLOPE}_j(I-1,J-1)$ 和 $\text{SLOPE}_j(I-1,J)$。I 方向上的坡度计算按相同的方式进行。

计算坡度以后，便可计算每个方向上的三个坡度变化值，也就是在 J 方向：

$$\text{SLOPC}_j(I,J) = \text{SLOPE}_j(I,J) - \text{SLOPE}_j(I,J-1) \tag{7.6}$$

同理，可计算 $\text{SLOPC}_j(I+1,J)$ 和 $\text{SLOPC}_j(1-1,J)$，以及 I 方向上的相应值。最后计算点（I，J）在每一方向上的两个坡度变化差值。

J 方向：

$$\begin{cases} \text{DSLOPC}_j(I,J,1) = \text{SLOPC}_j(I,J) - \text{SLOPC}_j(I+1,J) \\ \text{DSLOPC}_j(I,J,2) = \text{SLOPC}_j(I,J) - \text{SLOPC}_j(I-1,J) \end{cases} \tag{7.7}$$

I 方向：

$$\begin{cases} \text{DSLOPC}_j(I,J,1) = \text{SLOPC}_j(I,J) - \text{SLOPC}_j(I,J-1) \\ \text{DSLOPC}_j(I,J,2) = \text{SLOPC}_j(I,J) - \text{SLOPC}_j(I,J+1) \end{cases} \tag{7.8}$$

所有点的 DSC 值将用于计算是否接受或拒绝某点的阈值。

实际上，计算坡度和坡度差值的概念与 Makarovic 于 1973 年在渐进采样中采用的一次高程差分和二次高程差分非常相似。在他的方法中，因为使用了正方形格网，其数据结构相似，所以一次和二次差分能提供所有需要的信息。

7.6.4 计算阈值和怀疑一个点

坡度变化是否一致可通过从所有数据点的 DSC 值计算出来的某些统计标准来判定。这些统计值可以是绝对平均值、数据值范围（最大值减去最小值）、均方根值、标准偏差及算术平均值等。

首先考虑算术均值和标准偏差，因为这些统计值和另外一些值相比有许多优点。但在本节我们进行的实验中，因为 DSC 值的算术平均值太小，因此使用了均方根误差（RMSE）。在此情况下，阈值为 RMSE 的 K 倍，K 为常数。有三种可能的方式计算阈值。

一种方法是，根据每一数据在所有方向上的 DSC 值计算唯一的一个 RMSE 值。

另一种方法是，根据每一数据点的 DSC 值计算四个 RMSE 值，其中定义数据点的四边（上，左，下，右）每边一个。

第三种方法是，计算两个 RMSE 值，一个在行方向（I 方向），另一个在列方向（J 方向）。在这种情况下，每一数据点在同一方向上的两个 DSC 相加，其和用于计算 RMSE 值。

理论上，最后一种方法最为合理，因为如果坡度变化一致的话，则同一点在同一方向上的两个 DSC 值和的绝对值将是很小的值（接近 0），反之如果坡度变化不一致的话，这个值将比较大。在研究中曾经实验过不同的标准，最终的结果都证实了这一观点。因此，基于最后一种理论的方法将在此次实验中实行。

上面所述的所有方法都以判断某点是否含有粗差为目的。一个数据点在特定方向上的阈值被作为判断此点在此方向上是否被接受的标准。如果某点的计算值超过了阈值，则可认为此点在这一局部区域内是不正常的。在此情况下便有理由怀疑此点在这一方向上含有粗差。

实际上，上面所述的所有方法对检测一点是否含有粗差的过程都比较相似，唯一不同之处仅在于是将 DSC 值与总的 RMSE 相比，还是与某一特定 RMSE 值相比。以第二种方法为例，如果数据点在某一边坡度变化差值的绝对值大于阈值（阈值为此边对应 RMSE 值的 K 倍），则可怀疑此点在它的邻域范围内不太正常。如果这一点的四边都不正常，则可确信这一点含有粗差。大多数情况下，如果一点的三条边的 DSC 值超过阈值，则也被认为可能含有粗差。对最后一种方法来说，如果一点在行列方向上的 DSC 值都大于阈值，则可确信它含有粗差。

另一个问题是在不同的情况下，K 究竟应取多大。对于不同的情况，可使用不同的 K 值。在本实验中，测试区域的 DSC 值分布比较均匀，故可将 K 值定为 3。

7.6.5　粗差的剔除实验

如果粗差分布比较集中，则有可能在单独一轮计算中有些粗差不能被检测出来。在这种情况下，含有粗差的点的相邻点也有相同大小的粗差，因此此点被认为不含粗差。这意味着某些情况下需进行进一步的检测以发现残余的粗差。但算法中，既然所有数据点都计算了坡度及坡度变化值，那就有必要对含粗差的点进行改正，以保证数据质量的提高。因此，为使下一轮的粗差检测计算有可靠的数据，应将被认为含粗差的点及时改正。这个算法数据改正的原理是：如图 7.7 所示，假设 P 点含有粗差，点 1~20 是它的邻域点。所有点（邻近边界的点除外）的坡度及坡度变化值在检测粗差的过程中都已经计算出来。另外点 6、16、10 和 12 处的四个估计值也已计算出来。估计值的计算以 10 点为例，J 方向上的 5 点和 15 点处的坡度变化值的平均值作为 10 点在同一方向上的估计值，则 10 点对 P 点的新坡度值以下式计算：

$$\mathrm{SLOPE}(10,J) = \mathrm{SLOPE}(9,J) + (\mathrm{SLOPC}(5,J) + \mathrm{SLOPC}(15,J))/2 \qquad (7.9)$$

式中，$\mathrm{SLOPE}(10,J)$ 为 J 方向上 10 点处的坡度值；$\mathrm{SLOPC}(15,J)$ 为 15 点在 J 方向上的坡度变化值；等式中其他标识的定义与此类似。

式（7.9）所计算的坡度值用于计算点 P 的高程。根据式（7.9）对四个方向上的估值都计算完毕后，这四个值的平均值便作为 P 点的高程估值。当然，如果点 9 和点 10 或这一边的其他邻域点（4、5、6、14、15 和 16）被怀疑含有粗差，则这一边估值的可靠性较低，不能参与下一步的计算。与此相似，在单独一轮计算中 P 点也有可能不能取得可靠估值，因此有必要使用一些交互的处理。

这个算法只用于改正那些不在边界点附近的可疑点，至于边界上的点，将不做任何处理。

根据以上讨论，从经过滤波处理的数据中产生的等高线仍包含一些不正常的特征，如在图 7.5（b）中，高程为 330m、430m 和 440m 的等高线都表现出不正常的特性，另外 410m 和 420m 两条等高线之间还有两个非常小的闭合等高线。由此怀疑数据中可能有一些粗差，或至少包含一些不正常的数据点。因此在没有更好的测试数据的情况下，将以此数据测试算法。

使用上述算法对数据进行处理后，这些不正常的特征实际上已经被消除了。图 7.8（b）显示了计算结果。作为比较，根据原始数据绘出的等高线被显示在图 7.8（a）中。从显示结果可以看出，尽管此算法对测试数据的处理相当有限，但效果非常显著。

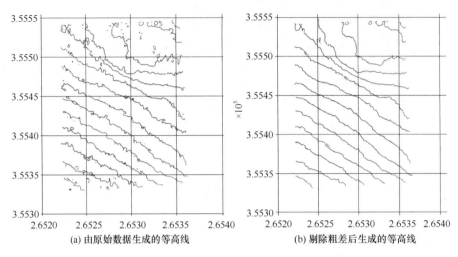

图 7.8　对 DEM 原始数据进行粗差剔除后提高了等高线的质量

　　前面曾经提到，测试区域边界点附近的点没有进行粗差检测，也没有作任何改正。这就是为什么在边界附近，特别是绘图区域上面部分的等高线仍然没有消除不正常特征的原因。

　　图 7.9 显示的是此算法处理结果的另一个例子。图 7.9（a）显示了经过平滑处理后测试区域的部分等高线，可以看出，由于数据中含有粗差使等高线没有反映自然的地貌。经过粗差检测算法处理后的结果显示于图 7.9（b）中，显然这些不正常的特征已被消除掉了。

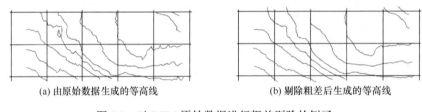

(a) 由原始数据生成的等高线　　　　　　　　　　(b) 剔除粗差后生成的等高线

图 7.9　对 DEM 原始数据进行粗差剔除的例子

7.7　检测不规则分布数据中粗差的算法（算法 1）

　　前一节描述的检测粗差的算法是基于规则格网数据中某点在邻域附近坡度变化一致性的原理。但如果数据不规则分布，则在检测坡度变化一致性时会碰到困难。因此一致性标准并不适合于不规则分布数据。

　　在不规则分布数据中，能比较方便地获取数据点的 X、Y、Z 坐标，因此在这种情况下某一点及其邻域点的高程信息仍可作为判断此点高程值是否有效合理的基础。下面将要介绍的算法正是基于这个基础（Li，1990）。

　　粗差在数据中可能孤立地分布，也可能成簇地存在。在后一种情况下，对粗差的检测将变得比较复杂。因此本节中先讨论检测数据中分布的单个粗差的算法，然后在第 8 章将算法适当修改，用以检测以簇群形式存在的粗差，并以实验的结果来验证算法的正确性和可靠性。

7.7.1 粗差检测的三种可能算法

根据检测区域的大小，可将粗差检测的算法分为三种，即全局方法、区域方法和点邻域方法。

基于全局方法的任何算法都是使用所有的数据点拟合一高次多项式函数，然后计算每一数据点对所建表面的偏差。如果某点的偏差大于阈值，则认为此点可能含有粗差。阈值可以预先设定，也可以通过数据点高程对全局表面的偏差计算出来。全局方法一个致命的缺点就是它对所有的地区都同样对待。地面的起伏状况是极少相似的，因此使用相同方式对地面进行处理的全局方法在起伏不平但数据不包含粗差的地区可能认为很多点含有粗差，而在相对光滑的地区又不能有效地将粗差检测出来。

在区域方法中使用的算法与全局方法使用的算法非常相似，也是先用多项式函数拟合一区域表面，然后检验数据点对表面的偏差。它们之间唯一的区别在于地表面积的大小，是否采用这种方法也部分取决于特定区域面积的大小。

不管是全局方法还是区域方法，通过建立多项式方程拟合地形表面这种方法的主要缺点是那些含有粗差的点也被用于建立 DEM 表面。在这种情况下，如果一个点含有很大的粗差，则受它影响，那些在它周围不含粗差的点对于所建表面将会有很大的偏差，从而它们可能都被认为含有粗差。

如果使用局部方法，则可避免使用多项式表面来拟合数据点，而采用一种类似与点方式内插中所使用的在本书中称作点方式的方法。这种方法将待检测点的高程值与邻域点高程值的统计值如平均值进行求差，如果差值超过一特定阈值，则认为此点含有粗差。

点邻域方法的原理十分简单和直观，其计算也不复杂，下面将具体推导基于此方法的算法。

7.7.2 点邻域方法的一般原理

此算法的过程大致如下：对待测点 P，首先定义一以 P 为中心的特定大小的窗口作为该点的邻域，然后计算窗口范围内所有点的一个"代表值"。这个值可被当作 P 点的近似值或"真值"。通过比较 P 点的高程值与上述统计值可获得一高程差值。如果高程差值大于另一计算出来的阈值，则认为 P 点含有粗差。

在这个算法中，待测点 P 的高程值没有参与 P 点统计值的计算，因此，P 点的高程值对从 P 点邻域中计算出来的估值没有影响，从而 P 点的高程值与其估值之间的差值提供了点 P 和其邻域点间相互关系更可靠的信息。

7.7.3 邻域点的范围

待测点 P 周围的邻域点范围可根据以 P 为中心的窗口指定。窗口大小的确定有两种方式：一种是定义窗口的尺寸；另一种是定义窗口覆盖区域内高程点的数量。前者可以用下式表达：

$$\begin{cases} X\text{范围：} X_P - D_x < X_i < X_P + D_x \\ Y\text{范围：} Y_P - D_y < Y_i < Y_P + D_y \end{cases} \tag{7.10}$$

式中，X_P 和 Y_P 为待检测点 P 的坐标；X_i、Y_i 是 P 点的第 i 个邻域点的 X, Y 坐标；D_x

D_y 是 X, Y 方向上窗口大小的一半。

当然也可以同时使用两种方法来确定窗口的大小,通过计算测试区域内点的数量和坐标范围可确定一平均窗口,将此窗口作为初始值。由于在数据点密度很高的地区,落于窗口内的点数将大于平均值,但在数据点密度低的地区,窗口内的点数又可能很少。因此需要指定窗口内最少的点数,如果窗口内的点数小于这一指定值,则需要适当增大窗口以使窗口内点数达到此指定数值。

7.7.4 代表值的计算

在此算法中,待测点邻域点的平均高程将作为此点的代表值。有两种方法可用于计算邻域点的平均高程:一种是简单地计算高程值的算术平均值;另一种是对每个邻域点赋以不同的权值。定义权值的一种方法是取邻域点到待测点距离的倒数。

如果待测点 P 的邻域点都不包含粗差,则加权平均值应该与 P 点的真值更加接近。然而,如果有一个含有较大的粗差的点特别靠近中心点 P,则这一点将对加权平均值产生较大的影响,从而产生一个极不可靠的代表值。从这一点考虑,简单算术平均值或许更加可信。事实上,确实有实验检测到了这样的粗差点。使用算术平均值的另一个优点是计算速度比较快,因此本算法就使用简单算术平均值作为代表值。

7.7.5 计算阈值和怀疑一个点

所有点的高程差值都将用来计算统计值,作为决定最终阈值的基础。假设 M_i 是以第 i 个点为中心的邻域点的算术平均值,V_i 为 M_i 与第 i 个点的高程值 H_i 的差值,即

$$V_i = H_i - M_i \tag{7.11}$$

如果数据中共有 N 个点,则 V 值的个数也为 N,从这 N 个 V 值中即可算出所需要的统计值。在本算法中,算术平均值 U 和标准偏差 SD 都从这些 V 值中计算出来,并作为确立阈值的基础。和前一节中讨论的阈值相似,此算法中使用的阈值也为 SD 的 K 倍,且设 K 值为 3。

阈值确定之后,数据中的每一点便可据此进行检测。对于任一点 i,如果 $V_i - U$ 的绝对值大于阈值,则此点便被认为含有粗差。

7.7.6 实验测试

第一套数据点的分布及其等高线如图 7.10 所示。图 7.10(a)显示了不规则分布的数据点,图 7.10(b)显示了相应的等高线。可明显看出,数据中含有一些粗差。实验区域的大小在像片上约为 4.5cm×4.5cm,对应地面上的范围为 800m × 800m。在此区域内,通过相关方法计算了 3496 个点。

此次测试以邻域点的简单算术平均值作为代表值,而窗口大小以指定窗口内的面积和窗口内的点数两种方式共同确定。将初始最小点数设为 5,但测试效果不十分理想。将点数递增继续测试,当点数在 15~20 时,发现可得到最好的效果。

经此算法处理后,那些产生不正常等高线的点被检测出来。图 7.11(a)显示了这些点的分布,剔除含有粗差的点后数据点的分布及其等高线显示于图 7.11(b)中,从显示

结果可以看出此算法能有效地检测粗差的存在。图 7.11（a）显示了另一数据点的分布及其相应等高线。实验区是像片上 4.0cm×2.2cm 大小的区域，对应地面面积为 700m×400m，总点数为 4733 个。同样此数据中也包含了一些粗差。

在测试的初始阶段中使用了前一次测试中曾使用过的参数和窗口大小。实验结果显示于图 7.12 中。从所绘等高线可以看出，数据中仍存在有粗差。

使用更大的窗口大小（包含 60 个点）进行处理，由于这些粗差以簇群形式存在，因此残余粗差仍未能检测出来。为解决这个问题，提出了另一种算法，与上一算法不同的是，新算法中每一数据点在整个测试区中搜寻邻域点。

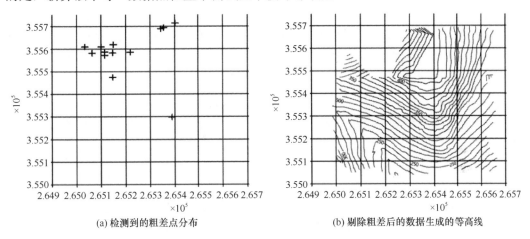

(a) 检测到的粗差点分布　　　　(b) 剔除粗差后的数据生成的等高线

图 7.10　对第一套实验数据进行剔除粗差后的结果

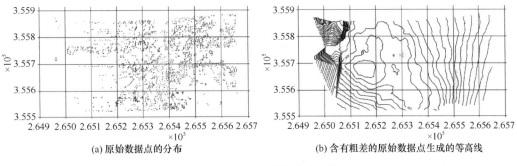

(a) 原始数据点的分布　　　　(b) 含有粗差的原始数据点生成的等高线

图 7.11　第二套实验数据的有关信息

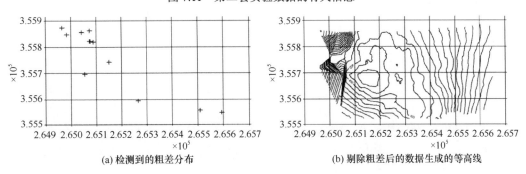

(a) 检测到的粗差分布　　　　(b) 剔除粗差后的数据生成的等高线

图 7.12　对第二套实验数据进行剔除粗差后的结果

7.8 检测粗差簇群的算法（算法 2）

从上述的实验结果可看出，上面提到的第一种算法更适合于离散粗差的检测，而对检测粗差簇群显然效果欠佳。因此不得不考虑另一种情况，假设窗口中每一点都包含较大的粗差，并且以一种排列紧凑、数量巨大的方式存在——这在自动相关（影像匹配）技术获取的数据中经常存在。在此情况下算法并不能将这些粗差剔除。因此，需要对算法做进一步地改进（Li，1990）。

7.8.1 算法原理

理论上，将窗口增大是一种可行的解决方法。但是上面已经提到，当窗口的大小增加到超过 60 个点时算法仍然会失败。如果将窗口不停地增大，尽管在一些情况下算法仍可以运作，但结果可能是很难让人满意的，因为从这样的窗口中的邻域数据点导出的"代表值"可能事实上已和"真值"差距甚远。因此，必须寻找另外的一种方法。一种思路是查找所有对"代表值"（平均值）有很大影响的数据点，在计算"代表值"时不考虑这些点。

在窗口中探测这样的数据点的方式同算法 1 检测粗差的方式是非常相似的，过程如下所述。

首先，将窗口中的第一点从窗口中移去，从窗口中剩余的点计算新的"代表值"即平均值；然后计算并记录这个平均值与移去的数据点的值之差。随后这个过程将应用到窗口中的每一个数据点。假设，在窗口中有 M 个点，那么通过下式可计算 M 个差值：

$$V_i = P_i - P \tag{7.12}$$

式中，P_i 为窗口中所有剩余的数据点的平均值而不是第 i 个点；P 为窗口中所有数据点的平均值；V_i 为上述两个值的差。余下的处理过程与算法 1 检测粗差的方法类似。也就是 M 个值将用来计算一个统计值，并使用该统计值生成阈值。然后就可对窗口中的每个数据值进行检测了。如果一个数据点如 V_j 超过了这个阈值，那么这个数据点将被认为含有粗差而需要将其排除。通过这种方式，那些对窗口中的代表值有很大影响的所有数据点将全部被排除。

这样的数据检测技术被应用于每一窗口。所以这些完成之后，以下的过程便与算法一中所描述的过程完全相同了，即计算表征值、建立阈值和识别可疑点。

7.8.2 实验测试

使用第二套数据对新算法进行了测试。图 7.12（a）中显示了检测出来的粗差点分布，图 7.12（b）中则是由剔除了粗差后的数据绘出的等高线。从位于图 7.12（b）中测试区域西北角的一根扭曲的等高线可以清晰看出，仍有一个数据点包含有较小的粗差。新算法未能将此粗差检测出来是因为在测试新算法的过程中，使用了较大的窗口。具体对这个实验而言，窗口内点数至少为 35 点，但大窗口的使用显然降低了新算法对粗差的敏感性。

7.8.3 剔除粗差的算法讨论

检查图 7.12 和图 7.13,可以发现由两种不同算法所检测出来的粗差点大部分都是相同的。但由于在前面部分曾经提到的各种具体原因,每一种算法总会漏掉一个或多个粗差点。因此,将两种算法互为补充地使用有可能产生比较理想的结果。在此情况下,在每一算法检测出粗差点后,这些点都应从数据中剔除。

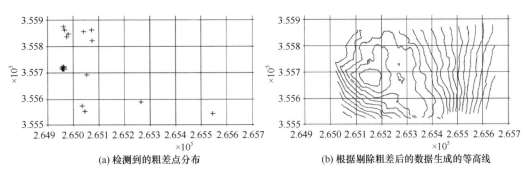

(a) 检测到的粗差点分布　　　　　(b) 根据剔除粗差后的数据生成的等高线

图 7.13　对第二套实验数据使用检测粗差簇群的算法进行剔除粗差后的结果

图 7.14（a）、（b）分别显示了由两算法检测出来的粗差及根据消除粗差后的数据绘出的等高线,从中可以看出在剔除粗差后,处理结果将变得更加合理。需要指出的是,因实验区底边左角没有数据分布,绘于此处的等高线是人工添加上去的。

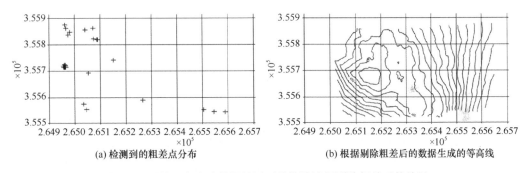

(a) 检测到的粗差点分布　　　　　(b) 根据剔除粗差后的数据生成的等高线

图 7.14　对第二套实验数据使用两种算法进行剔除粗差后的结果

参 考 文 献

卡尔. 克劳斯. 1989. 摄影测量学(中册): 摄影测量信息处理系统的理论和实践(中文). 北京: 测绘出版社.

柯正谊, 何建邦, 池天河. 1993. 数字地面模型. 北京: 中国科学技术出版社.

李德仁. 1998. 摄影测量新技术讲座. 武汉: 武汉测绘科技大学出版社.

李德仁, 王树根. 1995. 数字影像匹配质量的一种自动诊断方法. 武汉测绘科技大学学报, 20(1): 1~6.

刘建军, 陈军, 王东华, 乔朝飞, 商瑶玲.2004. 等高线邻接关系的表达及应用研究. 测绘学报, 2(33): 174~178.

唐新明, 林宗坚, 吴岚. 1999. 基于等高线和高程点建立 DEM 的精度评价方法探讨. 遥感信息, (3): 7~10.

於宗俦, 鲁林成. 1982. 测量平差基础. 北京: 测绘出版社.

中华人民共和国测绘行业标准. 2010. CHT 9009.2—2010 基础地理信息数字成果 1∶5000、1∶10000、1∶25000、1∶50000、1∶100000 数字高程模型.

朱庆, 李德仁. 1998. 多波束测深数据的误差分析与处理. 武汉测绘科技大学学报, 23(1): 1~4.

Ebisch K. 1984. Effect of digital elevation resolution on the properties of contours. Technical Paper, ASP-ACSM Fall Convention, 424~434.

Hannah M. 1981. Error detection and correction in digital terrain models. Photogrammetric Engineering and Remote Sensing, 47(1): 63~69.

Li Z L. 1990. Sampling Strategy and Accuracy Assessment for Digital Terran Modelling. The University of Glasgow.

Makarovic B. 1973. Progressive sampling for DTMs. ITC Journal, (4): 397~416.

第8章　数字高程模型精度的数学模型

精度是评价模型好坏的最重要的标准，因此，数字高程模型的精度也是数字地形建模最关心的问题。换句话说，DEM 的精度既是 DEM 的使用者最关心的问题，也是 DEM 生产者最关心的问题。DEM 的精度问题具有十分重要的理论与实践意义。

8.1　数字高程模型精度之数学模型：问题与对策

8.1.1　数字高程模型精度之数学模型：历史回顾

长期以来，DEM 精度是国际摄影测量与遥感学会（ISPRS）的重要议题。但自 1988 年，K. Kubik 教授在第 16 届大会上作了一个有关 DEM 精度的报告，宣称其基本问题已经解决后，DEM 精度估计的议题几乎从 ISPRS 研究议程上消失了。然而，在这一领域仍有许多基础问题还没有很好解决。为此，在 20 世纪 90 年代初，欧洲摄影测量实验组织（OEEPE）建立了一个特别工作组，深入地对 DEM 精度进行实验研究。

从现有研究成果可注意到，自 20 世纪 70 年代起，ISPRS 在 DEM 领域的主要研究方向就从内插技术的发展转移到了对 DEM 精度的评估和控制。因此，涉及这一方面有价值的论文很多。DEM 精度评估主要通过理论分析和实验研究的方式进行。

实验研究就是通过一系列的实验来建立 DEM 精度模型。其中最著名的是 ISPRS 组织的全球实验（Torlegard et al., 1986）。其他主要工作有 Ackerman（1980）、Ley（1986）、Li（1990，1992）及 OEEPE 的实验（Robinson，1994），以及 Gong 等（2000）等。但这种方式显然有很大的局限性，因为通过实验测试只能获得某些特殊情况下的结果，如 Ackerman（1980）针对某一特定情况给出的经验模型。并且，如果以这种方式来建立精度模型的话，就得进行一系列的实验，这不仅耗时耗力，有时还根本不能实行。而将在 8.2 节中介绍的 DEM 精度经验模型（Li，1990，1992）就是通过对 ISPRS 组织的全球 DEM 精度实验结果作系统的重新分析而获得的。

因此以理论分析的方式来建立 DEM 精度模型尤其重要。这一方面的工作开始于 20 世纪 70 年代早期，其先驱者是 Makarovic 教授，他于 1972 年在 ITC 开始了这方面的工作。在这以后，多位研究者使用不同的数学工具，如傅里叶变换、区域变化理论、地理统计学等。利用这些工具，建立了 DEM 精度预测的一些数学模型（如 Kubik and Botman，1976；Tempfli，1980；Frederiksen et al.，1986）。然而由 Balce（1987）和 Li（1990，1993a，b）所进行的研究都证实了这些模型不能产生可靠的精度预测，而且所用的这些地形参数不常用。Li（1990，1993a，b）后来以坡度为地形参数，建立了一个与等高线地图精度规范非常类似的精度模型。近年来也有学者用逼近函数的截断误差来研究 DEM 精度问题（吴艳兰等，2011），但在 8.1.3 节将会讨论，截断误差是逼近函数截尾引起的误差，与 DEM 精度问题无关（图 8.3）。

8.1.2 数字高程模型精度评估的不同观点

精度评估跟误差概念直接关联。有些学者假设 DEM 只有高程误差而没有平面误差，所以只要评定高程精度就行了。这种观点的主要理由是量测误差一般大大小于由 DEM 面近似表达真实地面所引起的逼近误差，而这种逼近误差（图 8.1）主要是高程误差。另一些学者认为，测量获取的高程点既有平面误差也有高程误差，所以 DEM 精度要分平面精度和高程精度来分别评定。

图 8.1　DEM 面对真实地面的逼近误差

对于具体怎么评估平面精度和高程精度，有一种观点是分别评估，而另一种观点是联合评估。对于分别评估，Ley（1986）给出了四种数字高程模型高程精度的评估方法如下。

（1）根据过程预测（predicted by procedures/production）：对 DEM 生产中的每一个步骤所产生的高程误差加以累计。

（2）根据区域预测（predicted by area）：像等高线图的精度规范一样，建立起测区地形（如平均坡度）与 DEM 高程精度的预测模型。

（3）根据实测评估（evaluation by cartometric testing）：用一组（150 个左右）实测的点（包括格网点和内插点）来检查高程误差。他们的经验表明这是最有效的方法。

（4）根据诊断点评估（evaluation by diagnostic points）：在数据采集时，从同一数据源，量测得一组独立的点（诊断点），并用它们来检查以后的建模过程。Ley（1986）同时也给出了三种数字高程模型平面精度准确性的评估方法，分别是：①无误差（no error），DEM 中的高程误差已经包括了由平面误差的影响；②预测法（predictive），跟高程精度评估一样，对 DEM 生产中的每一个步骤所产生的平面误差加以累计；③通过高度评估（through height），将检查剖面（或整个面）和 DEM 剖面的高程作最佳匹配，这时检查点的平面位置发生移动，产生平面误差。

如果联合评估，这两种精度的获取必须同时进行。这种方法的实施过程需要在三维空间中量化精度特征。Ley（1986）提出一种比较数字高程模型面和原始地形表面坡度均值的方案；其他研究中也提出使用其他地理形态参数或地形特征点线，如山脊线和山谷线的移位。为此，OEEPE 还于 1993 年在英国南安普顿召开了一个欧洲专家会议。与会的各领域代表通过激烈的争辩，最后认为：

（1）根据应用要求提出的地形参数来评估 DEM 质量不太现实，因为各行各业的要求千差万别；

（2）如果 DEM 的高程精度高，根据应用要求提出的地形参数精度也会高。极端地讲，DEM 的高程没有误差，任何地形参数都不会有误差；

（3）等高线图也是一种地形表达，其精度规范就只规定高程的要求，所以只要有一个类似于等高线图精度规范的标准就满足需要。

本章在 8.2 节和 8.3 节将要介绍的便是以坡度为地形参数、与等高线地图精度规范非常类似的 DEM 精度预测模型。

8.1.3 数字高程模型的误差分布与精度指标

DEM 精度是 DEM 面上的点高程值与真值（地面相应点的高程值）的接近程度。如果用 $g(x, y)$ 来表示真实地面，$f(x, y)$ 表示 DEM 面（也称之为逼近函数），则它们之间的误差为 $e(x, y)$，记作为

$$e(x, y) = g(x, y) - f(x, y) \tag{8.1}$$

我们可以将 DEM 的误差当成一个离散型随机变量来谈论，记作 X（为了与后面数学期望的 E 区别）。对于任何一个随机变量，我们最关心的两个指标是精密度（离散度）和准确度（大小）。如果随机变量 X 的分布规律为

$$P(X = x_i) = P_i \tag{8.2}$$

通常数学期望来表示随机变量的大小，而用方差来表示随机变量的离散度。随机变量 X 的数学期望（expectation）$E(X)$，定义为

$$E(X) = \sum_{i=1}^{n} x_i p_i \tag{8.3}$$

数学期望实际上就是该随机变量所有可能取值的平均值，记作 μ。随机变量的方差（variance）$V(X)$，定义为

$$V(X) = E\left[(X - E(X))^2\right] \tag{8.4}$$

在实际应用中，取方差的算术平方根作为离散程度的特征值，称为 X 的标准差，并记为 σ_x，即

$$\sigma_x = \sqrt{V(X)} \tag{8.5}$$

离散度的另一个常用指标是值域或范围，即随机变量 X 的取值范围（range）。也就是最大值与最小值之差，记作：

$$R_x = X_{\max} - X_{\min} \tag{8.6}$$

一般情况下，如果随机采样点超过 30 个，我们就认为误差符合正态分布（normal distribution）。在测量实践，测量误差被认为是随机误差，因此，均值很小，这时，平均方差是一个常用的指标：

$$\mathrm{mse} = \iint e^2(x, y)\,\mathrm{d}x\mathrm{d}y \tag{8.7}$$

在正态分布下，绝对值大于标准差（σ）的误差出现的概率为 31.7%；绝对值大于两倍中误差（2σ）的误差出现的概率为 4.5%；而绝对值大于三倍中误差（3σ）的误差出现的概率仅为 0.3%，这是概率接近于零的不可能事件。因此，通常以三倍中误差作为偶然误差的极限值 $\Delta_{\max}$，并称为极限误差。也就是说，测量中如果某误差超过了极限误差，就可认为是粗差。即

$$\Delta_{\max} = 3 \times \sigma \tag{8.8}$$

现在最关键的问题是"这些指标对 DEM 精度评估是否适用？"如果 DEM 误差是正态分布，那肯定适用。但大量的实验数据（Li，1990，1992）表明 DEM 的误差分布并不服从正态分布，但与正态分布很接近。

图 8.2 是两个 ISPRS 试验区（详细介绍见 8.2 节）的结果，每个试验区都用了接近 2000 个检查点。图 8.2 对出现的大误差（即绝对值大于 2σ、3σ 和 4σ）出现频率做了统计发现：绝对值大于 4σ 的误差出现的频率为 0.3%（表 8.1），相当于正态分布时绝对值大于 3σ 的误差出现的频率。也就是说，对 DEM 误差来说，式（8.8）应改写成：

$$\Delta_{\max,\ \mathrm{DEM}} = 4 \times \sigma \tag{8.9}$$

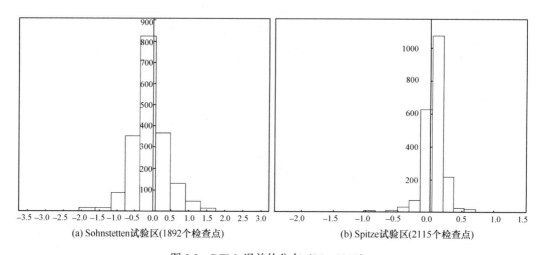

(a) Sohnstetten试验区(1892个检查点)　　　　(b) Spitze试验区(2115个检查点)

图 8.2　DEM 误差的分布（Li，1990）

表 8.1　DEM 误差中、大误差出现的频率

test area	Grid interval	>2σ	>3σ	>4σ
Uppland	$\sqrt{2}\times$20m	4.5%	1.0%	0.3%
	40m	5.1%	1.1%	0.3%
	$\sqrt{2}\times$40m	5.2%	1.3%	0.3%
	80m	5.6%	1.2%	0.3%
Sohnstetten	20m	5.6%	1.7%	0.8%
	$\sqrt{2}\times$20m	6.0%	1.5%	0.6%
	40m	6.6%	1.5%	0.3%
	$\sqrt{2}\times$40m	6.1%	1.5%	0.3%
Spitze	10m	5.0%	2.3%	1.5%
	$\sqrt{2}\times$10m	5.8%	2.7%	1.2%
	20m	5.4%	2.7%	1.4%
$N(0, 1)$		4.6%	0.3%	0.01%

现在很明显，DEM 的误差这个随机变量 X 没有服从正态分布，但很接近。尽管 DEM 误差只是近似服从正态分布，切比雪夫不等式（Chebyshev's inequality）也适用于 DEM。切比雪夫不等式指出，随机变数 X 的"几乎所有"值都会"接近"平均值，而取值落在

（$\mu - k \times \sigma \sim \mu + k \times \sigma$）的概率大于 $1 - 1/k^2$：

$$P(|X - \mu| > k \times \sigma) < \frac{1}{k^2} \tag{8.10}$$

所以，尽管 DEM 误差只是近似服从正态分布，根据切比雪夫不等式，以上讨论的各种指标仍然有意义（Li，1988）。目前，全世界都采用这些评价指标。

近年来，也有学者提出不同的观点，认为 DEM 不服从正态分布，因而不是随机误差，应该用逼近函数的截断误差来表示（吴艳兰等，2011），但在本节截断误差是逼近函数截尾引起的误差，与 DEM 精度问题无关。图 8.3 表示他们的观点：图（a）中的虚线为一个地形剖面，用一条方形波（实线）来逼近，产出逼近误差；而方形波可以用傅里叶级数展开，图（b）（commons.wikimedia.org）显示在取傅里叶展开式的第一、二、三及四项时的截断误差（曲线对方形波的逼近误差）。可以看到，取的项数越多，截断误差越小。当展开式中所有项都取得时，截断误差等于零，因此方形波被完美无缺地恢复。但是，这方形波函数的截断误差等于零并不意味着方形波对地面的逼近误差为零，事实上，它们毫不相干。换句话说，逼近误差是内插函数对真实地面的偏离。也就是说，用截断误差来表示 DEM 精度是一种误解。

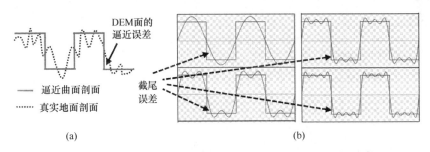

图 8.3　逼近误差与截断误差的关系

8.2　数字高程模型精度实验设计因素

8.2.1　考虑数字高程模型之精度的影响因子

DEM 精度的数学模型比地形表面本身更加复杂。因为，后者只使用到 X 坐标和 Y 坐标，而前者还将用到其他许多参数变量。这些变量包括地形表面的粗糙度、指定的内插函数和内插方法，以及原始数据的精度、密度和分布等。因此，DEM 精度的数学模型可以被写成以下形式（Li，1992）：

$$A_c(\text{DEM}) = f(S, M, R, A, D_s, D_n, O) \tag{8.11}$$

式中，A_c 为 DEM 的精度；S 为 DEM 表面的特征；M 为 DEM 表面建模的方法；R 为 DEM 表面自身的特性（粗糙度）；A, D_s, D_n 分别为 DEM 原始数据的三个属性（精度、分布和密度）。

DEM 表面上点的误差是数字地面建模过程中所传播的各种误差的综合，其中，地形表面的特征决定了地形表面表达的难度，因而在影响最终 DEM 表面精度的各种因素中扮演了重要的角色。地形表面复杂度的描述已在第 2 章讲过。在地形表面的各种特征中，坡度被认为是最重要的描述因子，在测绘实践中具有广泛的用途。

一个 DEM 表面可通过两种方法来建立：一种直接以量测数据建立；另一种通过从随机点到格网点的内插处理过程以间接方式建立 DEM 表面。由于从随机到格网的内插处理肯定对原始数据中表现出来的空间变化有一定的综合作用，因此直接建模方式避免了因内插带来的地貌表达可信度的损失而导致整个推导的复杂性。

毋庸置疑，原始数据的误差肯定会通过建模过程传递到最终的 DEM 表面。原始数据的误差可以以中误差、方差和协方差的形式来表达。如果每个格网节点的量测被认为是独立的话，则协方差可以忽略。实际上，摄影测量量测数据之间的协方差是很难确定的，因此在实践中通常不予考虑。

原始数据的分布是影响 DEM 表面精度的另一个主要因素，这个问题也在第 2 章中讨论过。在这里，我们将在下一节中讨论。

最终 DEM 表面的特性代表了决定 DEM 表面与地形表面相互吻合程度的因素，因而也就决定了 DEM 表面的精度。注意到 DEM 表面既可以是连续的，也可以是不连续的，还可以是光滑的（使用高次多项式）或不光滑的（线性表面）。许多研究者已认识到，线性表面具有最小的歧义性，它们通常是连续表面，由连续的双线性表面、三角形面元，或者两者的混合体组成。

8.2.2 考虑检查点的参数

通过 8.1 节的讨论可知，在数字高程模型精度实验中，一系列的检查点被用于表达真实地面；同时，验证与检查点对应的 DEM 内插点集；在此基础上，就可获得各检查点和内插点对间的残差。显而易见的是，DEM 的精度将受检查点特征的影响，这些特征可归纳为三项参数：精度、采样点数目和分布（Li，1988）。

首先，考虑检查点的数目。根据统计理论，该参数受以下两个因素影响：①所需精度；②相关随机变量的变化情况：变化越小，则在给定精度下所需样本数越小；反之，变化越大，则在给定精度下所需样本数越大。

此外，若检查点满足正态分布，情况则很简单。然而，根据 8.1 节的讨论，DEM 误差分布不一定满足正态分布，因此，需要构建一个近似正态分布的随机变量用于支持进一步的讨论。令 ΔH 表示离散空间高程差 $e(x, y)$ 的随机变量；μ 表示特定分布且数量为 n 的随机样本均值；M 表示随机变量真值，当 n 足够大，则

$$Y = \frac{\mu - M}{\sigma / \sqrt{n}} \tag{8.12}$$

可视为一个满足近似正态分布 $N(0,1)$ 的标准化变量。假设 σ 已知而 M 未知，则对于概率 r 和足够大的值 n，则存在 Z，使 Y 在 $-Z$ 到 Z 范围的概率近似于 r：

$$P(-Z \leqslant y \leqslant Z) \approx r \tag{8.13}$$

r 的精确性取决于采样点数目和分布特征：若是满足单模态和连续分布，则即使 n 较小，如 5 个点，也能得到较精确的近似值；若分布为典型非正态分布特征（如严重倾斜或离散），则需要较大的采样点数，如 20~30 个点。将式（8.12）代入式（8.13）可得

$$P\left(\mu - \frac{Z\sigma}{\sqrt{2}} \leqslant y \leqslant \mu + \frac{Z\sigma}{\sqrt{2}}\right) \approx r \tag{8.14}$$

对于给定的常量 S，包含 M 的随机间隔 $\mu + S$ 的百分比称为置信区间。通常来说，当置信区间满足 $(100r)\% = 100(1-\alpha)\%$，则采样点数目可表达为

$$n = \frac{Z_r^2 \times \sigma^2}{S^2} = Z_r^2 \times \left(\frac{\sigma}{S}\right)^2 \tag{8.15}$$

式中，Z_r 为随机变量 Y 随概率 r 降低所取的极限值，满足 $N(0,1)$ 的正态分布，即

$$\Phi(Z) = 1 - \alpha/2 \tag{8.16}$$

其常用值包括：$Z_{r=0.95} = 1.960; Z_{r=0.98} = 2.326; Z_{r=0.99} = 2.576$。例如，当均值估计的精度要求为 10%，而置信度要求为 95%，则需要的采样点数据为：$n = Z_r^2 \times \left(\frac{\sigma}{S}\right)^2 = 1.96^2 \times \left(\frac{100}{10}\right)^2 = 384$。

同理，σ 和精度间也存在对应关系。根据 Burington 和 May（1970）所提出的方法，从样本标准偏差估计的方差可以表示如下：

$$\sigma_\sigma^2 = \frac{\sigma^2}{2(n-1)} \tag{8.17}$$

如，$n = \frac{\sigma^2}{2\sigma_\sigma^2} + 1$，具体的，当标准误差估计要求 σ 为 10%，则需要的采样点数目为 51。

Li（1991）对 DTM 精度估算值的变化与需要的采样点数目做了验证：其通过将采样点数目由 100% 到 1%系统性地减少而产生一系列新的点集；这些新的点集被用于评估 DTM 精度并得到用于评估 DTM 精度的新的点集。实验结果验证了式（8.15）和式（8.17），因此，它们可以用于评估所需的检查点。

在上述计算中，检查点被认为是完全正确的，然而，这种条件在现实中不存在。因此，当检查点精度小于模型精度，评估结果毫无意义。这就意味着需要建立检查点需求精度和给定模型评估精度的关系。关于该问题，以下采用标准差来表达精度。

令 ΔH_2 为检查点误差，而 ΔH_1 表示正式高程差，则

$$\Delta H = \Delta H_1 + \Delta H_2 \tag{8.18}$$

将误差传播定律应用于式（8.18），则得到

$$\sigma^2 = \sigma_{\Delta H_1}^2 + \sigma_{\Delta H_2}^2 \tag{8.19}$$

至此则需要确定关键的 $\sigma_{\Delta H_2}^2$ 使 σ 在表达为 $\sigma_{\Delta H_1}^2$ 时有效。为此，式（8.17）可表达为

$$\sigma_{\sigma_{\Delta H_1}}^2 = \frac{\sigma_{\Delta H_1}^2}{2(n-1)} \tag{8.20}$$

则由 $\sigma_{\Delta H_1}$ 表达的 σ 有效范围为

$$\sigma_{\Delta H_1} - \frac{\sigma_{\Delta H_1}}{\sqrt{2(n-1)}} \leqslant \sigma \leqslant \sigma_{\Delta H_1} + \frac{\sigma_{\Delta H_1}}{\sqrt{2(n-1)}} \tag{8.21}$$

则

$$\sigma^2 = \sigma^2_{\Delta H_1} + \frac{\sigma^2_{\Delta H_1}}{2(n-1)} = \frac{(2n-1)}{2(n-1)} \sigma^2_{\Delta H_1} \qquad (8.22)$$

结合式（8.22）和式（8.19）可得

$$\sigma^2_{\Delta H_2} = \frac{\sigma^2}{2n-1} \qquad (8.23)$$

或

$$\sigma_{\Delta H_2} = \frac{\sigma}{\sqrt{2n-1}} = \frac{1}{\sqrt{2n-1}} \times \sigma \qquad (8.24)$$

最后，考虑检查点的分布，Li（1991）通过密度测试验证随机分析和均匀分布（如格网分布）的优劣。在 8.3 节中使用了 2 个试验区，试验区中的检查点数分别为 1892个和 2314 个。从每个检查点集中随机提取 15 个分别包含 500 个点的子集，选择的随机性通过使用一组由计算机生成的均匀分布随机数实现，且随机数范围由原始采样点数据确定。正如所预估的结果，15 组精度估计结果存在差异，但却均符合允许的误差范围，因此，可以确定在全局范围随机选择检查点的方法是有效的。

8.3 数字高程模型之精度与格网间距的关系：经验模型

这一节讨论 DEM 精度与格网间距的关系，主要考虑正方形格网数据这种重要的数据类型。这种数据与特征数据结合后可产生两种数据模型：格网数据、格网数据附加地形特征（F-S）数据。因此相应的精度分析将集中在格网 DEM 精度，以及附加特征数据后 DEM 精度的提高上。本节首先介绍通过实验数据所得的经验模型（Li，1992）。

8.3.1 考虑实验数据

本实验地区主要为 ISPRS 第三委员会第三工作组进行 DEM 实验中的三个，分别为Uppland（瑞典）、Sohnstetten（德国）和 Spitze（德国）。这三个地区的基本情况列于表8.2 中，图 8.4 为这些地区的等高线地图，其中包含了加入到实验数据中的 F-S 数据。Uppland 地区相对平坦，有数个山堆分布其中。Sohnstetten 地区有一条山谷从中间穿过，因此大部分的 F-S 数据点都分布在峡谷边界之上。在 Spitze 地区的右边有一条道路，因而 F-S 数据点都沿这条道路所产生的断裂线分布。

表 8.2 测试地区描述

测试地区	地形描述	高程范围/m	平均坡度/(°)
Uppland	农田与林地	7~53	6
Sohnstetten	适中高程的丘陵	538~647	15
Spitze	平缓地形	202~242	7

这三个地区的实验数据在一台蔡司 Planicomp C-100 解析测图仪上测量，包括航测等高线数据、格网数据及一些 F-S 数据。表 8.3 给出了有关这些格网数据与等高线数据的一些信

息。检查点通过摄影测量方法在更大比例尺的像片上量测得到，其相关数据列于表 8.4 中。

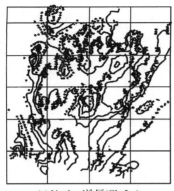
(a) Uppland地区(CI=5m)

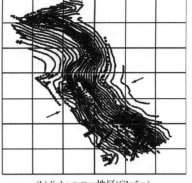
(b) Sohnstetten地区(CI=5m)

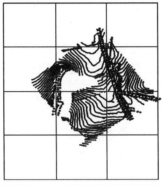
(c) Spitze地区(CI=1m，空白区域因量测困难没有数据)

图 8.4 测试地区的等高线地图
以航空摄影测量方法获取，包含 F-S 数据

表 8.3 测试数据描述

参数	Uppland	Sohnstetten	Spitze
像片比例尺	1：30000	1：10000	1：4000
航高（H）	4500m	1500m	600m
格网间距	40m	20m	10m
格网数据精度	±0.67m	±0.16m	±0.08m
等高距（CI）	5m	5m	1m
平均平面等高线间距	48m	9m	8m
等高线数据点间距	10.4~22.5m	3.7~19.8m	5.4~9.2m
等高线数据精度	±1.35m	±0.45m	±0.18m

注：平均平面等高线间距根据 CI×cotα 计算，α 为平均坡度角；精度以均方根误差表示。

表 8.4 检查点描述

测试地区	像片比例尺	航高/m	检查点数量	RMSE/m	最大误差/m
Uppland	1：6000	900	2314	±0.090	0.20
Sohnstetten	1：5000	750	1892	±0.054	0.07
Spitze	1：1500	230	2115	±0.025	0.05

本实验使用了一个基于三角网的 DEM 程序包，在此程序包中使用了通用的狄洛尼三角网建模方法。程序包把单独等高线当作断裂线处理，并能确保在三角网建成后所有三角形与等高线都不相交，并且任一三角形在一条等高线中最多取两个点。输入数据（等高线数据或格网数据）在程序包中先建立三角网，然后通过三角网构建由相邻线性面元组成的连续表面，最后 DEM 点在三角形面元上内插出来。通过比较 DEM 点与检查点的高程，可得到每一地区的高程残差，由这些残差便可计算出 DEM 的精度估值。此次实验中使用了 RMSE、平均误差（μ）及标准差（σ）等几种随机统计量，这些统计量的可靠性由检查点的特性决定，但在此次实验中由于检查点数量较多，且其精度要远高于DEM 原始数据的精度，因此其对精度估值的影响可忽略不计。

8.3.2 数字高程模型精度与格网间距的关系

这一节对根据格网数据建立的 DEM 的精度进行分析，格网数据有附加和不附加 F-S数据两种形式。

此次实验为了获取不同的格网间距，采用了从原始数据中以不同形式对格网点进行选择的方法。对每一格网点，如果选择格网对角线上的两个点，则生成的新格网数据与原始格网的数据相比，方向旋转了 45°，格网间距变为原间距的 $\sqrt{2}$ 倍，如果隔行和隔列选择格网点，则格网间距变为原间距的 2 倍。

表 8.5 列出了在不同格网间距下 DEM 的精度，以及附加 F-S 数据后这些精度值的变化情况。精度值的计算是通过将格网数据高程值与检查点的高程值进行比较来进行的。

表 8.5   DEM 精度与格网间距的关系

测试地区	格网间距/m	标准差 σ/m		σ 的差异/m	格网间距比
		无 F-S 数据	有 F-S 数据		
Uppland	28.28	0.63	0.59	0.04	1.000
	40	0.76	0.66	0.10	1.414
	56.56	0.93	0.70	0.23	2.000
	80	1.18	0.80	0.38	2.828
Sohnstetten	20	0.56	0.40	0.16	1.000
	28.28	0.87	0.55	0.32	1.414
	40	1.44	0.77	0.67	2.000
	56.56	2..40	1.08	1.32	2.828
Spitze	10	0.21	0.14	0.07	1.000
	14.14	0.28	0.15	0.13	1.414
	20	0.36	0.16	0.20	2.828

从表 8.5 中可以看出，当附加 F-S 数据后，DEM 精度值有很大的提高，并且似乎证实了 Ackrmann（1980）提出的 DEM 精度与格网间距呈线性关系的论断，不过只有当附加 F-S 数据时这种关系才表现出来，当没有 F-S 数据时，对应的关系曲线表现为抛物线形状。图 8.5 分别显示了 Uppland 与 Sohnstetten 地区 DEM 精度与格网数据之间的关系，从中可清楚地观察到这种线性与非线性的关系。

将表 8.5 中的值进行比较，可以发现在根据附加和无附加 F-S 数据的格网数据建立的DEM 的精度之间一些内在的关系，这种比较可以以回归分析的方式进行（Li，1990，1992）。

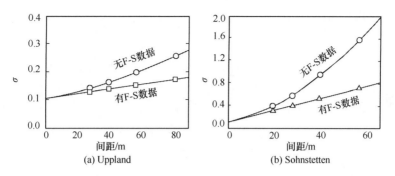

图 8.5 DEM 标准偏差值随格网间距的变化

8.3.3 附加地形特征数据后数字高程模型精度的提高

本书试图从另一个角度来说明这种关系。如果将两种 DEM_σ 值之间的差异与格网间距 d 之间的关系表现出来，则可以使用如下的数学模型：

$$\Delta\sigma = \sigma_r - \sigma_c = A + B \times d^2 \tag{8.25}$$

式中，d 为格网间距；A 与 B 为两个常数；σ_c 与 σ_r 分别为附加或不附加 F-S 数据的 DEM 的标准偏差；$\Delta\sigma$ 为这两个标准偏差之间的差值。

这个模型并非随意选择，它是对基于附加或不附加 F-S 数据的 DEM 进行理论分析后得出的（Li，1994）。

表 8.5 中的 $\Delta\sigma$ 值绘于图 8.5 之中，其中的曲线是使用式（8.8）对 $\Delta\sigma$ 进行回归分析而解求出来的（S 地区的数据因只有 3 个点而没有使用），对应两曲线（图 8.6 中的 L_1 和 L_2）的 A 值趋近于 0，因而这种情况下有

$$\frac{\Delta\sigma_2}{\Delta\sigma_1} = \frac{d_2}{d_1} \tag{8.26}$$

此时 d 为格网间距；$\Delta\sigma_1$ 和 $\Delta\sigma_2$ 分别为对应 d_1 和 d_2 的差值。

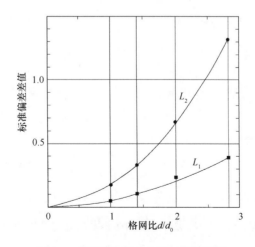

图 8.6 格网增加比与 DEM 精度差异

在附加与不附加 F-S 数据的格网数据所建立的 DEM 的精度之间的差值之间的关系；圆点或方形点代表测试结果，连续曲线为进行回归分析后计算出来的结果；L_1 和 L_2 为 QUADRATIC 曲线，分别代表 Uppland 和 Sohnstetten 地区；d/d_0 为格网间距除以最小格网间距后的比值

8.4 基于格网采样的数字高程模型之精度：理论模型

在前一节我们介绍了一个经验模型，而本节则介绍一个理论模型（Li，1993b）。

8.4.1 参数的选定

在地形表面的各种特征中，坡度被认为是最重要的描述因子，在测绘实践中具有广泛的用途。因此在本章推导理论模型的过程中，坡度与波长（地表在水平方向的变化）结合起来以描述地形表面。

在 8.2 节中提到，直接建模方式可以避免因内插带来的地貌表达可信度的损失而导致整个推导的复杂性。因此本章仅考虑该建模方式。

格网节点的误差可以以方差 σ_{nod}^2 和协方差的形式来表达。实际上，摄影测量量测数据之间的协方差是很难确定的，因此在实践中通常不予考虑。在此次模型推导过程中也不考虑协方差。

对数据分布而言，这里只考虑一种特殊结构的数据即正方形格网数据，因为这种数据仍是使用最为普遍的数据。另外特征点、线加入到正方形格网数据后可形成混合数据，对这种数据在此次推导中也将予以考虑，但将忽略数据分布中的另外两个因素，即位置和方位。

在正方形格网数据的情况下，格网间距（以 d 表示）显然是表达原始数据密度的一个合适选择，即使在混合数据的情况下，它仍然具有代表性。因此在研究数据密度对表面精度的作用时将具体考虑格网间距的影响。

对于 DEM 表面，许多研究者已认识到，线性表面具有最小的歧义性，因此这种表面被作为典型的表面类型在本章模型推导中使用。

综上所述，在本章对 DEM 表面精度的研究中将考虑：使用直接线性建模方法从格网量测数据传递过来的误差和地形表面的线性表达导致的精度损失。

8.4.2 线性建模过程中的误差传播

正方形格网的线性建模方式意味着以连续的双线性面元来表达地形表面，此后双线性表面上某一点的高程便可通过内插计算出来。

当讨论线性建模方法的误差传播时，首先应该考虑的是剖面上的误差传播。如图 8.7，假设点 A 和点 B 是间距为 d 的两格网节点，点 I 是 AB 之间需内插的点。如果从点 I 到点 A 的水平距离是 Δ，则

$$H_i = \frac{d-\Delta}{d} H_a + \frac{\Delta}{d} H_b \tag{8.27}$$

式中，H_a 和 H_b 分别为点 A 和 B 的高程；H_i 为点 I 经内插计算后的高程。如果点 A 和 B 的量测精度以方差 σ_{nod}^2 表示，则点 I 从两格网点传递过来误差 σ_i^2 可表示为

$$\sigma_i^2 = \left(\frac{d-\Delta}{d}\right)^2 \sigma_{\text{nod}}^2 + \left(\frac{\Delta}{d}\right)^2 \sigma_{\text{nod}}^2 \tag{8.28}$$

式（8.27）是在双线性表面某一边特定位置上点的精度表达式（以方差的形式表示），但

这里感兴趣的是可作为此 DEM 剖面表征值的沿线段 AB 所有可能点的总体平均值。此时这些点到图 8.7 中 A 点的水平距离（式（8.28）中的 Δ）应被看作一变量，其变化范围从 0（在点 A 处）到 d（在点 B 处）。因此在点 A 和点 B 之间所有点的平均方差为

$$\sigma_S^2 = \frac{1}{d}\int_0^d\left(\left(\frac{d-\Delta}{d}\right)^2\sigma_{\text{nod}}^2 + \left(\frac{\Delta}{d}\right)^2\sigma_{\text{nod}}^2\right)\mathrm{d}\Delta \tag{8.29}$$

式中，σ_S^2 为格网间距为 d 的剖面上的所有点从原始数据（格网节点）所传播过来的总体平均误差。

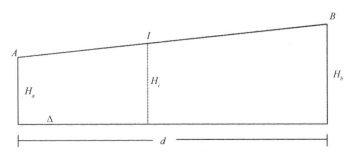

图 8.7　在点 AB 之间对点 I 的线性内插

对剖面上点的总体精度来说，还需考虑因线性表达地形表面而导致的精度损失，从而可得到下面的公式：

$$\sigma_{\text{Pr}}^2 = \sigma_s^2 + \sigma_T^2 = \frac{2}{3}\sigma_{\text{nod}}^2 + \sigma_T^2 \tag{8.30}$$

式中，σ_T^2 为以方差形式表示的因线性表达地形表面而导致的精度损失（对此后面有具体的讨论）；σ_{nod}^2 为格网点的精度；σ_{Pr}^2 为在间距为 d 的剖面上的 DEM 点的总体精度。

在双线性表面的情况下，点的内插在两个相互垂直的方向上进行。假设点 A，B，C 和 D 为四个节点，点 E 为需内插的点（图 8.8）。首先在线段 AB 和 DC 上使用式（8.27）内插点 I 和 J，然后在 IJ 之间内插点 E，也即

$$H_e = \frac{d-\varepsilon}{d}H_i + \frac{\varepsilon}{d}H_j \tag{8.31}$$

式中，ε 为点 E 到点 I 的水平距离；H_e，H_i 和 H_j 分别为点 E，I 和 J 的高程。

式（8.27）再次表达了沿间距为 d 的剖面上的线性内插，它与式（8.23）并没有实质的区别，因此可以仿照对式（8.23）的推导得到与式（8.25）相似的公式。然而图 8.8 中点 I 和 J（与点 I 对应）的精度与点 A，B，C 和 D 的精度并不相同，其实际精度值随点 I 和 J 在两节点间位置及地形表面特征的变化而变化。因此式（8.30）所表达的平均值 σ_{Pr}^2 应作为图 8.8 中点 I 和 J 的精度值。另外对剖面 IJ 来说也存在因线性表达所带来的精度损失，因而与式（8.29）对应可得到从线性表面上所获取的内插点的精度：

$$\sigma_{\text{surf}}^2 = \frac{2}{3}\sigma_{\text{Pr}}^2 + \sigma_T^2 \tag{8.32}$$

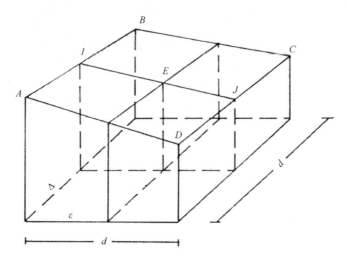

图 8.8　使用四个节点（A，B，C 和 D）对点 E 的双线性内插

将式（8.26）代入到式（8.28）中，可得到如下表达式：

$$\sigma_{\text{surf}}^2 = \frac{2}{3}\left(\frac{2}{3}\sigma_{\text{nod}}^2 + \sigma_T^2\right) + \sigma_T^2 = \frac{4}{9}\sigma_{\text{nod}}^2 + \frac{3}{5}\sigma_T^2 \tag{8.33}$$

式中，σ_{surf}^2 为双线性表面上点的精度平均值；σ_{nod}^2 为节点的精度；σ_T^2 为线性表达地形剖面而导致的精度损失，所有精度均以方差的形式表示。

比较式（8.26）与式（8.29）可以看出式（8.29）中 σ_{nod}^2 的系数要比式（8.26）中的对应值小，这是因为与剖面内插相比，双线性内插使用了更多的格网节点。举例来说，当内插点位于四个节点的中间时，四节点高程的平均值即内插点的高程，此时内插点的精度为（1/4）σ_{nod}^2；而当内插点在剖面的中点时，内插点的高程是两节点的平均值，其精度为（1/2）σ_{nod}^2，显然前者的精度是后者的两倍。

8.4.3　地形表面的线性表达导致的精度损失

有关 DEM 表面的精度模型的一般形式已由式（8.29）表达。在此模型的整个推导过程中，有两个问题需要解决：①格网节点的精度（σ_{nod}^2）；②地形表面的线性表达导致的精度损失（σ_T^2）。σ_{nod}^2 的估计并不困难，如在摄影测量的静态量测模式下，解析测图仪的精度为 $0.07H$‰~$0.1H$‰，精密模拟测图仪的精度为 $0.1H$‰~$0.2H$‰，而动态量测模式下的精度期望值为 $0.3H$‰。因此下面的问题是如何取得 σ_T^2 的合适估值。

1）确定 σ_T^2 的策略

地表形状显然随位置的不同而变化，因此不可能用解析的方式来描述地形的变化，特别对较小的局部偏离更是这样。对这些特征只能用统计的方法来处理。

在以线性方式建立地形表面模型的情况下，σ_T^2 应该表示地形表面与通过没有误差的节点所建立的线性面元（DEM 表面）之间所有高程差值（δh）的标准偏差。在这样的情况下，δh 是一随机变量。按统计学的观点，对某一随机变量，不管它服从何种分布，其 σ 值（此处指 σ_T）总可以作为表征其离散度的一个重要指标，用数学形式表达即为

$$(|\delta h - \mu| \leq K\sigma_T) \geq f(K) \tag{8.34}$$

式中，μ 为平均值；K 为常数；$f(K)$ 为 K 的函数，其中 K 的取值范围为 0~1。假设 δh 服从正态分布，且 K 取值为 3，则 $f(K)$ 等于 99.73%，这意味着对正态分布而言，δh 的值在 $-3\sigma + \mu$ 到 $3\sigma + \mu$ 之间的概率为 99.73%。因为此概率值如此之大，以致在误差理论中，3σ 被认为是最大可能的误差，任何大于此值的误差都被认为是粗差。因此按实际的误差理论，使用下列表达式应该是比较合适的：

$$\sigma_T = \frac{E_{\max}}{K} \tag{8.35}$$

式中，σ_T 为线性表达地形表面导致的精度损失；$E_{\max}$ 为可能的最大误差（对此后面将有具体的讨论），K 与式（8.34）中的 K 相同，其值取决于 δh 的分布，在上述正态分布的情况下，3 被认为是 K 比较合适的取值。

下面的问题是：①估计 $E_{\max}$；②取得 K 的适当值。

2）线性表达的误差极值 $E_{\max}$

为分析 δh 的可能极值，需要考虑在极限情况下地形剖面的一些可能形状。既然只检查了极限的情况，那么有些分析可能并不符合实际的地表状况。

图 8.9 显示了在点 C 处可能出现最大误差的两种情形，此时地形特征相同，但节点的位置不同，最大误差是由于断裂线或其他地理结构导致坡度突变而引起的。如果与这种结构有关的完整描述信息不能得到的话，就有可能产生非常大的误差。这种误差的值 E_b 随着地形特征本身的性质而变化，因此不能通过分析的方法来估计，只能通过量测得到。

图 8.10 显示了在只有规则格网被采样（也就是不包含特征点）的情况下，位置不同的节点在 C 点处的最大正误差。这个误差的出现是由于没有选择局部最大值与最小值，或者说没有量测特征点与沿特征线上的点而引起的。在图 8.10（a）中，点 C 位于两节点中心，此时 E_r 的最大可能误差可由下式计算：

$$E_{r,\max} = CB = \frac{1}{2}d\tan\beta \tag{8.36}$$

式中，$E_{r,\max}$ 为在这种情况下的最大可能误差。最大负误差的计算与此类似。

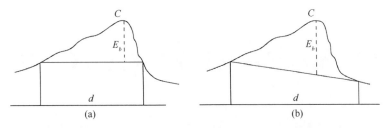

图 8.9　格网在不同位置时由于对地形断裂结构线性表达可能导致的最大误差

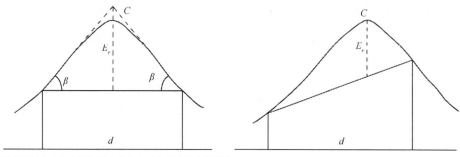

(a) 表明当格网节点包含局部最大最小点时出现的最大误差值　　　　　(b) 表明E_r随格网位置的变化

图 8.10　不包含特征数据的格网节点在不同位置对地形线性表达可能导致的最大误差

图 8.11（a）显示了含有特征点的凸形坡面上格网数据所产生的误差。这个图并不包含凹形和凸形坡面上的所有点，因为即使在那种为模拟地面测量而在立体模型上进行纯粹的选择采样的情况下，要采集所有的凹点和凸点也是不太可能的。图 8.11（b）是为了方便获取数字估值而对图 8.11（a）的变形夸张，其中点 C 表达了凸形坡面取得误差极值的情形。线段 AB 是线性结构的剖面，角 CAD 是点 A 处的坡度角（以 β 表示），线段 CE 是 C 点处的可能误差，因此

$$CE = CF - EF = X\tan\beta - \frac{X^2 \tan\beta}{d} \tag{8.37}$$

图 8.11（c）表示 E_c 随格网位置的变化。下一步需要做的事情是针对点 C 的不同水平位置求出 CE（图 8.11（b））的最大值。如果令 CE 的一阶导数为 0，则 CE 取最大值时点 C 的位置由下式决定：

$$\frac{\mathrm{d}(CE)}{\mathrm{d}X} = \tan\beta - \frac{2X\tan\beta}{d} \tag{8.38}$$

从式（8.38）可以看出 $X = d/2$ ，将此值代入式（8.34）中并以 E_c 代替 CE 则有

$$E_{c,\max} = CB = \frac{1}{4} d\tan\beta \tag{8.39}$$

由此可见混合数据的最大极值是简单格网数据（不包含特征值）最大极值的一半。对混合数据来说线性表达导致的最大误差就是 $E_{c,\max}$，但在只有格网数据时，情况就变得比较复杂。

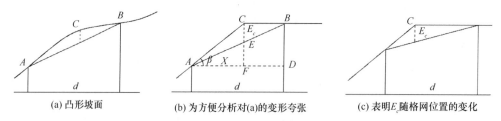

(a) 凸形坡面　　　　　(b) 为方便分析对(a)的变形夸张　　　　　(c) 表明E_c随格网位置的变化

图 8.11　普通地形坡面的线性表达可能的最大误差

3）关于 $E_{\max}$ 和 σ 的实际考虑

前面区分的三种极值属于三类不同的分布，E_b 适用于横跨断裂地形结构的格网，E_r

与山顶点、山脊线和峡谷等地形周围的格网点有关，而 E_c 用于一般的地形特征，因而适用于格网分布的所有其他情形。假设包含 E_c、E_r 和 E_b 的格网比值分别为 $P(c)$、$P(r)$、$P(b)$，则

$$P(c) + P(r) + P(b) = 1 \qquad (8.40)$$

对混合数据来说，$P(r)$ 和 $P(b)$ 都为 0，而规则格网数据只需要考虑 $P(r)$ 和 $P(b)$。如果没有断裂结构，如图 8.9 所显示的那样，则 $P(b)$ 为 0。否则，$P(b)$ 可以通过断裂结构地形范围内的格网点高程估计出来。

同样，$P(r)$ 的估计也并不是一件容易的事情，对较小的区域，只能简单地计算跨越山脊和峡谷的格网点数目除以总格网数目的值，因为除此之外并没有其他更好的方法。对大的区域可使用别的替代方法，此时 $P(r)$ 的值直接与地形变化的波长有关（图 8.12），然而山体（以等高线表示）的平面形状是各不相同的，即使对同一座山，如果剖面取不同的方向，波长也会不同。因此对波长作大致的估计（如平均值）是有必要的。波长的平均值可由下式来估计：

$$\lambda = 2H \cot \alpha \qquad (8.41)$$

式中，H 为平均相对高程；α 为平均坡度角；λ 为平均波长。所有这些值都取自整个建模区域（图 8.12）。实际上，局部地形起伏的平均值（最大高程与最小高程差值的一半）可用以表示 H，因此

$$\lambda = (H_{\max} - H_{\min}) \cot \alpha \qquad (8.42)$$

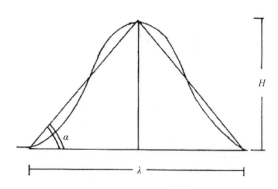

图 8.12　波长 λ 的估计

H 指高程变化的平均值

一旦 λ 的估值确定，就可以计算 $P(r)$ 的值。在一个剖面方向上单个波长的波峰和波谷都会出现，因此对有两个互相垂直剖面方向的格网点来说，E_r 的出现频率为

$$P(r) = \frac{4d}{\lambda} \qquad (8.43)$$

式中，λ 为平均波长；d 为格网间距；$P(r)$ 为 E_r 的出现频率。一个理想化的图形如图 8.12 将有助于对 $P(r)$ 估值的理解。在这个例子中，总的正方形格网的数目是 $1.5\lambda/d \times 1.5\lambda/d$。假设沿两个方向的所有剖面都与此相同，则可能包含 E_r 的正方形格

网总数目如图 8.13 中所标记的一样，大约等于 $1.5\lambda/d$，因此 $P(r)$ 为 $4d/\lambda$。然而更重要的是考虑大小为 λ 的地区，图 8.13 表明了在此单位面积内为 $P(r)=\dfrac{4d}{\lambda}=d(4\lambda/\lambda^2)$，此时 4λ 等于此单位面积的周长，λ^2 表示其面积，因此，下式对估计 $P(r)$ 可能更为通用和恰当：

$$P(r)=Q \qquad (8.44)$$

式中，Q 为最低等高线的周长与最低等高线所包围的面积之比。式（8.44）可能对在地图上表现为规则形状的等高线的 $P(r)$ 的计算非常有用。

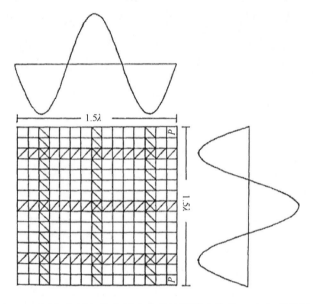

图 8.13　对包含局部最大最小点的格网节点比值 $P（r）$ 的估计

因此对根据格网数据（不含特征数据）所建立的线性 DEM 表面，其 σ_T 可由下式计算：

$$\sigma_T=\frac{P(r)E_{r,\max}+P(c)E_{c,\max}+P(b)E_{b,\max}}{K} \qquad (8.45)$$

或许从统计学的观点来说，上式作为平均值计算公式的理由并不充分，因为 E_b、E_r 和 E_c 属于三种不同的分布。然而，在 DEM 实践中根本就不可能真正区别这三种类型的误差，估值也总是从包含所有类型误差的采样数据中计算出来，因此上面的式子应该说是适当的。

实际上，E_b 极少出现，即使出现，也以正常方式处理。因此，可以将式（8.45）中的 E_b 忽略，也即

$$\sigma_T=\frac{P(r)E_{r,\max}+P(c)E_{c,\max}}{K}=\frac{P(r)E_{r,\max}+(1-P(r))\,E_{r,\max}}{K} \qquad (8.46)$$

最后需要确定 K 的值。

关于 K 值的估计，如果线性表达导致的误差其分布已知，则 K 值的估计就比较容易了，但问题是误差服从什么分布并不知道。在有些情况下，它似乎服从正态分布，但在另外的情况下又似乎不是。在误差理论中对正态分布的一般假设也不一定适用，因而 K 值取 3 不一定正确。

从理论的观点来看，根据切比雪夫定理，不管误差服从什么分布，任一误差在 $-4\sigma + \mu$ 到 $4\sigma + \mu$ 范围内的概率至少为 94%。地形建模中误差分布比较接近正态分布，因此上述概率值会更大一些，所以 K 值取 4 应该是比较合适的。

通过对作者所做实验结果的分析，如果大于 4σ 的误差出现的频率在 0.25%~0.30%，则 K 值可以取 4。实验结果从 74 次测试（使用 74 组不同数据）中得到，每次测试有至少 1500 个以上的误差（指检查点处的残差），且所有测试并不集中在一个地区。残差与 σ 稍有不同，前者受格网节点与检查点误差的影响，但因为在这些测试中检查点的精度很高，因此它们与 σ_T 相比影响较小，从而可以认为这些结果反映了真实的情况。尽管在这些测试中采样范围有限，且不一定具有很好的代表性，但它们仍然有助于对误差分布的理解。因此不管是从理论还是从实践的角度来看，式（8.46）中的 K 取 4 都是有足够理由的。

8.4.4 数字高程模型精度模型的数学表达式

前面的讨论表明，不含特征数据的格网数据以线性方式建立数字地面模型导致的精度损失可以写为

$$\Sigma_{T,r} = \frac{E_{c,\max}}{K}\big(1 - P(r)\big) + \frac{E_{r,\max}}{K}P(r) = \frac{d\tan\alpha}{4K}\big(1 - P(r)\big) + \frac{d\tan\alpha}{2K}P(r)$$
$$= \frac{d\tan\alpha}{4K}\big(1 + P(r)\big) = \frac{d\tan\alpha}{4K}\left(1 + \frac{4d}{\lambda}\right) \tag{8.47}$$

在混合数据情况下此值为

$$\sigma_{T,c} = \frac{E_{c,\max}}{K} = \frac{d\tan\alpha}{4K} \tag{8.48}$$

将式（8.47）和式（8.48）代入式（8.46）中，则混合数据与格网数据（不含特征数据）线性建立的 DEM 其精度损失分别为

$$\sigma_{\text{surf}/c}^2 = \frac{4}{9}\sigma_{\text{nod}}^2 + \frac{5}{48K^2}(d\tan\alpha)^2 \tag{8.49}$$

$$\sigma_{\text{surf}/r}^2 = \frac{4}{9}\sigma_{\text{nod}}^2 + \frac{5}{48K^2}(1 + P(r))^2(d\tan\alpha)^2 \tag{8.50}$$

式中，$\sigma_{\text{surf}/c}^2$ 和 $\sigma_{\text{surf}/r}^2$ 分别为混合数据与格网数据（不含特征数据）建立的数字高程模型的精度；σ_{nod}^2 为格网节点的量测误差；K 为常数（其值取决于地形表面的特性，大致为 4）；α 为平均地面坡度；$P(r)$ 为包含 E_r 的格网节点所占的比值。

在此所有的公式推导都已完成，式（8.45）可进一步写为

$$\sigma_{\text{surf}/c} = \frac{2}{3}\sigma_{\text{nod}} + \frac{\sqrt{5}}{\sqrt{48}K}(d\tan\alpha) \tag{8.51}$$

$$\sigma_{surf/r} = \frac{2}{3}\sigma_{nod} + \frac{\sqrt{5}}{\sqrt{48K}}\left(1+P(r)\right)\left(d\tan\alpha\right) \qquad (8.52)$$

在格网间距相对较小的情况下，式（8.46）是式（8.45）一个很好的近似表达式，显然在实践中式（8.51）、式（8.52）使用更为方便。对应图 8.6，斜率与地形坡度有关，Y 轴上的截距与采样精度有关。

8.4.5　对精度模型的实验评估

一旦 DEM 表面的精度数学模型建立起来，就需要对其在实际应用中的效果进行评估，为此使用了三组实验数据。有关这些实验设计与实施的细节，以及获取的结果及其分析，在 Li（1992）中给出。这里需要指出的一点是实验的结果通过一基于三角网的程序包得出，也就是说 DEM 表面由三角形面元而不是连续的双线性面元构成，从这一点来说这个评估是不具有代表性的，但其结果仍然有助于对这些数学模型适用性的认识。

实验所选择的测试地区分别为 Uppland、Sohnstetten 和 Spitze，8.3 节对这些地区的情况有简单的介绍。这些地区与此次评估有关的数据分别为：平均坡度为 6°、15° 和 7°（根据摄影测量等高线数据计算）；量测数据精度为 0.67m、0.16m 和 0.08m（以标准偏差表示）；波长为 470m、214m（测试地区宽度）和 300m（测试地区宽度）。另外，在 Spitze 地区沿道路两边各有一个陡坡，其断裂线的值在 0.5~3m，平均值为 1.25m，因此 E_b=1.25m。

使用这些估值，便可利用式（8.51）和式（8.52）进行理论精度预测。表 8.6 列出了预测值与实验结果的比较，从中可清楚地看出有些地区的预测值过高，而另外一些地区预测值又太低，但从总体上看不符值仍在预期的范围内。进一步的研究表明，即使格网间距一样，但如果测试数据原点偏移量或者取向不同，精度也会有较大的差别。例如，Sohnstetten 地区的两组 56.56m 的格网数据标准偏差的最大差值为 0.26m，因此预测值与实验值之间 0.18m 的最大差值也就不足为怪了。

表 8.6　预测精度与测试结果的比较

测试地区	格网间距	格网数据			混合数据		
		预测值/m	测试值/m	差值/m	预测值/m	测试值/m	差值/m
Uppland	28.28	0.54	0.63	−0.09	0.51	0.59	−0.08
	40	0.64	0.76	−0.13	0.56	0.66	−0.10
	56.56	0.85	0.93	−0.08	0.66	0.70	−0.04
	80	1.24	1.18	0.06	0.81	0.80	0.01
Sohnstetten	20	0.63	0.56	0.07	0.45	0.43	0.02
	28.28	0.97	0.87	0.10	0.63	0.56	0.07
	40	1.56	1.45	0.11	0.87	0.78	0.09
	56.56	2.58	2.40	0.18	1.23	1.08	0.15
Spitze	10	0.17	0.21	−0.04	0.12	0.16	−0.04
	14.14	0.25	0.28	−0.03	0.15	0.17	−0.02
	20	0.38	0.35	0.03	0.20	0.18	0.02

上面的实验表明这一节推导的两个精度模型可以得出比较合理的精度预测，这意味着它们可以在实际生产中给出 DEM 精度的概值。如果将结果精度、现实描述性、精确性、普遍性、综合性、实用性和简洁性这 7 个特性作为判断数学模型"优劣"的标准，则可对这些数学模型作进一步的理论分析。

总之，根据规则分布数据建立 DEM 表面的精度模型可以归纳为以下非常一般的形式：

$$\sigma_{\text{surf}}^2 = K_1 \sigma_{\text{nod}}^2 + K_2 \left(1 + K_3 d\right)^2 (d \tan \alpha)^2 \tag{8.53}$$

式中，K_1 为一个常数，约为 4/9；K_2 为一个取决于地形表面特征的常数，约为 5/768；K_3 也是一个常数，对于混合数据为 0，对格网数据约为 $4/\lambda$ 或者最低等高线的周长与面积之比；d 为格网间距；α 为平均坡度。该模型的主要优点是提供了表面精度的一个简单数学表达形式，类似于传统地图的精度模型因此非常便于实际应用，同时用于预测也是可靠的。该模型还能够引导对从 DEM 派生的等高线及其他产品精度数学模型的推导。当然，该模型由于还限于正方形格网数据（包括特征数据）、线性表面、直接建设方法，以及对 K 非常粗略的估计、忽略格网的方向性与位置性差别和非常大的格网间距等情况，因此不可能由此得到绝对的精度预测值。

8.5　数字高程模型之精度与等高距的关系

上一节讨论了 DEM 精度与格网间距的关系，这一节讨论 DEM 精度与等高距的关系，主要考虑等高线数据这种重要的数据类型。同正方形格网数据一样这种数据与特征数据结合后也可产生两种数据模型：等高线数据、等高线数据附加 F-S 数据。因此相应的精度分析将集中在以下两个方面。

（1）等高线 DEM 精度、附加 F-S 数据后精度的提高。

（2）格网 DEM 精度与等高线 DEM 精度的比较。本节使用的实验数据详见 8.4 节。

8.5.1　基于等高线采样与基于格网采用的数字高程模型之精度关系

本节与上一节分别讨论了根据等高线和格网数据建立的 DEM 的精度，这一部分将对这两种精度进行比较（Li，1994）。

为了对两种 DEM 进行比较，首先有必要对不同 DEM 源数据间的数据密度进行比较。在等高线数据的情况下，数据密度以等高距 CI 表示，而在格网数据的情况下数据密度则以格网间距 d 表示。为了在这两者之间进行比较，对等高线数据应使用平面等高线间距（此处以 D 表示）的概念，即

$$D = \text{CI} \times \cot \alpha \tag{8.54}$$

式中，α 为地表的平均坡度值；CI 为等高线距；D 为平面等高线间距。以此次实验中使用的数据为例，对应三个实验区域的平面等高线间距分别为：Uppland 地区 50m，Sohnstetten 地区 20m，Spitze 地区 10m。

如果地形表面一致，那么从理论上说，根据等高距为 CI 的等高线数据建立的 DEM 的精度应与格网间距为 C 的 DEM 的精度相同，原始数据中含有的误差对 DEM 的影响也应该一样。

此时如果对图 8.14 中显示的数据结果进行分析可以发现，Uppland 地区以 σ 表示的根据 5m 垂直等高距建立的 DEM 的精度要远远低于以 50m 间距的格网数据建立的 DEM 的精度，同时与 80m 格网 DEM 精度也不相同。对 Spitze 地区，1m 等高距的 DEM 精度比 10m 格网 DEM 的精度低（即 σ 更大），但高于 14m 格网的 DEM 精度。而对 Sohnstetten 地区来说，5m 等高距 DEM 的精度与 30m 格网 DEM 的精度相同，但还是低于 20m 格网 DEM 的精度。

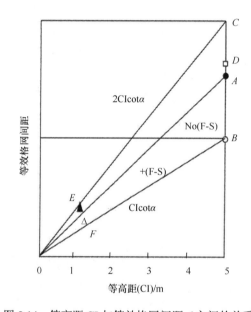

图 8.14　等高距 CI 与等效格网间距 d 之间的关系

点 B 和点 A 分别代表 Uppland 地区附加和不附加 F-S 数据的测试结果；点 D 和 C，点 F 和点 E 分别对应 Sohnstetten 和 Spitze 地区附加和不附加 F-S 数据的测试结果

即使根据式（8.42）将原始等高线数据的精度低于格网数据精度的因素考虑在内，根据等高线数据建立的 DEM 其精度还是低于用式（8.49）、式（8.50）计算出来的相应格网间距 DEM 的精度。从这些有限的结果似乎可以得出与格网间距 d 相应的 D 值应是根据式（8.49）、式（8.50）计算出来的 D 值的 1.2~2.0 倍，出现这种现象可能是因为格网数据比等高线数据分布更加均匀，以及坡度估值不够精确的缘故。图 8.14 也显示出当等高线数据包含 F-S 数据后，K 值降低到了 1.0~1.5 的水平，因此对于 D 和 d 的关系可得出如下结论：

$$d = K \times D = K \times \mathrm{CI} \times \cot\alpha \qquad (8.55)$$

式中，K 值为一常数，当考虑 F-S 数据时它的值在 1.5~2.0，当不考虑 F-S 数据时其值在 1.0~1.5 的范围内。

这个公式在实际生产中具有重要的意义。按国家 1∶1 万地形图的测量规范和对地形的分类，平坦地区的等高距为 1m，平均地面坡度取 2°；丘陵地区的等高距为

2m，平均坡度取 15°而高山地区的等高距为 10m，平均地面坡度取 45°（表 8.7）。由于 DEM 的应用常常不再考虑地形特征，根据式（8.45）可以推算 1：1 万比例尺 DEM 的空间分辨率如果在 7~42m，则 DEM 的精度与常规 1：1 万等高线地形图的精度相当。大量的研究表明，自然地形起伏满足随机分布规律，也就是说高山区和平坦地区只占整个地球陆地面积的很少部分，而绝大部分为丘陵或浅丘陵地区，即地面坡度一般为 2°~25°。由此可以得到关于 DEM 的分辨率与等高距和地面平均坡度之间如图 8.14 所示的关系。

表 8.7　等高距、地面坡度和等价 DEM 的分辨率

等高距/m	1		2		10
坡度/(°)	2		15		45
分辨率/m	28~42		7~11		10~15

根据上述分析，参照国家现有的测量规范我们便可以确定 1：1 万 DEM 的空间分辨率。考虑一般地形情况和各种误差影响，笔者认为主要 DEM 产品的基本格网间距采用 5m 比较合适。这种分辨率的 DEM 产品在精度上将可以满足绝大部分常规 1：1 万比例尺地形图用户的应用要求；同时，一个标准图幅（如 6410m×4620m）的 DEM，数据量约 4M 字节，进一步应用也比较简单。当然，如果同时使用地形特征数据库，则建议采用 10m 的基本空间分辨率，二次应用则相对要复杂一些，并应有配套的专门处理软件。而其他空间分辨率如 1m 和 2m 等的 DEM 则可以作为辅助产品，以满足特殊的应用需要。

另外值得注意的一点是当附加 F-S 数据后，Sohnstetten 地区等高线 DEM 的精度要比 20m 格网 DEM 精度高（即 $K<1.0$）。等高线是在立体模型上采集的，对地形突变、陡峭及高植被等易产生粗差的区域都进行了采集或处理，极大地减少了这些区域对 DEM 精度的影响，附加的 F-S 数据对等高线之间空缺范围进一步补充，因此 DEM 的精度相对较高。并且在未附加 F-S 数据时，等高线数据比格网数据有更多的重要点被丢失了。这或许意味着在相对陡峭和光滑，如与 Sohnstetten 一样的地区，等高线采样是一种比规则格网采样更为可取的采样策略。

8.5.2　数字高程模型精度与等高距的关系

此研究的目的在于确定等高距与最终 DEM 精度之间的关系，以及当 F-S 数据加入到原始数据中时对 DEM 精度的改善程度。

表 8.8 中列出了三个地区根据等高线数据建立的 DEM 的精度，其中 $+E_{max}$ 和 $-E_{max}$ 分别表示正负最大误差。

如果将标准偏差以"每千米航高"误差这种形式来表达，则它们在 0.3~0.6 内。有两个地区此值都要高于 0.3，而 0.3 是动态等高线量测模式下的期望值。出现这种现象的原因可以理解为由于以等高线选择性地表达地形，导致 DEM 模型可信度降低，从而出现了大的误差元素。

对等高线来说，等高距（contour interval，CI）是等高线数据最重要的一个参数，因而也可以作为根据等高线数据建立的 DEM 精度模型中的参数，以对应表示地图精度

表 8.8　等高线数据附加 F-S 数据后 DEM 精度的提高

参数	Uppland		Sohnstetten		Spitze	
	有 F-S 数据	无 F-S 数据	有 F-S 数据	无 F-S 数据	有 F-S 数据	无 F-S 数据
RMSE/m	0.93	1.74	0.35	0.91	0.17	0.27
μ/m	0.47	1.05	0.11	0.22	0.09	0.10
σ/m	0.80	1.39	0.35	0.88	0.15	0.24
$+E_{max}$/m	3.25	5.91	1.73	4.52	0.75	0.94
$-E_{max}$/m	−5.18	−5.18	−2.48	−3.01	0.95	−0.95
σ/H‰	0.18	0.31	0.23	0.59	0.25	0.40
CI/σ	6.25	3.60	4.29	5.68	6.67	4.17
K（式（8.34））	27.7	4.5	21.3	5.9	9.2	4.6
σ 的改善	42.45%		60.23%		37.50%	

的传统表达式。此次实验与等高线 DEM 有关的结果列于表 8.8 中，由结果可得出从摄影测量等高线数据建立的 DEM 其精度为 CI/3~CI/5。如果等高线数据是从现有地图上通过数字化方式获取的，则最终 DEM 的精度肯定要低于前面给出的精度值，因为在数字化过程中，各种复杂的非线性因素如数字化仪误差、地图变形等，都会导致原始数据精度降低，从而对最终 DEM 精度产生影响。

当考虑原始数据中的误差分布时，下面给出模拟传统地图精度规范的经验模型，用于进一步的 DEM 精度分析：

$$\sigma_{DTM}^2 = \sigma_{DCD}^2 + \left(\frac{CI}{K}\right)^2 \qquad (8.56)$$

式中，σ_{DCD} 为数字化等高线数据的方差；CI 为等高线间距；K 和 CI 为常数；σ_{DTM}^2 为以方差表示的 DEM 的精度的平方。

基于对误差传播理论的模拟，尽管由于三角形的形状变化很大，很难给出 C 的确切值，但考虑到三角网 DEM 线性内插中只使用了三个点，因此式（8.43）中 C 取值为 3 应是比较合适的。K 值根据表 8.8 中结果的计算其值为 4.5~5.9。这些结果表明，由于只使用等高线对地形进行选择性表达而导致 DEM 表面可信度降低的误差估值大致在 CI/4~CI/6，具体取值取决于地表特征。

当 F-S 数据加入到原始等高线数据中时，从表 8.8 中可注意到标准偏差由原来的 CI/3~CI/5 降低到 CI/6~CI/5，降低幅度为 40%~60%。一方面，这些结果与 MaKarovic（1972）给出的结果相符，当时他在报告中曾指出当加入 F-S 数据时 DEM 精度提高了 53%。另一方面，在 F-S 数据加入后残差的量值也大为降低了。

如果将附加 F-S 数据后 DEM 的精度也以"每千米航高"误差的形式来表示的话，则此值在 0.2~0.25，而根据式（8.48）计算出来的 K 值此时在 9~28。

由此可见，在 F-S 数据加入到等高线数据中后，DEM 表面的可信度大为提高了。而由于使用等高线和 F-S 数据对地表进行选择性表达而导致 DEM 表面可信度的降低，其相应误差值为 CI/30~CI/10，具体值也取决于地表特征。

参 考 文 献

吴艳兰, 胡海, 胡鹏, 庞小平. 2011. 数字高程模型误差及其评价的问题综述. 武汉大学学报(信息科学版), 36(5): 568~574.

Ackerman F. 1980. The accuracy of digital terrain models. University of Stuttgart.

Blace A E. 1987. Determination of optimum sampling interval in grid sampling of DTM for large-scale application. International Archives of Photogrammetry and Remote Sensing, 26(3): 40~53.

Burington R, May D. 1970. Handbook of Probability and Statistics with Tables. 2nd edition. New York: McGraw-Hill Book Company, 264.

Elfick M. 1979. Contouring by use of a triangular mesh. The Cartographic Journal, 16: 24~29.

Evans I. 1972.Derivatives of altitude and the descriptive statistics. In: Chorley R, Co. Ltd. Spatial analysis in geomorphology. London: Methuen, 17~90.

Frederiksen P. 1981. Terrain analysis and accuracy prediction by means of the Fourier Transformation. Photogrammetria, 36(4): 145~157.

Frederiksen P, Jacobi O, Kubik K. 1986.Optimum sampling spacing in digital elevation models. International Archives of Photogrammetry and Remote Sensing, 26(3/1): 252~259.

Gong J, Li Z L, Zhu Q, Sui H, Zhou Y. 2000. Effects of various factors on the accuracy of DEMs: An intensive experimental investigation. Photogrammetric Engineering and Remote Sensing, 66: 1113~1117.

Kubik K, Botman A. 1976.Interpolation accuracy for topographic and geological surfaces. ITC Journal, 1976(2): 236~274.

Ley R. 1986.Accuracy assessment of digital terrain models. Auto-Carto London, 1: 455~464.

Li Z L. 1988. On the measure of digital terrain model accuracy. Photogrammetric Record, 12(72): 873~877.

Li Z L. 1990. Sampling Strategy and Accuracy Assessment for Digital Terrain Modelling. The University of Glasgow.

Li Z L. 1991. Effects of check points on the reliability of DTM accuracy estimates obtained from experimental tests. Photogrammetric Engineering and Remote Sensing, 57(10): 1333~1340.

Li Z L. 1992. Variation of the accuracy of digital terrain models with sampling interval. Photogrammetric Record, 14(79): 113~128.

Li Z L. 1993a. Theoretical models of the accuracy of digital terrain models: An evaluation and some observations. Photogrammetric Record, 14(82): 651~660.

Li Z L. 1993b. Mathematical models of the accuracy of digital terrain model surfaces linearly constructed from gridded data. Photogrammetric Record, 14(82): 661~674.

Li Z L. 1994. A comparative study of the accuracy of digital terrain models based on various data models. ISPRS Journal of Photogrammetry and Remote Sensing, 49(1): 2~11.

Makarovic B. 1972. Information transfer on construction of data from sampled points. Photogrammetria, 28(4): 111~130.

Mark D. 1975. Geomorphological parameters: A review and evaluation. Geografiska Annaler, 57A: 165~177.

Robinson G J. 1994. The accuracy of digital elevation models derived from digitized contour data. The Photogrammetric Record, 14(83): 805~814.

Tempfli K.1980. Spectral analysis of terrain relief for the accuracy estimation of digital terrain models. ITC Journal, (3): 487~510

Torlegard K, Ostman A, Lindgren R. 1986. A comparative test of photogrammetrically sampled digital elevation models. Photogrammetria, 41(1): 1~16.

第9章 数字高程模型的多尺度表达

本章首先介绍地理空间的尺度概念，然后介绍数字高程模型的多尺度表达的多种方法与生产实践。

9.1 多尺度的概念与理论

"尺度是一个很让人混淆的概念，经常被错误理解，在不同的环境和学科背景下有着不同的含义"（Quattrochi and Goodchild，1997）。同时尺度也是制图学、地理学等地球科学中一个古老的命题。

9.1.1 欧氏空间和地理空间的尺度变化

在地图制图学中，比例尺是尺度另外一种更通俗的说法。地图是按一定的比例尺（如1∶1万，1∶10万）绘制的。当给定一个具有固定大小的区域时，比例尺越大，在地图上所占的（或被绘制成的地图）空间（或面积）也越大。由于地图空间的减少，人们直觉上认为大比例尺地图（1∶1万）上表现的细节层次（levels of detail，LOD）并不能如实反映在小比例尺地图（1∶10万）上，这意味着同一地区的同一地物的在不同比例尺的地图上有着不同的表达。于是制图学中存在多尺度的命题，即如何通过一些诸如简化和选择性省略的操作从大比例尺地图中获得小比例尺地图，这个问题叫做"地图综合"。多尺度问题在地图更新中也存在，即如何从最新更新的大比例尺地图中通过综合获得小比例尺地图。

数字高程模型，作为一种特殊的空间数据，在国家空间数据基础设施中的作用越来越重要。为了满足对大比例尺基础数据集的各种需求，大规模 DEM 数据常常使用大比例尺的数据源并以很高的精度和很高的分辨率进行生产。然而，许多应用更需要使用较小比例尺的 DEM。正如地形图一样，数字高程模型也应有不同的比例尺。的确，数字高程模型的多尺度表达问题已经成为人们十分关注的课题。

在地球科学的不同分支中关于尺度的含义也有不同，以下是一些典型例子。

（1）地图学：用比例尺表示，即指对象在地图上的距离与地表实际之间的比值。

（2）摄影测量学：对模拟像片而言，其尺度的含义与地图的相同；但对于立体模型，尺度是指模型显示与地表实际之间的比值；但对数字影像而言，空间分辨率是空间尺度的标志。

（3）地理学：研究对象的相对大小，即地理环境（或研究范围）和细节等。

（4）社会科学：给出相对数量的程度的等级，如薪水等级等。

根据对地学有关领域文献的分析，可以看出尺度应由一组参数来衡量，如：

（1）研究范围（区域大小、粒度）；

（2）比例尺；

（3）精度；

（4）分辨率等。

根据规范，给定一个比例尺，数字高程模型就应该有相应的精度。如果改变了精度而达不到原比例尺的要求，就只能当作更小比例尺的数据用。同样地，在第8章讲过，改变分辨率也会改变数据精度，从而改变数据尺度。也就是说，任何一个尺度参数的改变都意味着数据尺度的改变。

数字高程模型通常以格网（或栅格）形式表达，而分辨率就是栅格像素的大小，所以用分辨率来衡量数字高程模型的尺度就相当直观和方便。像素（单位尺寸）越大，分辨率越低。这里的分辨率更确切地讲应称为"空间分辨率"，因为空间数据还有其他形式的分辨率（即时态、光谱、辐射分辨率）。

通常情况下，地理空间中的分辨率是尺度的一个指示器，因为"抽象程度"和"细节层次"是对偶的关系。细节程度越高意味着抽象程度越低，抽象程度越高意味着细节程度越低。但是分辨率并不等于尺度。分辨率是指细节层次，而尺度不仅有"抽象层次"的含义，同时也有"感兴趣的相对大小"的含义。图9.1显示了四幅相同比例尺但不同分辨率的图像，表示四个不同的尺度。另外一个例子是数字地图，数字形式的地图可根据需要用不同的比例尺绘制，但数字数据的分辨率是固定的。

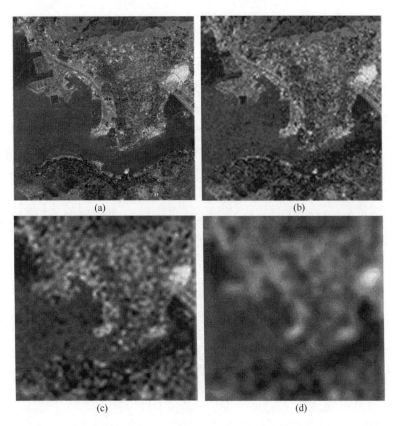

(a)　　　　　　　　　　　(b)

(c)　　　　　　　　　　　(d)

图9.1　四幅图像具有相同比例尺、但不同分辨率，意味着不同尺度

9.1.2 地理空间中的尺度和分辨率

欧氏空间是指欧氏几何中使用的抽象空间。在欧氏空间中，任何对象都有一个整数维，即一个点为 0 维，一条线为 1 维，一个平面为 2 维，一个体为 3 维。尺度的放大（或缩小）会导致 2 维空间中长度增大（或缩短），以及 3 维空间中体积增大（或缩小），但是对象的形状保持不变。图 9.2 是一个在二维欧氏空间中尺度缩小的例子。尺度 2 是尺度 1 缩小 2 倍，尺度 3 是尺度 1 缩小 4 倍，在该变换过程中，对象的周长分别减少 2 倍和 4 倍，对象的大小各自减小 2^2 倍和 4^2 倍。当处在尺度 3 的对象放大 4 倍时，其与初始对象是相同的，也就是说，这种变换是可逆的。

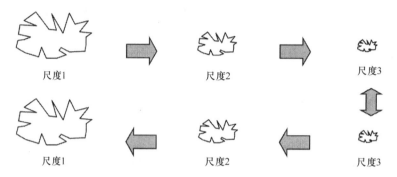

图 9.2 二维欧氏空间尺度缩小示意图（李志林，2002）

但是，在地理空间中维数并不是整数。很早以前就发现，对于不同比例尺地图上的一条海岸线，会得到不同的长度值。如果用于测量的单元大小相同，从小比例尺地图上测得的长度会短些。类似的，如果使用具有不同单位尺寸的尺子来测量一个海岸线，会得到不同的长度值。测量单位越大，测得的数值就越小。一方面，如果量度是在一个宏观的尺度上，若使用一个以"光年"为基本测量单位的尺子，那么用这把尺子测出的任何海岸线的距离都将是零。另一方面，若用一个以纳米（甚至更小的尺寸）为基本单位的尺子，那么可以测量粒子的结构，一个海岸线的长度会超出人们的想象，实际上能达到无穷大。

这里，基本测量单位的大小也可理解为分辨率。这是因为测量的是不同层次的现实（即不同抽象程度的地球表面）。事实上，在较小比例尺下，对象的复杂程度被减小以便适应此比例尺。但当对象的表达从小比例尺放大到原始尺寸时，其复杂程度却不能恢复。图 9.3 说明了在地理空间中尺度的增加，表明在这样的空间中变换是不可逆的（李志林，

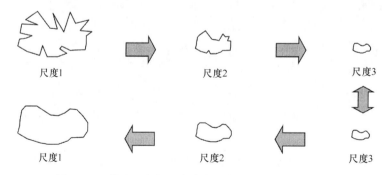

图 9.3 二维地理空间尺度放大示意图（李志林，2002）

2002）。这种现象被认为是由于地理空间的分形特性造成的。为此，分数维的概念被引入（Mandelbrot，1967）到地理空间。在分形地理空间，一条线的维数在 1.0~2.0，一个面的维数在 2.0~3.0。

随着空间分辨率的引入，现在就可以很容易的解释欧氏空间和地理空间的尺度变换之间的区别了。在欧氏空间中，一个对象表达尺寸的减小不会引起对象复杂度的改变。这一点可以这样理解：当对象的表达尺寸被改变时，观测设备的基本分辨率也会按相同的量变化。另一方面，在地理空间中，当尺度减小时对象表达也会相应的变化。这种复杂程度的变化可通过改变对象的尺寸和观测设备基本分辨率之间的关系来实现。有两种方法可以达到这种结果。第一种方法是改变对象的表达尺寸，同时保持观测设备的基本分辨率不变；第二种方法是：①保持对象的表达尺寸不变，但改变观测设备的自然分辨率；②通过在欧氏空间中用简单的缩小来改变对象的被观测对象的尺寸。

9.1.3 多尺度与变尺度概念

目前，多尺度的概念也还没有统一的形式。多尺度可以表达为多分辨率、多比例尺（制图）、变比例尺和变分辨率；此外，细节层次（LOD）也是多比例尺的一种形式。因此，有必要对多尺度不同的形式进行分类。

总体来说，多尺度可以分为以下 4 种形式。

（1）等比例尺、等分辨率；

（2）等比例尺、多分辨率；

（3）变比例尺、等分辨率；

（4）变比例尺、变分辨率。

在上述多重形式表示中，比例尺和分辨率是形式划分所依据的两个参数。在其中任一种形式的表示中，分辨率和比例尺都可以均匀或非均匀地变化，如分辨率的提高（精）或降低（粗），以及比例尺的增大或缩小。由此就可以派生出 9 种变化类型，如图 9.4 所示。

（1）等比例尺、等分辨率（原始表达）；

（2）等比例尺、细分辨率（分辨率缩放）；

（3）等比例尺、变分辨率（分辨率变化）；

（4）小比例尺、等分辨率（比例尺缩放）；

（5）变比例尺、等分辨率（比例尺变化）；

（6）小比例尺、细分辨率（分辨率缩放、比例尺缩放）；

（7）变比例尺、细分辨率（分辨率缩放、比例尺变化）；

（8）变比例尺、变分辨率（分辨率变化、比例尺变化）；

（9）小比例尺、变分辨率（分辨率变化、比例尺缩放）。

其中，变比例尺通常服务于基于视点的可视化应用而不支持数值分析；而变分辨率则通常被用于表达不同的细节层次。在地形分析中，最常用的多尺度表达通常为由分辨率缩放、比例尺缩放得到的小比例尺、细分辨率，以及由分辨率缩放、比例尺变化得到的变比例尺、细分辨率。

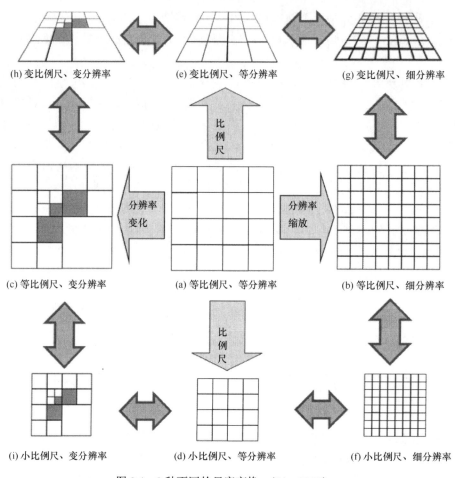

图 9.4　9 种不同的尺度变换　（Li，2008）

9.2　多尺度数字高程模型的表达方法：层次结构

在大范围 DEM 的实时可视化过程中，为了控制场景的复杂性、加快图形描绘速度，广泛使用细节层次模型，即 LOD 模型。LOD 模型是指对同一个区域或区域中的局部，使用具有不同细节的描述方法得到的一组模型（潘志庚等，1998）。

9.2.1　金字塔结构

多比例尺的 LOD 模型等同于 DEM 金字塔，不同的比例尺对应着不同的分辨率，也就是不同的细节层次。金字塔结构在图像处理中最为常用。图 9.5 分别是方格网和三角网的三层金字塔结构，即第三层的四个四边形（或三角形）合成一个第二层的四边形（或三角形）。同样，第二层的四个四边形（或三角形）合成一个第一层的四边形（或三角形）。它们的关系如下：

$$第 n 层四边形三角形个数 = 4^{n-1} \tag{9.1}$$

在同一层的金字塔结构中，四边形的大小是一样的。图 9.6 是格网金字塔 DEM 表达的一例，这里对原始 DEM 作了三个层次的表达。四合一作业时，高程值采用了简单平均值。例如，将第三层中的四个格网的高程值平均后作为第二层中的新格网的高程。

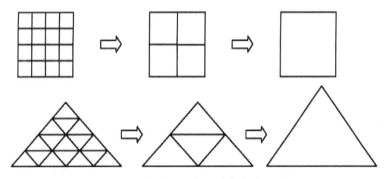

图 9.5　格网和三角网的金字塔表达

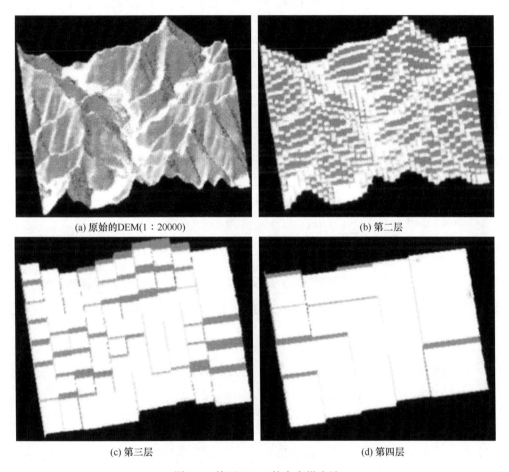

(a) 原始的DEM(1：20000)　　　　　　　　(b) 第二层

(c) 第三层　　　　　　　　　　(d) 第四层

图 9.6　格网 DEM 的金字塔表达

　　简单金字塔的层次概念强调格网大小（尺寸）的层次，即不同比例尺的表达。对于数据库级的多尺度表达，一般直接将不同分辨率的规则格网 DEM 数据通过一体化管理建立金字塔数据库。其中关键问题在于不同分辨率 DEM 数据的自适应度和数据融合。由于数据库级的多尺度表达取决于多分辨率 DEM 数据的获取和数据库管理，已有比较成功的技术。另外，通过 DEM 实时细节分层建立 LOD 模型达到多尺度表达则是 DEM

可视化通用的技术之一。

对可视化而言，最简单的基于规则格网模型的 LOD 生成方法是直接采用网格减少的方法来简化场景，该方法不考虑地形特征、简便易行，但往往因丢失重要的表面特征而产生较明显的视觉误差。当考虑视点的变化时，不同细节模型之间的接边问题也需要妥善处理。其他基于规则四边形格网的简化方法如自适应递归方法、基于顶点移去的方法等因为考虑地形起伏特征，可以产生更加真实的可视化效果。

9.2.2 四叉树结构

简单金字塔结构的不足之处是不管地形复杂与简单，同一层的格网的间距都是一样的。但实际上，有的地方比较复杂，而另一些地方则比较简单。这样，人们就想用大格网来表达简单的地形，而用小格网来表达复杂的地形，以达到保持复杂地形起伏的高逼真度表达。四叉树是一种常用的数据结构，图 9.7 是格网的四叉树表达。事实上，三角形也可用四叉树的方法来表示，图 9.8 是一例。

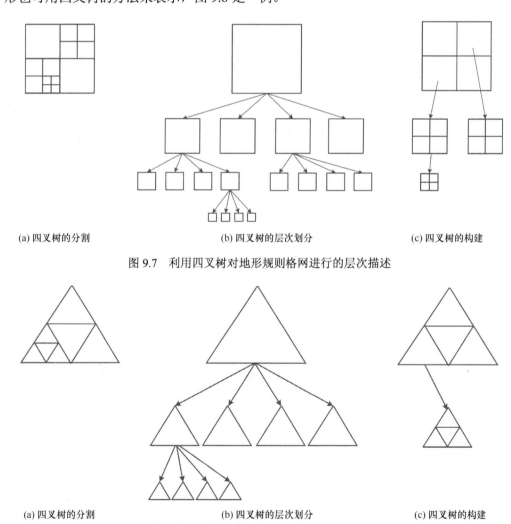

(a) 四叉树的分割   (b) 四叉树的层次划分   (c) 四叉树的构建

图 9.7　利用四叉树对地形规则格网进行的层次描述

(a) 四叉树的分割   (b) 四叉树的层次划分   (c) 四叉树的构建

图 9.8　利用四叉树对地形三角网进行的层次描述

与简单金字塔一样，四合一作业时，高程值也可采用简单的平均。图 9.8 是用四叉树表达的地形层次。这里的层次强调所表达的复杂度的层次，也被称为同一比例尺的层次表达（LOD）。

对可视化而言，同一比例尺的 LOD 模型是为了更加真实和快速地显示三维场景，根据视点的变化将 DEM 的细节分为不同的层次。图 9.9 所示为同一比例尺数据的 LOD 表示。从实时显示的需要看，把尽可能多的细节层次模型预先生成并保存在数据库中是最好的办法。但是，由于数据冗余和数据库存储能力的限制，一般只存储有限层次的 LOD 模型如 3~5 个细节层次，而其他的细节层次模型则采用一定简化算法实时生成。

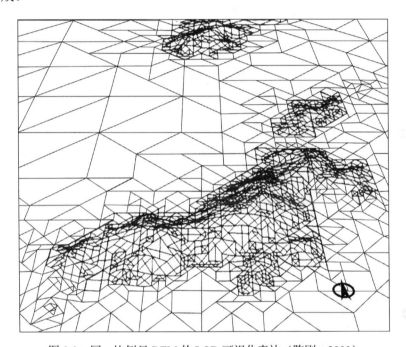

图 9.9　同一比例尺 DEM 的 LOD 可视化表达（陈刚，2000）

9.2.3　二叉树结构

与四叉树类似，二叉树也是一种支持地形 LOD 表达的常用数据结构。二叉树多面向三角形结构表达多层次地形。首先一个格网被分成两个三角形，然后将一个三角形分成两个三角形，再将一个三角形分成两个三角形，继续重复，直到满足条件为止。图 9.10 提供了一个利用二叉树对地形三角网进行的层次描述的示例。与四叉树类似，在二合一转换时，高程值也可采用简单的平均或加权平均值。

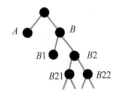

图 9.10　基于二叉树结构的多尺度表达

9.3 基于自然法则的数字高程模型客观综合

9.3.1 多尺度客观表达的理论基础：自然法则

大多数情况下空间物体的分辨率会随着尺度的变化而变化，如果距离物体比较近，即尺度较大，那么将会看到更多的物体细节，相反，如果距离物体比较远，即尺度较小，那么只能看到物体的主要特征，这也就是分辨率随着物体的尺度而变化的规律。因此在大多数情况下，DEM 的多尺度表达与多分辨率表达是一致的，这意味着一定的尺度对应一定的分辨率。例如，在建立国家级的多尺度 DEM 时，每个尺度的 DEM 都有特定的分辨率定义。当然，针对大范围内地形起伏的剧烈变化，同一尺度的 DEM 在不同的地区也会设计不同的分辨率。特别的，大范围地形的无缝实时漫游往往要求根据人眼视觉机理，在不同的观察距离和不同的视角能看到不同的地形细节即不同的分辨率表示。因此对同一尺度的数据进行简化或融合不同尺度的数据以得到同一视场内地形的多分辨率表达也是最基本的要求。

人观察周围物体时，眼睛的分辨率是有限的。也就是说，人只能在一定的分辨率内观察空间物体，超过了这个分辨率人们将看不到物体。如果人们站在不同的高度观察空间物体，将会看到抽象程度不同的地形表面。这就是人眼分辨率有限的缘故：如果视点较高，人眼所能看到的地表物体就越大，而地表却更加抽象。如果通过影像建立立体模型，那么影像分辨率就决定了立体模型分辨率。Li 和 Openshaw（1993）提出了尺度变换自然规律，具体内容为：在一定的尺度中，如果基于空间变换的地理目标的大小低于了最小规定尺寸，那么它就会被忽略而将不再被表达。

即通过忽略掉那些最小可视尺寸内的空间物体的任何变化细节，就能实现空间数据客观的多尺度表达。

图 9.11 为根据自然法则，一个区域在一定尺度下可以变成一个像元，而一片三维起伏地区在某尺度下可变成一个体元。

目前，这一自然法则已经作为空间尺度变换的客观准则。基于此规律，目前已有许多学者进行了各种尺度变化模型研究，如多尺度聚类、地图多尺度表达及 DEM 的多尺度表达。

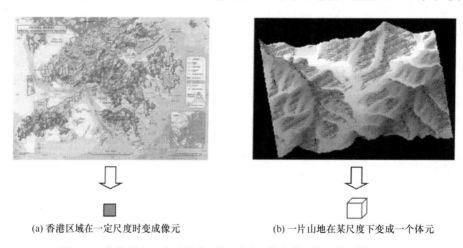

(a) 香港区域在一定尺度时变成像元　　　　(b) 一片山地在某尺度下变成一个体元

图 9.11　在某尺度，忽略最小可视尺寸内的变化，就可达到客观综合

9.3.2 格网式数字高程模型的客观综合

从图 9.6 中可以看出，通过采用金字塔结构合并格网的方法来表达 DEM 时，地表产生了不连续性，严格讲，它仅仅是近似的表达。它的主要目的是为了快速显示。

当我们想从大比例尺 DEM 生产小比例尺 DEM 时，这种方法就不太合适了。也就是说，我们要采用理论上更为严密的方法。以下介绍一种基于自然法则的 DEM 综合方法（Li Z L and Li C M，1999）。

其原理如图 9.12 和图 9.13 所示。首先，根据输出比例尺的大小来计算出在该比例尺下的相应的最小可分辨尺寸。其简单的算法为

$$R_1 = d \cdot S_0 \tag{9.2}$$

式中，S_0 为输出比例尺的分母；d 为一个常数（根据大量的实验表明 d 取 0.6~0.7mm 较好）；R_1 为最小可分辨尺寸。在这里，输入 DEM 的比例尺 S_i 完全被忽略。但事实上，当 S_i 很接近 S_0 时，综合程度应小些。作为一个特例，当 $S_i = S_0$ 时，不应做任何综合。考虑到这些因素，我们将式（9.2）改写成（Li and Openshaw，1993）：

$$R_2 = d \cdot S_0 \cdot (1 - S_i / S_0) \tag{9.3}$$

式中，R_2 的单位为地面长度。然后，我们便将 R_2 转变成格网数：

$$R = \frac{R_2}{D} + 1 \tag{9.4}$$

式中，D 为格网间距，即在最小可分辨尺寸范围内（这里为 3×3），所有的空间变化细节都应被忽略。将最小分辨率模片沿行、列方向移动，便可使整个表面达到综合的效果。

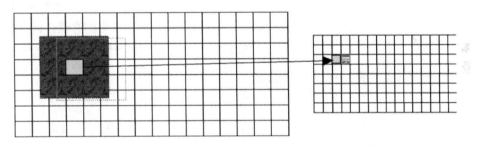

图 9.12　DEM 表面综合时模片在 X 和 Y 方向的移动

图 9.13　DEM 表面综合时高程的综合

将 3×3 格网边线上的格网点高程作平均；细线是原始 DEM，粗线是综合后的 DEM

接下来便是综合，即将一个 $R*R$ 的格网作为一个模片，在 X 和 Y 两方向上移动。每到一个地方，将该模片下的地形综合。综合的方法可以分两种：一种是将整个范围的高程按简单平均或带权平均；而另一种是仅仅将周围的一圈平均。图 9.14 给出了后一种算法的结果。

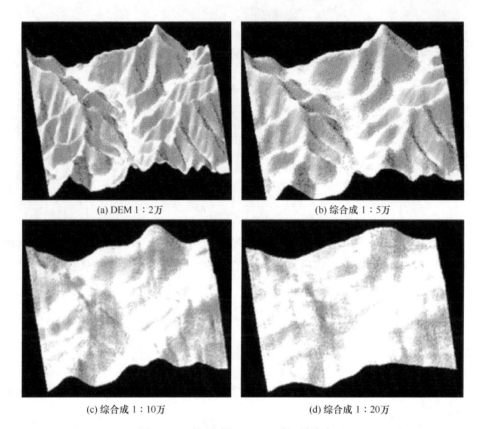

(a) DEM 1：2万　　　　　　　　　(b) 综合成 1：5万

(c) 综合成 1：10万　　　　　　　(d) 综合成 1：20万

图 9.14　不同比例尺 DEM 透视晕渲表示

这里值得一提的是，这种方法跟图像处理中的滤波很相似。它可以每次将模片移动一格（大比例尺 DEM 中的一格），也可以移动多格。这样，每相邻两次的模片位置具有重叠性。这样解决了连续性问题。当重叠度为 0 时，这一方法便退化为简单的金字塔结构。

9.3.3　三角网式数字高程模型的客观综合

在前一节讲基于格网式数字高程模型的客观综合时，我们采用以边长的正方形窗口为最小可视单元。而对于基于三角网的数字高程模型来说，我们仍然可以采用以直径的圆或以边长的正方形窗口，然后忽略里面的所有变化。

过程也跟基于格网式数字高程模型的客观综合类似。将（$R×R$）的正方形或以 R 为直径的圆在每个点上移动，每到一个点，将该窗口下的地形综合而得到窗口的一个新高程值。图 9.15 表示其综合过程。

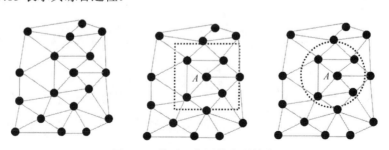

图 9.15　基于三角网的客观综合

9.4　面向地形分析的 DEM 尺度自适应综合

数字高程模型直接面向地质灾害、环境保护、规划、水土保持等实际应用领域，要求为各种尺度、任意尺度应用提供基础支撑数据，需要建立起适应于"多尺度→任意尺度→自适应尺度"的 DEM 数据模型。基于自然法则的综合方法认为：DEM 尺度与人体视觉相关，当视点升高时，观察到的范围逐渐变大，但人眼分辨率不变，因此地表起伏逐渐变得平缓。如果从月球上看地球，地球表面如同球体一样平滑，认为此时垂直尺度可以忽略，事实也是如此。而在许多地理分析中，有些重要的地形特征点和线的高程要求保持不变。本节讨论面向地理分析的高程模型多尺度表达，主要介绍尺度自适应的 DEM 自动综合方法，构建一种自适应应用尺度的多尺度 DEM 结构，以满足不同应用对多尺度地形分析的要求。

9.4.1　自适应尺度 DEM 综合的基本思想

前面提到，在许多地理分析中，有些重要的地形特征点和线的高程要求保持不变。也就是说，当尺度变化时，其他的细节可以简化，但有些重要的地形特征点和线要求保持不变。细节简化通过去除该尺度下不太重要的地形点。所以面向地理分析要求的多尺度表达的基本思想如图 9.16 所示，即首先将地形特征点和线分级，然后将地形特征点和线的级别与地形表达的尺度自适应地关联。Zhou 和 Chen（2011）将根据分级特征的综合称为尺度自适应（scale-adaptive）综合。

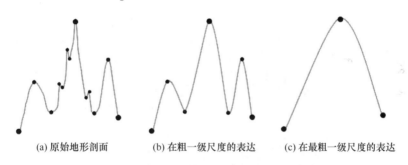

　　(a) 原始地形剖面　　　　(b) 在粗一级尺度的表达　　　(c) 在最粗一级尺度的表达

图 9.16　基于地形特征点分级的多尺度表达

数字高程模型的尺度自适应综合（scale-adaptive DEM，S-DEM）以高密度的规则格网结构 DEM 为基础，分层次提取特征点和骨架线而实现地形特征的高保真综合。其目的是在比例尺变化中保持地形特征，其基本原则为：

（1）一个能满足多尺度应用的单一数据库结构，针对的问题是多数据库数据冗余和数据不一致性；

（2）在不同比例尺 DEM 上提取的地形参数保持一致（如坡度、粗糙度等）；

（3）在不同比例尺 DEM 上提取的地形特征线（如排水网络）保持一致。

通常从 DEM 数据库中提取地形特征点、线，构建地形特征点、线与尺度之间的映射关系，为地形特征赋予尺度信息属性，从而构建 S-DEM 特征点、线数据库。在实际应用中，根据应用需求尺度，从 S-DEM 特征点、线数据库中自适应地提取满足该尺度条件的特征点、线，动态构建 TIN，生成适应于该尺度的数字高程模型。

9.4.2 地形骨架线和地表拐点提取及其尺度映射

在数字地形分析中，所要解决的是地表形态的问题，地表形态是客观存在的，不会随着视点的移动而消失，即使尺度发生变化，但地形基本特征仍需保持一致，一些重要的地形特征（如山峰、脊线、曲率等）不应发生本质上的变化，因此保持地形特征的一致性是尺度自适应综合中需要解决的一个关键问题。

地形特征可以通过一些重要的点（鞍点、山脊点、流域点等）和线（流域线、山脊线等）来表达。地形特征点是数字高程模型中坡度和方向等显著变化的点。地形骨架线不仅显示高山低谷的分布位置与延伸方向，还常成为地形区的分界线。这些地形特征点线信息可来自实际观测，如 GPS 采样或摄影测量采样等。Zhou 和 Chen（2011）提出一种从规则格网结构 DEM 组合提取地形特征的方法（compound point extraction，CPE），该方法基于最大高程容差法（maximum Z-tolerance 算法）和河流网特征线提取算法（D8 算法）：首先将研究区域划分为两个大三角形，分别求出两个三角形的高程与原始 DEM 的最大高程差所对应的点，将此点与三角形的角点一起重新构建 TIN 模型，迭代计算，逐步插入点集中高程差最大的点，直到计算得到的高程差小于给定的阈值范围；由于基于最大高程差法不足以提取所有地形分析所需的地形特征点，因此，该方案在第一步处理的基础上，补充水文特征点，同时，将两步方法中重合的点剔除以减少数据冗余。图 9.17 给出了采用上述方案提取的地形特征点示例。基于这些地形特征点和线能实现顾及地形骨架线特征的 DEM 综合，如图 9.18 所示。

图 9.17 两步法提取的地形特征点（Zhou and Chen，2011）

进一步需要构建地形特征点、线与尺度之间的映射关系，为地形特征赋予尺度信息属性。针对这个问题 Chen 和 Zhou（2013）在地形特征组合提取方法（CPE）的基础上，引入尺度自适应的重要度控制变量（degree of importance，DOI）。该控制变量基于 CPE 中涉及的两个重要参数：最大高程差（maximum z-tolerance，E_{max}）和均方根误差（root mean square error，RMSE）。通常，E_{max} 和 RMSE 由 DEM 生产测绘机构确定为地形测绘的数据质量标准，进而表达采样点在特定尺度下所对应的 DOI，从而确定特征点与尺度之间的映射关系。图 9.19 给出了一个面向尺度自适应综合的多尺度地形特征点示例，其中不同灰度颜色的特征点分别表示为 30m、50m、90m、125m 分辨率下的特征点。

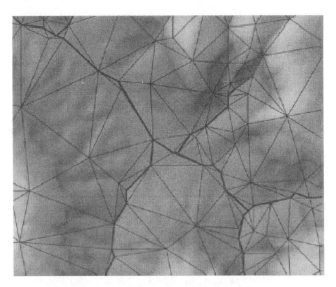

图 9.18 地形骨架线（Zhou and Chen，2011）

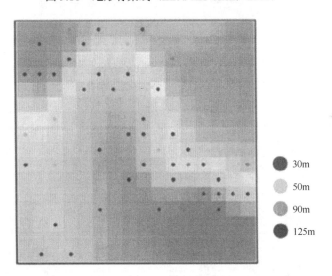

图 9.19 面向尺度自适应综合的多层次地形特征点（Chen and Zhou，2013）

9.4.3 尺度自适应综合方法

基于多尺度地形骨架线和地表拐点信息，面向地形分析的 DEM 尺度自适应综合可通过以下步骤实现（Chen and Zhou，2013）。

（1）利用 CPE 算法提取地形特征点和骨架线。通过改变 CPE 算法的参数，提取出不同参数水平下的特征点、线，构建地形特征点、线数据库。

（2）利用与给定尺度匹配的"点到点距离"和"点到地形骨架线距离"消除点集的空间冲突，进而简化狭窄的三角形，优化点集空间分布。其原理如图 9.20 所示。

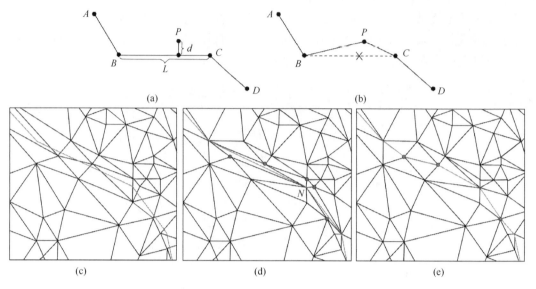

图 9.20　利用距离阈值优化数据集的原理与示例（Chen and Zhou，2013）

（3）对每个指定尺度执行第（1）步和第（2）步；基于地形特征点、线构建 TIN，与原始 DEM 进行精度比较，计算最大高程差 E_{max}、均方根误差 RMSE。结合地形测绘数据 DEM 质量标准规范，建立起误差值与尺度间的函数关系，计算其 DOI 值并标记为特征点的尺度属性。

（4）构建尺度自适应的 DEM 数据结构 S-DEM，在原始 DEM 数据层的基础上（图 9.20（c）），增加了一个由各特征点 DOI 值组成的尺度索引数据层（图 9.20（e））。一个 S-DEM 实例如图 9.21 所示。

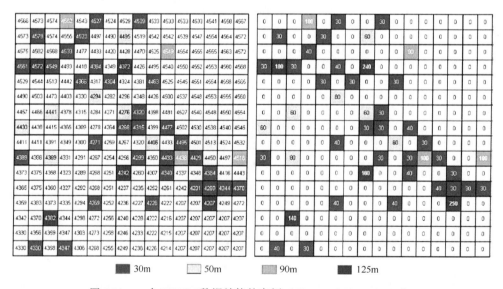

图 9.21　一个 S-DEM 数据结构的实例（Chen and Zhou，2013）

对用户定制尺度，判断是否存在于 S-DEM 地形特征库中。如果存在，则从 S-DEM 特征库中提取该尺度下的特征点、线，动态构建 TIN，建立 DEM；如果不存在，则通过上述步骤中的判断准则，从格网 DEM 数据中提取用户定制尺度的特征点、线，构建 TIN，并对 S-DEM 特征点、线库进行动态更新。一个格网式 DEM 综合结果如图 9.22 所示，从左至右的分辨率依次为 90m、125m 和 250m。

图 9.22　面向地形分析的格网式 DEM 综合结果（Chen and Zhou，2013）

由于三角网中点与线的分布密度和结构完全可以与地表的特征相协调，不规则三角网因而可以将地形骨架和地表特征表现得淋漓尽致。一个原始的 DEM 表面模型如图 9.23 所示，经过尺度自适应综合后的三角网 DEM 表面如图 9.24 所示。

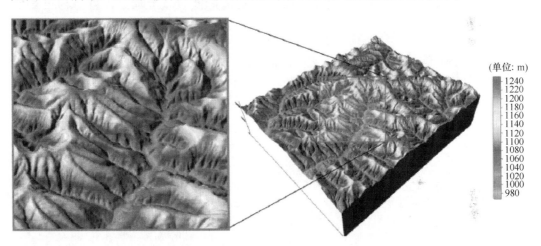

图 9.23　原始规则格网结构的 DEM 表面（Zhou and Chen，2011）

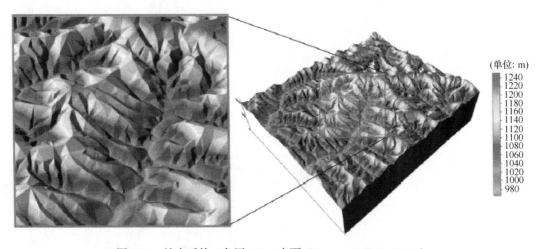

图 9.24　综合后的三角网 DEM 表面（Zhou and Chen，2011）

9.5　面向可视化的变尺度表达方法

9.5.1　视点相关的细节层次原理

LOD 技术已经广泛用于计算机图形学和 DEM 实时可视化。LOD 的基本思想其实很简单，也就是离视点越近可视的细节越丰富，而离视点越远则可视的细节越少。如果采用 Grid 结构形式，则离视点越近的 DEM 格网单元将越精细。如果采用 TIN 结构形式，则离视点越近的 DEM 三角形面元将越精细。不论是四边形格网单元还是三角形面元，通过一系列简化操作如折叠或删除即可自动生成更粗略的单元。如图 9.25 所示，三角网简化常用的 4 种基本算子如下。

（1）顶点删除：删除一个顶点，再重构三角网（图 9.25（a））。

（2）三角形删除：删除一个三角形的三个顶点，再重构三角网（图 9.25（b））。

（3）边折叠：将两个顶点连成的边折叠为一个顶点，再重构三角网（图 9.25（c））。

（4）三角形折叠：将三个顶点形成的三角形折叠为一个顶点，再重构三角网（图 9.25（d））。

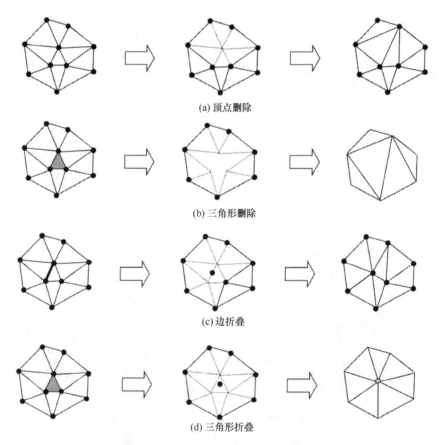

(a) 顶点删除

(b) 三角形删除

(c) 边折叠

(d) 三角形折叠

图 9.25　基本的三角网几何简化算子

现在的问题是什么时候应采用这些操作算子呢？也就是关于简化的约束问题。好比在第 4 章介绍的 VIP 点数，有两种约束可使用，要么是要保留的 VIP 点数，要么是允许的精度损失。这两种约束同样可用于 DEM 数据的简化处理以获得视点相关的多尺度表达，自然就有两种不同的简化方法。当然，这里用于多尺度表达的是三角形个数，而不是 VIP 点数。根据允许的精度损失约束简化的方法一般也称为基于保真度的简化，而根据三角形个数约束简化的方法常称为基于预算的简化（Luebke，2003）。

9.5.2　ROAM 算法

第一个地形格网的实时连续 LOD 算法来自于 Lindstrom 等（1996）的早期研究（Luebke et al.，2003）。如图 9.26 所示，简化方案包括顶点删除方法，将相邻的两个三角形简化为一个三角形。其中，$\triangle ABC$ 和 $\triangle BCD$ 是两个待处理的三角形，如果删除顶点 C，则从 C 到直线 $\overline{AD}$ 就有一个垂直距离误差（δ）。如果误差 δ 在屏幕上小于一个阈值，则顶点 C 就可删除。这就是基于保真度简化的工作原理。

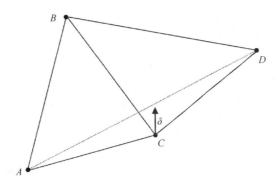

图 9.26　基于保真度的 LOD（Lindstrom et al.，1996）

应用最为普遍的连续 LOD 算法是 Duchaineau 等（1997）提出来的实时优化自适应网格算法（ROAM）。二元三角形树通过一系列的分割与合并操作产生一个连续的网格（图 9.27），以屏幕几何误差作为分割合并的阈值。图 9.28 是该方法生成的典型 LOD 地形。

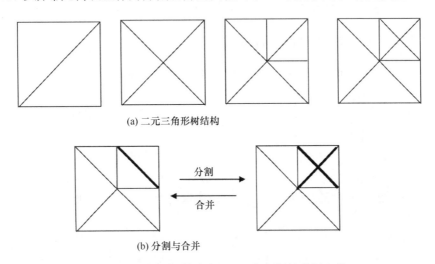

(a) 二元三角形树结构

(b) 分割与合并

图 9.27　ROAM 算法中二元三角形树的分割合并

ROAM 算法还具有其他一些有趣的特点和好处，如建立三角形条带的增量机制，通过每个视点对应的多分辨率三角网的动态计算实现复杂曲面的实时显示。当保持固定数目的三角形个数时能确保屏幕上的几何变形最小化，也有多种途径使得跳跃效果最小化，高效的网格修正确保所选择的视线或对象能接近正确表达，增量的优先队列算法利用帧间连贯性快速计算这些优化网格（Duchaineau et al.，1997）。

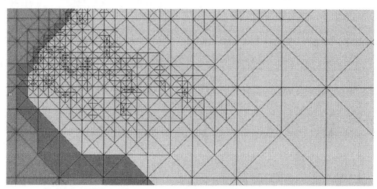

(a) 二元三角形树结构

(b) 多细节层次DEM的透视显示

图 9.28　ROAM 算法生成的多细节层次 DEM　（Duchaineau et al.，1997）

9.5.3　基于 TIN 层次结构的渐进网格算法

除 ROAM 以外，基于 TIN 层次结构的渐进网格（progressive mesh，PM）算法也比较著名，是许多现有方法的基础。

基于 TIN 层次结构的渐进网格算法，顾名思义，是一种迭代收缩算法。顶点邻接关系及顶点的分裂（split）与边收缩（collapse）操作是渐进格网算法的基础。通过顶点的分裂与合并操作，得到一系列不同分辨率的层次模型（LOD）。其中，顶点的分裂是通过增加一个顶点到原 TIN 中，从而产生更简略的 TIN 模型，边收缩是顶点的分裂的逆过程。该算法通过一系列的顶点分裂与边收缩实现对原始模型的变换，从而构建不同分辨率的 LOD 模型。

在具体实现时，利用一系列边收缩将原始网格（用 M 表示）的分辨率逐级降低，最后得到一个比较粗糙的简化网格（用 M_0 表示）和对应各个边收缩的一系列细节信息记录。然后，根据这一系列的细节信息记录，进行相反的操作，通过这些细节记录逐渐

向网格 M_0 中插入顶点和更新三角形就可以恢复到原始网格 M。原始的高分辨率网格经过边收缩渐进简化过程之后，所生成的低分辨率的网格 M_0 与细节记录序列一起组成了一个渐进网格结构。从 M 到 M_0 的简化过程是通过一系列"边收缩"操作实现的，如图 9.29 所示。删除了边 v_t–v_s 后，则两个顶点 v_t，v_s 被新的顶点 v_s' 所代替，同时，两个与边 v_t–v_s 相邻的三角形 f_1 和 f_r 被删除。相反地，从 M_0 到 M 的过程是边收缩的逆运算，称作"点分裂"过程，即通过向粗糙网格 M_0 中逐渐插入细节记录来逐渐恢复到更加细腻的网格模型，随着三角形的增加，网格的分辨率也逐渐提高，网格模型也会越来越细腻，最后可以恢复到原始模型的水平。

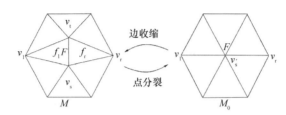

图 9.29　PM 算法生成多细节层次数字高程模型的原理示意图

9.5.4　其他典型的算法

其他比较著名的 LOD 算法，还包括基于 Grid 树结构的 GeoMipmapping 几何多分辨率算法和四叉树算法。

基于 Grid 树结构的 GeoMipmapping 几何多分辨率算法和 ROAM 算法在大区域地形三维可视化中都有着广泛的应用。GeoMipmapping 算法能采用地形分块技术实现海量三维地形数据的快速读取，但该方法中地形块的绘制细节只与该地形块到观测视点的距离有关，没有充分考虑地形本身的起伏状态，所以 GeoMipmapping 算法在描述地形细部时具有缺陷性。ROAM 算法对地形的实时简化效果很好，同时对地形细部表示也相当精细，但其编程实现相当复杂。

基于 Grid 树结构的四叉树（quad tree LOD）算法与 GeoMipmapping 算法有很多相似点，它的建立过程也是要解决这几个关键性的问题：细分规则的确定、视景体的判别、裂缝的修补。地块的绘制是递归的过程，并且随着视点相关参数的变化而实时更新。

四叉树是一个二维数据结构，由于四叉树模型与矩阵格网 DEM 坐标系有着天然的相似性，因此对于描述地形来讲，它是很理想的一种数据结构。四叉树算法将整个地形区域看作四叉树的母节点，地形母节点覆盖整个地形区域。树中的每一个节点都覆盖地形中的一块相应的矩形区域。上层的节点设计的采样点较少，用其来表示地形时具有更高的绘制效率；但具有较低的分辨率，地形表示的误差较大。底层地形的分辨率高，误差小，但绘制效率低。在满足给定误差阈值的条件下，动态地选择地形节点来实现对地形模型的连续多分辨率表示。同时为了提高运算效率，要先对数据节点进行预处理，计算每一个地形节点的误差精度，从而确定简化计算过程中节点操作的执行顺序。

四叉树算法在大区域三维地形 LOD 模型动态自动生成中方法简单，效果好，对地形细部的精确表示特别有效。对于规则格网 DEM 而言，四叉树算法较 GeoMipmapping

和 ROAM 两种算法优势尤其明显。

此外，许多学者也就此各类算法中的具体实施方法提出了其他实用性算法，如实时优化自适应网格算法，Garland 等（1997）提出的二次误差测度的边折叠方法，Schroeder 提出的基于点删除的三角网格模型简化方法，Turk（1986）给出基于重新划分的多边形网格模型简化方法等。表 9.1 为几种 LOD 地形建模的主要算法归纳。

表 9.1　地形 LOD 模型生成算法优缺点

结构	算法	提出者	优点	缺点
基于 TIN 的层次结构	层次模型	De Floriani	能控制模型的简化误差	难以避免产生狭长三角形，没考虑视点的位置信息，有视觉跳动现象
	自适应层次模型	Scarlatos and Pavlidis	部分避免产生狭长三角形	速度较低
	渐进网格	Hoppe	无视觉跳动现象，视相关	速度较慢
基于 Grid 的结构	四叉树模型	Von H B	层次清晰，结构规范，与空间索引统一，易构造与视点相关的模型	不适合非规则地形，可视化时可能出现空洞
	二分树模型	Evans W and Duchaineau M	层次较清晰，结构较规范，易构造与视点相关的模型	不适合非规则地形，速度较慢，跳动现象依然存在
混合结构	层次+四叉树	杨必胜	合理控制模型简化误差，适合不同区域分别构建	需要解决分区边界裂缝的拼接问题

9.6　多尺度数字高程模型实践

9.6.1　中国的多尺度数字高程模型

我国到目前为止，已经建成了覆盖全国范围的 1∶100 万、1∶25 万、1∶5 万 DEM。省级 1∶1 万数据库的建库工作也已经完成全国国土面积的 80%以上。由于摄影测量与遥感等新技术的应用，DEM 数据不再严格依据传统地图比例尺进行生产。例如，1∶5 万 DEM 数据最精细的地区分辨率可达 5m，而 1∶1 万 DEM 的分辨率则可达 1m。实际上，DEM 作为空间数据基础设施的重要组成部分，在国家信息化建设与发展中具有关键支撑作用，智慧城市和城市安全等迫切需要高精度、高分辨率、高保真的新一代 DEM 标准化产品，而高分辨率遥感、激光扫描测量和倾斜摄影测量等当代地球空间数据获取技术的快速发展，使得新一代 DEM 的大规模生产与更新成为可能，一种主要趋势是保证最高精度通用 DEM 数据的方便可得，在此基础上按需定制和提取任意精度和尺度的 DEM 产品。

1）全国 1∶100 万数字高程模型

国家基础地理信息系统全国 1∶100 万数字高程模型利用 1 万多幅 1∶5 万和 1∶10 万地形图，按照 28″.125×18″.750（经差×纬差）的格网间隔，采集格网交叉点的高程值，经过编辑处理，以 1∶50 万图幅为单位入库。原始数据的高程允许最大误差为 10~20m。利用该数据内插国内任一点高程值的中误差，如表 9.2 所示。这样的内插精度符合 1∶100 万地形图要求。

表 9.2　1∶100 万数字高程模型

地区精度	高山	中、低山	丘陵	平原
中误差/m	70	41	20	1

注：引自国家基础地理信息中心网站。

2）全国 1∶25 万数字高程模型

国家基础地理信息系统全国 1∶25 万数字高程模型的格网间隔为 100m×100m 和 3″×3″两种。陆地和岛屿上格网值代表地面高程，海洋区域格网值代表水深。1∶25 万数字高程模型由 1∶25 万图上的等高线、高程点、等深线、水深点，采用不规则三角网模型（TIN）内插获得。

全国 1∶25 万数字高程模型以两种常用坐标系统分别存储两套数据：高斯-克吕格投影和地理坐标。高斯-克吕格投影的数字高程模型数据，格网尺寸为 100m×100m。以图幅为单元，每幅图数据均按包含图幅范围的矩形划定，相邻图幅间均有一定的重叠。地理坐标的数字高程模型数据，格网尺寸为 3″×3″，每幅图行列数为 1201×1801，所有图幅范围都为大小相等的矩形。

3）全国 1∶5 万数字高程模型

1∶5 万 DEM 是我国重要的基础性、战略性信息资源，是国家和省级进行宏观决策、规划设计、基础设施建设、应急救灾、国防建设等不可或缺的基础资料。但是，在我国西部南疆沙漠、青藏高原和横断山脉地区，由于气候、环境、交通等条件和以往测绘技术装备水平的限制，长期以来，200 万 km² 的国土一直没有 1∶5 万地形数据，成为"空白区"，涉及四川、云南、西藏、甘肃、青海、新疆六省（区），占我国陆地国土面积的 21%（辛少华，2012）。1∶5 万 DEM 生产成果全部采用 1980 西安坐标系、1985 国家高程基准、高斯-克吕格投影。1∶5 万 DEM 的精度与地形及所使用的资料有关，见表 9.3。2006~2010 年，国家测绘地理信息局组织开展了国家西部 1∶5 万地形图空白区测图工程，实现了 1∶5 万地形图对我国全部陆地国土的全面覆盖。其中，包括 5032 幅 1∶5 万 DEM。大规模采用高分辨率卫星立体影像测图、整体区域网平差、机载多波段多极化干涉 SAR 测图等高新技术，确保了成果质量。同期，全国其他地区的 1∶5 万 DEM 也进行了全面更新，数据的现势性达到 2005~2010 年。今后 1∶5 万 DEM 数据将计划一年更新一次，三年进行一次大的更新。

表 9.3　1∶5 万 DEM 高程精度与所使用的资料　　　　（单位：m）

地形类别	1∶5 万		1∶10 万		1∶1 万	
	CI	σ_g	CI	σ_g	CI	σ_g
平地	10 （5）	4			1	1
丘陵	10	7	20	10	2.5	2.5
山地	20	11	40	20		
高山地	20	19	40	40		

注：引自国家基础地理信息中心网站；σ_g=格网点高程中误差；CI=基本等高距。

4）全国 1∶1 万数字高程模型

1∶1 万 DEM 是数字中国地理空间基础框架建设的重要组成部分，也是省级各类地理信息系统建设和信息化建设的基础。1∶1 万比例尺 DEM 主要以省为单位组织生产，其中，1999 年国家测绘局安排生产了七大江河区域范围的 1∶1 万数字高程模型，其格网尺寸为 12.5m×12.5m。已完成 13781 幅，数据量达 24GB。各省目前部分工作分布范围见图 9.30。

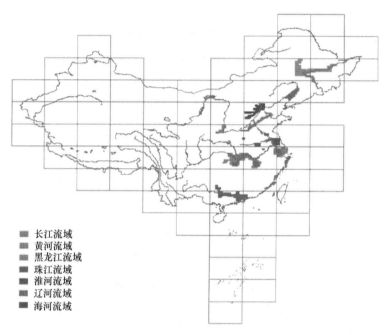

图 9.30　1∶1 万比例尺 DEM 分幅
引自国家基础地理信息中心网站

随着数字中国地理空间框架建设的加速推进，全国各省（区、市）测绘部门的 1∶1 万基础地理信息数据库建设发展迅速，覆盖范围不断扩大，除四川和西藏等少数省份基本都实现了 1∶1 万 DEM 全覆盖。通过全国范围内统一的标准化数据整合与优化升级，1∶1 万 DEM 格网尺寸统一为 5m，采用 2000 国家大地坐标系和 1985 国家高程基准，而且 1∶1 万 DEM 的格网起算点还与 1∶5 万 DEM 衔接，从而有助于不同比例尺数据的联动更新。

9.6.2　美国的多尺度数字高程模型

美国也拥有多个尺度的数字高程模型，国家系列中主要包括的尺度有：1°、30′、15′ 和 7.5′。这些不同尺度的地形图由美国地质调查局（United States Geological Survey，USGS）负责制作。

1）1°（1∶250000）

1°对应了 USGS 地形图系列中 1∶250000 数字高程模型。这个比例尺下的数字高程模型产品基于经纬地理坐标系表达，格网间距是 3″×3″。该比例尺数据完整覆盖了美国各州及阿拉斯加大部分地区。

2）30′（1∶100000）

30′对应了 USGS 地形图系列中 1∶100000 数字高程模型。这个比例尺下的数字高程模型产品也是基于经纬地理坐标系表达，格网间距是 2″×2″。该比例尺数据完整覆盖了美国各州及夏威夷地区。

3）15′（1∶63360）

15′阿拉斯加数字高程模型对应了 USGS 地形图系列中阿拉斯加地区 1∶63360 比例尺。这个比例尺下的数字高程模型产品也是基于经纬地理坐标系表达，格网间距是 2″×3″（纬度×经度）。

4）7.5′（1∶24000/1∶25000）

7.5′数字高程模型对应了 USGS 地形图系列中 1∶24000 和 1∶25000 数字高程模型，即图 9.30 上的 1cm 相当于地面的 0.24/0.25km，属于大比例尺地形图。该比例尺数据能清楚显示地表部分区域的细部——在这个比例尺下，地图可以很清楚地显示高程和河流、海岸线等要素；在适当的比例尺下可以看到大型建筑、飞机场、主要高速公路的轮廓。符号可用于表示房子和其他较小的要素。这个比例尺下的地形图完整覆盖了美国各州及夏威夷地领土，基本采用 30m 格网间距，有些地区甚至达到 10m 的格网间距，特别对于阿拉斯加地区采用 1″×2″的（纬度×经度）的经纬地理坐标系。

9.6.3 其他国家的多尺度数字高程模型

多数国家都有各种国家地形图项目，以下列举部分国家主要采用的多尺度数字高程模型及其发行部门，很多商业部门会提供国际的地形图（https：//zh.wikipedia.org/wiki/地形图）。

（1）加拿大：加拿大拥有比例尺为 1∶50000 和 1∶250000 的地形图。由加拿大地形信息中心（Centre for Topographic Information），也称为国家地形系统（National Topographic System，NTS）负责制作。

（2）芬兰：芬兰主要采用比例尺为 1∶20000 和 1∶50000 的地形图系统，由芬兰土地测绘中心（National Land Survey of Finland）负责制作。

（3）法国：法国主要采用比例尺为 1∶25000 和 1∶50000 的地形图，由法国国家地理研究院（Institut Géographique National，IGN）制作。

（4）日本：日本的标准地图的比例尺为 1∶25000、1∶50000、1∶200000 和 1∶500000，由国土地理院负责日本基础地图的制作。

（5）英国：英国常用比例尺分别为 1∶25000 和 1∶50000，由英国地形测量局（Ordnance Surveyor，OS）负责制作。其中，1∶25000 比例尺的地形图称为"探索"（"Explorer"）系列，并包括了徒步旅行者比较感兴趣的"户外休闲"（Outdoor Leisure，OL）子系列；1∶50000 比例尺的地形图称为"探路者"（"Landranger"）；还有一些详细的地形图只涵盖了部分地区。

参 考 文 献

陈刚. 2000. 虚拟地形环境的层次描述与实时渲染技术的研究. 郑州: 解放军信息工程大学博士学

位论文.

李志林. 2002. 地理空间信息集成和更新中的尺度问题.见: 陈军, 邬伦. 数字中国地理空间基础平台. 北京: 科学出版社, 27~28.

潘志庚, 马小虎, 石教英. 1998. 多细节层次模型自动生成技术综述.中国图象图形学报, 3(9): 754~759.

齐敏, 郝重阳, 佟明安. 2000. 三维地形生成及实时显示技术研究进展. 中国图象图形学报, 5(4): 269~275.

辛少华. 2012. 西部测图工程及其科技创新.见: 徐德明. 中国测绘地理信息创新报告. 北京: 社会科学文献出版社, 222~230.

Chen Y, Zhou Q. 2013. A scale-adaptive DEM for multi-scale terrain analysis. International Journal of Geographical Information Science, 27(7): 1329~1348.

Cohen J, Huebner R, Luebke D, Varshney A, Watson B. 2003. Level of Detail for 3D Graphics. San Francisco: Morgan Kaufmann Publishers.

Duchaineau M, Aldrich C, Miller M C, Mineev-Weinstein M B, Sigeti D E, Wolinsky M. 1997. ROAMing terrain: Real-time optimally adapting meshes. Proceedings of the 8th conference on visualization'97. IEEE Computer Society press, 81~88.

Faust N, Hodges L F, Koller D, Lindstrom P, Ribarsky W, Turner G. 1996. Real-time continuous level of detail rendering of height fields. Proceedings of SIGGRAPH, 96: 109~118.

Fritsch D, Spiller R. 1999. Photogrammetric Week'99. Germany: Wichmann.

Li Z L. 1997. Scale issues in geographical information science. Proceeding of International Workshop on Dynamic and Multi-dimensional GIS, 143~158.

Li Z L. 2008. Multi-scale digital terrain modelling and analysis. Advances in digital terrain analysis. Berlin: Springer Heidelberg, 59~83.

Li Z L, Li C M. 1999. Objective generalization of DEM based on a natural principle. In: Proceedings of 2nd International Workshop on Dynamic and Multi-Dimensional GIS. Beijing: 17~22.

Li Z L, Openshaw S. 1993. A natural principle for objective generalization of digital map data. Cartography and Geographic Information System, 20(1): 19~29.

Lindstron P, Koller D, Ribarsky W, et al. 1996. Real-time, continuous level of detail rendering of height fields. Proceedings of the 23rd Annual Conference on Computer Graphics and Interactive Techniques.

Luebke D. 2003. Level of Detail for 3D Graphics. San Francisco: Morgan kaufmann Publishers.

Mandelbrot B. 1967. How long is the coast of Britain? Statistical self-similarity and fractional dimension. Science, 155: 636~638.

Michael G, Heckbert P S. 1997. Surface simplification using quadric error metrics. Conference on Computer Graphics and Interactive Techniques ACM Press/Addison-Wesley Publishing Co, 209~216.

Quattrochi D A, Goodchild M F. 1997. Scale in Remote Sensing and GIS. Boca Raton: CRC Press, 406.

Turk G. 1986. Re-tiling polygonal surface. Computer Graphics & A, 6(1): 48~59.

Zhou K, Pan Z G, Shi J Y. 2001. A real-time rendering algorithm based on hybrid multiple level-of-detail methods. Journal of Software, 12(1): 74~82.

Zhou Q, Chen Y. 2011. Generalization of DEM for terrain analysis using a compound method. ISPRS Journal of Photogrammetry and Remote Sensing, 66: 38~45.

第 10 章 数字高程模型的数据组织与管理

10.1 数据组织与数据库管理概述

计算机运行效率在很大程度上取决于数据的组织。譬如对虚拟存储的计算机来说，重要的是将那些有可能互相存取的数据值存放在存储器中靠近的位置，否则，页的反复跳动而造成的过多内、外存储器间的数据交换可能延缓处理过程。在信息系统中对高效率数据结构的普遍关注对地理信息系统来说尤为重要。为了这种系统的工作，数据的组织常常必须反映在空间寻找数据的需要，这种寻找是在许多方向上并以二维以上的方式进行的。因为大型的 DEM 数据处理系统建设需要投入大量的人力、物力，又由于这些系统的应用将会影响到公共政策、资金投放和未来环境的质量等，他们的设计因此必须做到认真、慎重、兼顾到未来的灵活性和当前的功效。

数据库是一个长期存储在计算机内、有组织的、可共享的、统一管理的数据集合，是一个按照一定的数据结构来存储和管理数据的计算机软件系统。数据库是一种效率较高的数据存储管理方式，数字高程模型数据组织目的就是要将所有相关的 DEM 数据通过数据库有效地管理起来，并根据其地理空间分布建立统一的空间索引，进而可以快速调度数据库中任意范围的数据，实现对整个研究区域 DEM 数据的无缝漫游。数据库的功能首要取决于数据模型即库存数据的结构。从地理现象到计算机存储器，一般要经过三种结构转换，即用户理解的地理现象结构、概念结构和数据库结构。这里主要讨论后两种结构。根据第 4 章的论述，DEM 的概念结构主要有三种不同的形式，即正方形格网 Grid 结构、不规则三角网 TIN 结构，以及 Grid 与 TIN 的混合结构。由于不同的概念结构在数据模型、所需的存储空间和空间索引机制等方面差别很大，必须设计恰当而有效的数据库结构和管理策略，才能达到最优的数据存取、最少的存储空间和最短处理过程，满足各种场合、各种规模的应用需求。DEM 数据建库往往要遵循以下基本原则。

（1）适用性原则：满足主要用户的需求，并充分兼顾潜在用户的需求。

（2）运行原则：迅速显示、查询，始终保持正常运行，可以及时提供数据产品。

（3）更新原则：满足增加、修改、删除的原则，可以方便地扩充和更新。

（4）相关性原则：保证与其他基础地理信息产品的相关性，使数据库在数学基础、坐标系统，以及产品一致性方面相关。

（5）相容性原则：与其他类型数据库系统兼容，可以共享或相互交换数据。

（6）先进性原则：采用科学的技术手段，使系统保持一定的先进性。

（7）高质量原则：与原始资料一致，数据质量可靠，数据标准、规范。

（8）完备性原则：除了基本的数据体外，有完备的元数据内容。

（9）安全性原则：有严密的权限控制机制。

作为空间数据基础设施的重要组成部分，覆盖一个国家甚至全球的多分辨率 DEM 数据量十分巨大，如分辨率为 25m，覆盖全国陆地区域（含台湾）的 DEM 数据总量为 124GB。因此，高效的 DEM 数据组织管理对于国家或省级基础地理信息中心来说是一个重要的任务。当然，兼顾 DEM 数据结构、数据库技术和应用需求千差万别，DEM 数据的组织管理有相应不同的模式和机制。针对 DEM 数据生产与更新常常采用标准地图分幅的文件方式组织数据，而面向实际应用则常采用数据库无缝组织的方式，其中大范围规则格网结构的 DEM 则方便采用简单高效的瓦片组织方式，而不规则三角网结构的 DEM 则要经过适当的剖切处理才能按规则的瓦片方式进行组织。针对不同的应用服务需求，DEM 数据库管理系统也有 C/S 和 B/S 两种不同的架构模式，提供多种多样的数据管理与更新、数据检索与分发，以及统计分析等功能。特别的，采用 SOA 架构的 DEM 数据库服务机制，基于浏览器的 DEM 数据快速查询浏览、服务发布与快速应用开发等已经成为基础地理信息服务与在线地图服务的主要趋势。

10.2 数字高程模型的数据结构

数据结构研究的是数据的逻辑关系和数据表示。它的抽象定义为：数据结构 B 是一个二元组 $B=(E, R)$，其中 E 是实体或称结点的有限集合，R 是集合 E 上关系的有限集合。两者的有机结合就是数据结构。

10.2.1 正方形格网结构（Grid）

把数字高程模型的覆盖区域划分成为规则排列的正方形格网，DEM 实际就是规则间隔的正方形格网点或经纬网点阵列，每一个格网点与其他相邻格网点之间的拓扑关系都已经隐含在该阵列的行列号当中。这时，根据该区域的原点坐标和格网间距，对任意格网点的平面位置可用相应矩阵元素的行列号经过简单的运算而获得。因此，Grid 数据除了每个格网点处的高程值以外，只需要记录一个起算点的位置坐标和格网间距。由于正方形格网 DEM 的存储量很小，结构简单，操作方便，因而非常适合于大规模的使用和管理。但其缺点是：对于复杂的地形地貌特征，难于确定合适的格网大小。例如，在地形简单的地区容易产生大量冗余数据，而在地形起伏比较复杂的地区，又不能准确表示地形的各种微起伏特征。

如图 10.1 所示，Grid 数据结构为典型的栅格数据结构。这非常适宜于直接采用栅格矩阵进行存储。采用栅格矩阵不仅结构简单，占用存储空间少，而且还可以借助于其他简单的栅格数据处理方法进行进一步的数据压缩处理，如行程编码法、四叉树方法、多级格网法和霍夫曼码法等。

一个 Grid 一般包括三个逻辑部分。

（1）元数据：描述 DEM 一般特征的数据，如名称、边界、测量单位、投影参数等。

（2）数据头：定义 DEM 起点坐标、坐标类型、格网间隔、行列数等。

（3）数据体：沿行列分布的高程数字阵列。

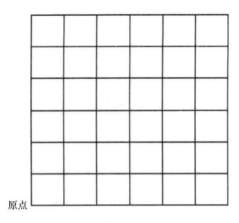

图 10.1　规则格网 DEM（Grid）

10.2.2　不规则三角网结构

若将按地形特征采集的点根据一定规则连接成覆盖整个区域且互不重叠的许多三角形，构成一个不规则三角网（TIN），通常称为三角网 DEM 或 TIN。TIN 与 Grid 不同之处在于 TIN 能较好地顾及地貌特征点、线，逼真地表示复杂地形起伏特征，并能克服地形起伏变化不大的地区产生冗余数据的问题。但由于数据量大、数据结构复杂和难以建立，TIN 一般只适宜于小范围大比例尺高精度的地形建模。近年来，借助于计算机软硬件技术的飞速发展，在 TIN 的快速构成、压缩存储，以及应用等方面已经取得了突破性的进展。

如图 10.2 和图 10.3 所示，TIN 模型是一种典型的矢量拓扑结构，通过边与结点的关系，以及三角形面与边的关系显式地表示地形参考点之间的拓扑关系。TIN 与 Grid 的存储方式有很大不同，它不仅要存储每个网点的高程值，而且还要存储相应点的位置坐标（如 X, Y），以及描述网点之间拓扑关系的信息。一般采用如图 10.4 所示最简捷的链表结构：数据由结点列表和三角形列表两组记录组成。

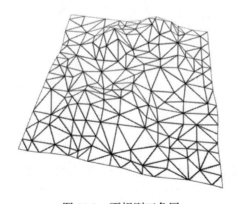

图 10.2　不规则三角网

上述链表完整地表达了 TIN 最基本的几何信息。当然，根据数据编辑与快速检索的需要，在该链表结构的基础上还可以增加描述三角形之间邻接关系，以及参考点不同特性的信息。由于三角形是最简单的多边形，根据欧拉公式，N 个顶点的三角形网络可达到 $3N–6$ 条边和 $2N–5$ 个三角形。可见，TIN 的结构很复杂，而且数据存储量要比 Grid

大得多。为了能节省表示所有拓扑关系的存储数据，基于各种不规则中点多边形与正中点六边形之间的变换关系和数学形态学理论的规则化变换方法可以达到 TIN 的规则化压缩存储目的（陈晓勇，1991）。

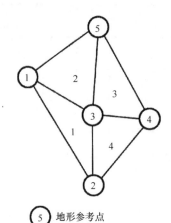

⑤ 地形参考点

图 10.3　不规则三角形网络

编号	X	Y	Z
1	429	200	57.5
2	437	266	60.2
3	507	234	55.3
4	607	265	56.1
5	555	190	50.2

(a) 结点三维坐标列表

编号	顶点1	顶点2	顶点3
1	1	2	3
2	1	3	5
3	3	4	5
4	2	4	3

(b) 三角形连接表

图 10.4　表达 TIN 的链表结构

10.2.3　Grid 与 TIN 混合的结构

　　格网与不规则三角网结构混合的结构，即 TIN 与规则格网混合的结构。由于规则格网 DEM 和不规则三角网各有各的优缺点，在实际应用中，大范围内一般采用规则格网附加地形特征数据，如地形特征点、山脊线、山谷线、断裂线等的形式，构成全局高效、局部完美的 DEM。

　　栅格网络 Grid 常剖分成三角形网络以形成连续的线性面片，这有利于解决等高线跟踪的二义性和图形描绘的复杂性问题。反之，TIN 也可以通过内插生成 Grid。

　　关于混合结构的研究主要针对在已有的 Grid 基础上增加地形特征线和特殊范围线的情况。这时，规则的 Grid 格网被分割而形成一个局部的不规则三角网，如图 10.5 所示。但由于特性线作为矢量数据具有比 Grid 复杂得多的拓扑结构和属性内容，一般还是采用混合的数据结构分别进行处理。当然也可以设计一个一体化的数据结构同时组织这些不同类型的数据，如将所有矢量都栅格化。再有，考虑到混合结构将导致数据管理复杂化并降低数据检索的效率，根据研究区域的大小和软件性能，应用时常常将其实时地完全转换为 TIN 的数据结构。特征点、线的数据结构用表 10.1 描述。

点数为 1 表示一个点特征，否则为线特征。

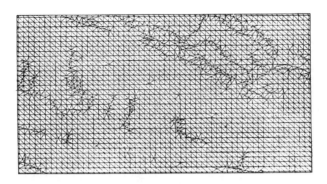

图 10.5　规则格网和 TIN 的混合结构

表 10.1　特征点、线的数据结构

DwFeatureid	FeatureCode	SnPointNUmber	Coordinates
OID 标识	特征要素编码	点数	空间坐标

10.3　数字高程模型之数据库结构

数据库结构实质上是一种索引结构，即通过建立空间索引，实现数据库的快速查找、数据存取和分析操作等。从前面介绍的 DEM 的数据结构来看，TIN 本身就是一种有效的空间索引结构。对于大型数据库，往往还需要建立专门的索引文件。图 10.6 所示为典型的 GIS 系统所采用的数据库模型，它是一个集矢量、影像、DEM、属性和多媒体数据为一体的空间数据库模型。

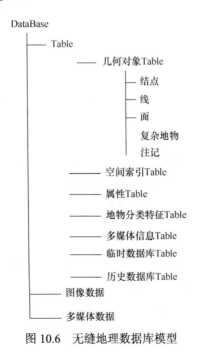

图 10.6　无缝地理数据库模型

10.3.1 格网的数据库结构

栅格 DEM 在数据库中主要采用基于格网单元、分块、分区的层次结构，如图 10.7 所示。一个研究区域作为一个工程，可以划分为若干个标准的子区域，如一个国家的 DEM 数据库可以分流域或地区分别进行管理。而每个子区域又包括若干标准的子块，每个子块作为单独的工作区是 DEM 生产和调度最基本的单元，如果按国家标准的图幅大小进行子块的划分，这时一个块就是一幅图的范围。每一块由若干行和若干列的格网单元组成。通过"工程—工作区—行列"结构索引，便可唯一地确定 DEM 数据库范围内任意空间位置的 DEM 值。显然，每个块的存储还可以使用各种有效的压缩编码结构，如自适应行程编码和四叉树编码等。由这种分区、分块和行列层次划分形成的空间索引可以保证栅格 DEM 数据的快速查找和无缝存取。

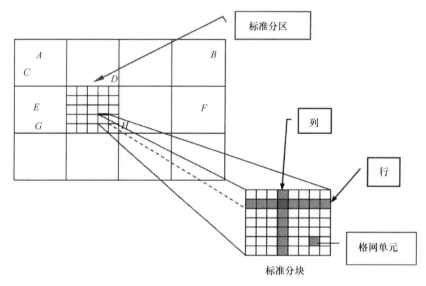

图 10.7　基于格网单元、分块、分区的层次结构

对于 TIN，也可以按上述结构组织大范围的数据。但由于每个子区域的 TIN 边界不规则，为了避免相邻块之间的接边问题，一般在进行数据分块时要考虑一定的重叠度。

10.3.2 TIN 数据库结构

TIN 把结点看作数据库中的基本实体，拓扑关系的描述则在数据库中建立指针系统来表示每个三角形与结点的邻里关系、结点到邻近结点的关系、三角形到邻里三角形的关系等。这样的指针系统保证了很高的查找效率，如在较大的 TIN 中进行诸如等值线引绘、剖面内插等连续性索引操作时。如图 10.8 和图 10.9 所示为 TIN 的数据库结构：关于大规模 TIN 的数据检索，已有许多成熟有效的算法。最简单的方法是遍历每一个三角形的外接矩形或立方体范围。另外，如果根据最近的已知点（种子点）和所在的三角形，利用"穿行算法"也可以快速查找到任何点所在的三角形。"穿行算法"的实质是通过未知点与已知点之间的连线、根据 TIN 的拓扑关系快速得到直线所"穿行"的所有三角形，从而形成一条三角形构成的"最短路径"，到达未知点所在的三角形并得到查询结果。已证明，"穿行算法"的计算效率为：$O(\lg N)$。

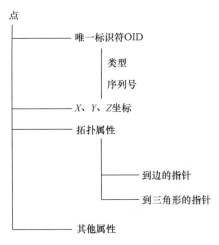

图 10.8 点实体的数据库结构

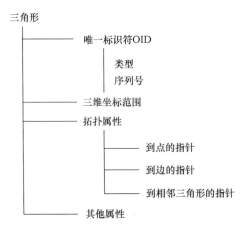

图 10.9 三角形实体的数据库结构

10.3.3 矢量的数据库结构

对于混合结构的 DEM 数据，除了栅格结构的 Grid 数据外，主要是各种重要的地形特征数据，特别是各种线性特征数据（如地形断裂线、特殊边界线、山脊、山谷等）。这些线状目标在数据库中的结构如图 10.10 所示。

图 10.10 线实体的数据库结构

矢量数据库一般采用工程、工作区、层、地物类、对象的方式建立空间索引。地物类是指具有相同空间几何特征和属性特征的空间对象的集合，如河流、公路、行政区域、居民地等都可作为地物类；层定义在地物类之上，它是多个地物类的集合；工作区是指一定区域范围内的地物层的集合；工程是具有相同特征的工作区的集合，用来管理大型的空间数据。工程的数据目录结构组织如图 10.11 所示。

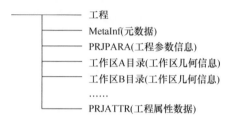

图 10.11　工程目录结构

为了建立大型无缝数据库有效的空间索引机制，还可以采用根据矢量目标大小分层"聚簇"（cluster）式的数据组织，这也是数据库级的细节层次概念。如图 10.12 所示，当浏览范围较小时，系统将自动从较低的层次读取较丰富的内容；反之，浏览大范围时则调用较高层次更大更少的对象。

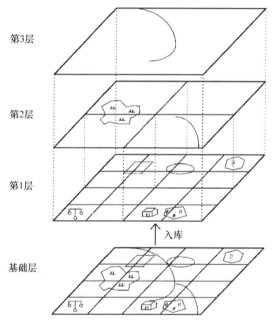

图 10.12　分层"聚簇"式的数据组织

10.3.4　Grid 与 TIN 混合的数据库结构

对于铁路和公路这样大规模的复杂三维表面模型，由于涉及很大范围的地形景观模型和线路表面精细模型的多分辨率混合表示，要满足各种无缝的实时可视化应用，往往要将多分辨率的 Grid 和 TIN 统一剖切为标准瓦片大小范围进行高效组织（Xie et al.，2013）。因此，高效的大规模 TIN 和 Grid 数据无缝集成管理成为新一代 DEM 表面建模面临的主要挑战性难题之一。

如图 10.13 所示，一个连续的复杂地形表面多分辨率模型被定义为相互关联的多个细节层次的聚合结构，每个细节层次表示为规则分块并无缝衔接的瓦片集合。这些瓦片根据地形表面起伏特征的差异可以定义为由规则 Grid 结构表示的常规瓦片或者由约束 Delaunay 三角网（CD-TIN）和特征三角网（F-TIN）联合表示的跨特征瓦片。不同于表达起伏缓和表面的常规瓦片；跨特征瓦片主要表示起伏变化较大或覆盖有精细局部特征的表面区域，其中如高速公路或高速铁路的路面等精细特征对象通常表示为可独立建模的 F-TIN，而与之衔接的地形对象一般由原始 Grid 节点和特征边界构建的 CD-TIN 表示。

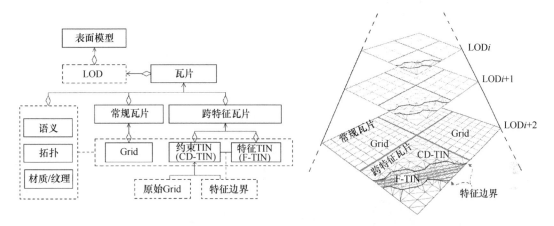

图 10.13　TIN 与 Grid 集成的多分辨率表面结构（Xie et al., 2013）

这种由多细节层次的全局 Grid 联合局部嵌入式 TIN 集成表示的混合多分辨率表面模型，不仅能灵活而有效地实现复杂表面高保真和低数据量之间的平衡，而且其多层次瓦片的组织形式更适应于模型的高效局部更新，因此能很好地适应实际工程优化设计工作中对多源、多分辨率、多版本源数据的无缝集成和版本更新需求。下文给出生成该模型的关键技术。

1）自适应瓦片剖分

如图 10.14 所示，多分辨率的四叉树通常被用于实现大范围混合表面数据集的瓦片快速划分和高效索引，四叉树不同层级的结点用于表示不同细节层次的瓦片块。其中涉及的一个关键问题是分块过程中瓦片大小的选择：瓦片越大，动态调度中的 I/O 瓶颈随之越严重；瓦片越小，划分过程中所面临的计算代价越高。为了取得两者之间的最佳平衡，对任一大规模表面数据集，提供以下两条基本规则来确定适当的瓦片尺寸：

（1）任一跨特征瓦片的三角形数据量都受由上限 N 约束；

（2）任一瓦片的 F-TIN 与 CD-TIN 的面积比受下限 M 约束。

其中，N 值决定于用户所采用的硬件设备性能；M 值决定于总特征对象面积与总数据集范围面积比。需要注意的是，为了能达到流畅的动态调度效果，在划分几何模型的同时，对应的纹理数据也要做相应的划分，特别是对类似地形影像等单幅数据量较大的纹理。此外，在完成全部数据划分之后，还应拼合同一个瓦片内的具有相同纹理的几何模型，从而降低纹理数据渲染过程中的重复预处理代价。

2）瓦片数据库结构

如图 10.15 所示，在划分瓦片后，常规瓦片每一细节层次中的网格数据可以存储在

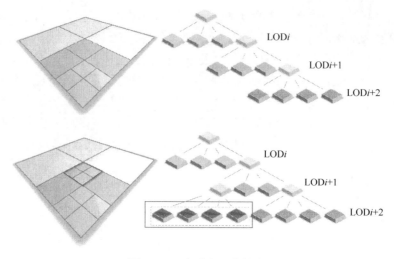

图 10.14　自适应瓦片剖分

图层ID	图层元数据	规则瓦片标识	跨特征瓦片标识
0	Metadata	Table 0-0	Table 0-1

规则瓦片ID	瓦片类型标识	规则格网数据
10001000	GM	Grid Vertices Height Array

跨特征瓦片ID	瓦片类型标识	特征TIN和约束TIN数据	特征边数据
10001000	TM	CD-TIN and F-TIN Set	Boundary Vertices Array

图 10.15　瓦片数据库结构

一个初始数据表中，并通过细节层次图层表中设置的 Grid 字段来进行关联。所有的瓦片类型初始化为常规瓦片，瓦片 ID 不作固定分配，而是通过瓦片的行列号进行标识；待精细特征模型集成后，建立新特征表，并用细节层次图层表中设置的 TIN 字段来进行关联，新表记录所有更新版本中的 F-TILE 瓦片基本信息及相应更新数据集 CD-TIN 和 F-TIN 的全部数据项，瓦片的边界集合也同时存储，以便在场景渲染中支持裂缝消除的计算。另外，在调度中还可通过设置细节层次图层表的 TIN 字段值灵活切换不同版本跨特征瓦片数据。

10.3.5　元数据的数据库结构

元数据（metadata）是关于数据的数据，它描述数据的内容、质量、状况和其他特征，帮助人们定位和理解数据。元数据是实现空间数据共享的重要基础。用户只有通过查询和浏览描述 DEM 有关特征的元数据信息，才能了解究竟有哪些可用的数据、是否有他们感兴趣的数据，以及这些数据放在哪里等情况。作为空间数据基础设施建设的首要任务，空间数据交换网站（clearing house）是指连接空间数据生产者、管理者和用户的一个分布式电子网络，而并不是真正存储具体数据集的中心仓库。借助于该交换网站，找到空间数据就好像在国外通过自动提款机提取现金那样容易。交换网站的主要工作方式是提供基于元数据的查询互操作。通过元数据就可以很方便地得到有关空间数据的说明信息，以及空间数据本身。在不同空间数据服务器之间的查询互操作，需要客户服务器软件用以建立一种连接，传递格式化的查询命令、返回查询结果，并以若干格式中的一种将确认的空间数据文档呈现给客户。基于 Web 技术，交换网站使得用户可以远程存取基于文本的元数据并能使用客户端程序进行阅读，进而决定其是否满足自己的要求。特别是超文本技术支持元数据与不在同一服务器上的数据体之间的正确连接，即使数据体不能在线得到，通过元数据也可以知道怎样去订购。

可见，元数据具有四个基本的作用。

（1）可用性（availability），用以确定是否存在关于某个地理位置的一组数据。

（2）适用性（fitness for use），用以评估这组数据是否适用。

（3）存取（access），用以确定获得验证过的数据的手段。

（4）变换（transfer），用以成功地处理（如变换）和使用这组数据。

元数据一般包括以下内容。

（1）基本标识信息。关于数据最基本的信息，如标题、地理覆盖范围、现势性、获取或使用规则等。

（2）质量信息。数据集的质量评价，包括位置和属性精度、完整性、一致性、信息源、生产方法等。

（3）数据组织信息。数据集中用来表示空间信息的机制，如空间位置是用栅格或矢量直接表示还是用街道地址或邮政编码间接表示等。

（4）空间参考信息。描述数据集中的坐标系统包括投影名称、参数、平面和高程基准等。

（5）实体与属性信息。关于数据集内容的信息，包括类型、属性、取值范围等。

（6）发行信息。关于得到数据集的信息，如与发行人的联系、可得的格式，以及关于怎样从网上或从物理媒体上得到数据和价格的信息。

（7）元数据参考信息，关于元数据本身的现实性和负责人等的描述信息。

在元数据的数据库结构方面，由于元数据是 DEM 数据库的说明性文件，全部为文本和数字型数据，一般采用关系型数据库的形式建库，每一条记录对应一个 DEM 实体数据。

以下通过 DEM 元数据范例予以说明。至今为止，已经有许多机构或组织对元数据所描述的空间数据特征信息进行了规划和分类，从而指定出可供参考和遵循的标准。表 10.2 列出了国际上几种著名的元数据标准名称。

表 10.2　国际上几种著名的空间数据元数据标准

序号	名称	机构或组织
1	数字地理空间元数据内容标准（CSDGM）	美国联邦地理数据委员会（FGDC）
2	目录交换格式（DIF）	美国 NASA、全球变化数据管理国际工作组（IWGEMGC）
3	政府信息定位服务（GILS）	美国联邦政府
4	CEN 地理信息—数据描述—元数据	CEN/TC287
5	数据集描述方法（GDDDD）	欧洲地图事务组织（MEGRIN）
6	数字地理参考集的目录信息（CGSB）	加拿大通用标准委员会（CGSB）地理信息专业委员会
7	ISO 地理信息元数据	ISO/TC211

我国 DEM 元数据分为内部使用和外部上网查询两部分，其中后者从前者选择性地派生得到。

10.4 数字高程模型数据库管理

10.4.1 数据组织

如果一个区域很小，并且 DEM 的分辨率也很低，那么 DEM 的数据量不会很大，可以通过一个数据文件即可进行有效的管理。相反，对于一个较大的区域，DEM 的数据量往往超过数百兆字节，甚至几十千兆字节，如果还是用一个文件进行存储管理，则操作的效率将非常低，而且大多数计算机也将难以胜任这样的工作。为了满足各种应用对数据库操作特别是数据检索高效可靠的要求，对于大量的数据不管是通过多个文件还是通过关系数据库进行管理，数据在计算机中的有效组织都是非常关键的。为了确保 DEM 数据管理的易用性，一般根据 DEM 的 5 个基本属性进行分区组织，这些属性是平面位置、高程位置、时间、专题和尺度。而根据尺度、时间和平面位置进行组织的方式最常使用。

DEM 既作为独立的基础产品，根据所采用数据源的不同，DEM 产品分为两大类：一类产品指，利用航空影像经解析摄影测量或全数字摄影测量采集数据，并进一步由 TIN 建模技术内插生成的标准正方形格网数据；另一类产品指，利用既有基本地形图经扫描数字化采集数据或直接用 DLG，并进一步由 TIN 建模技术内插生成的标准正方形格网数据。国家级的 DEM 跟过去的等高线地形图一样，也按传统的比例尺进行分类，如 1:25 万、1:5 万和 1:1 万，用空间分辨率（格网间距）表示分别为 100m、25m 和 10m。为了方便数据的生产、管理和更新，所有类别的 DEM 产品均采用一致的栅格数据结构，并按国家基本比例尺地形图分幅规定的图幅范围为单位（即最小的分块）组织数据，如图 10.16 所示。格网点所对应的平面位置坐标类型包括高斯平面坐标（南北 X/

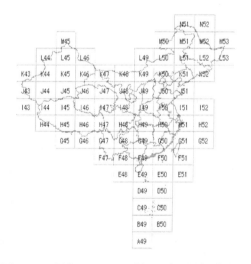

图 10.16 国家 1:100 万比例尺地形图标准分幅

东西 *Y*）和大地坐标（经度/纬度）两种，都纳入国家 1980 大地坐标系。格网点高程为国家 1954 黄海平均海平面海拔。考虑数据量的限制和应用需求，一般小于 1∶5 万比例尺的 DEM 建立全国统一的数据库，而其他更大比例尺的 DEM 则分地区（如省、市）、分流域等分别建立数据库。

尽管对一个大型三维数据集的交互式透视浏览与专门的计算机软硬件有关，但为了在中低档桌面工作站上也能达到令人满意的实时交互操作效果，必须采用比较优化的方法来组织和检索数据。以下三项技术被证明是最有用的。

（1）LOD 概念被经常提到并广泛采用，描述同一个对象的一系列不同分辨率和质量（不同的细节层次）的矢量数据模型预先创建并保存在数据库中。对于栅格数据，影像的多分辨率概念即影像金字塔（image pyramid）与此是等价的。

（2）渐进描绘技术用于控制场景质量，一般采取的策略是要么缩减可见的范围，要么根据细节层次结构简化数据质量。

（3）动态装载也是必须应用的技术，如果一个大区域整个 DEM 数据库都可以得到，那么不可能将所有数据都保存在工作站的内存当中。动态装载要求合理的数据库组织和快速的数据索引机制，以保证能实时提供任何所需的子数据集。

为了满足不同细节层次数据快速浏览的需要，一般在物理上也建立金字塔层次结构的多比例尺数据库。而不同比例尺的数据库之间可以自适应地进行数据调度。这样，既可以在瞬时一览全貌，也可以迅速看到局部地方的微小细节。由于栅格 DEM 本身具有多尺度的性质，一方面可以通过建立金字塔数据库获得数据库级的 LOD，还可以借助于快速处理算法实时地从大比例尺自动地抽取更小比例尺的数据。

对于我国这样一个地域广阔的国家，为了建立一个连续无缝的 DEM 数据库，比较理想的是采用地理坐标系。而在实际应用中需求更多的是高斯投影的数据，因此 DEM 数据库必须解决这其中的矛盾。最简单的办法是同时建立两种投影的数据库，另外就是利用快速投影变换算法进行实时的正反变换。当然，这种变换还涉及数据的重采样问题，如果要把高斯坐标的 DEM 建成地理坐标的数据库，则在入库的时候应采用更高的重采样分辨率，以保证数据出库时投影变换后的 DEM 具有与原来相近的精度。

10.4.2 文件系统

DEM 文件系统数据库通常采用"工程—工作区—行列"结构。为了提高对整体数据的浏览效率，系统采用金字塔层次结构来组织数据，并根据显示范围的大小来自动调入不同层次的数据。一般主要支持以下六方面的功能。

（1）文件管理：系统采用基于文件的方法来组织管理所有的数据（存放方式是以图幅或规则分块为单位的标准格网点或经纬网点），在一个目录下保存所有信息文件。一个工作区指一幅完整的 DEM 数据。系统可以处理一个独立的工作区数据，也可以根据需要将若干工作区组织在一起成为工程（DEM 建库），实现工作区数据之间的无缝漫游。文件管理包括建立空间索引、从大比例尺数据到小比例尺数据的自动综合、打开、关闭、以及与其他类型数据库的连接等基本功能。

（2）数据处理：数据处理包括对航空影像或卫星遥感图像做镶嵌、定位，向 DEM

数据库递交 DEM 数据，从库内提取、更新、投影变换、镶嵌与分解 DEM，以及标注地名等功能。

（3）三维显示：这是进行 DEM 数据及其他复合数据浏览的主要功能选项，有两种不同的具有真实感的表面模型用以表达地形起伏，即灰度浓淡模型和纹理景观模型。前者只是根据 DEM 和特定的光源和视点位置，模拟光照效果，产生灰度晕渲的透视模型。而后者则直接将航空影像或卫星图像数据叠加到 DEM 表面，产生逼真的地形景观模型。各种矢量数据也能叠加到 DEM 表面，特别是根据平面几何数据和高度属性，系统还能够重建诸如房屋等的三维表面模型。并且，用户可以方便地改变各种参数以得到不同的观察效果，如用户可以决定是产生透视投影图像还是正射投影图像，是浏览静态图像还是以动画的方式模拟穿行或飞行的视觉效果等。

（4）几何查询：对显示的三维模型可以进行基本的几何量算，如坡度/坡向、表面积与水平投影面积、体积、各种剖面、可视域和通视性、任意位置的高程，以及场地平整的填挖方等。

（5）模型应用：组合前面的若干功能，提供诸如洪水淹没分析与仿真、最佳观察位置的确定等模型应用。

（6）系统参数设置：主要设置系统运行所需的若干环境参数，如查找的距离容差、三维显示的细节水平、动画显示的路径等。并可以将当前的所有参数保存下来，以利于后续直接使用。

文件系统在数字高程模型数据管理中被广泛使用，以下介绍其主要的文件结构。

1）格网模型的文件结构

格网数字高程模型的文件可表达为格网点矩阵或栅格数据形式，如图 10.17 所示。格网点间的拓扑通过矩阵行列表达。

$$\begin{pmatrix} 56 & 58 & \cdots & 60 & 56 \\ 57 & 59 & \cdots & 63 & 58 \\ \vdots & \vdots & & \vdots & \vdots \\ 64 & 70 & \cdots & 68 & 66 \\ 62 & 68 & \cdots & 66 & 62 \end{pmatrix}$$

图 10.17　格网数字高程模型文件的矩阵表示

格网点的坐标可以通过格网原点（x_0，y_0）和格网间距 d 解析：当矩阵（m，n）的左下角点被视为原点，则第（i，j）个格网点的坐标为

$$\begin{cases} x_{i,j} = (j-1) \times d + x_0, j = (0, n-1) \\ y_{i,j} = (i-1) \times d + y_0, i = (0, m-1) \end{cases} \tag{10.1}$$

换而言之，矩阵记录的是数字高程模型各格网点的高程数据。同时，在文件记录中，还需要额外的信息，如原点的位置和格网间距等，用于支持用户解析文件中高程数值。因此，典型的格网模型文件包括三部分：文件头、主体和脚注，各部分内容如表 10.3 所示。

2）三角网模型的文件结构

三角网模型由一系列相互连接的不规则三角形构成。因此，与格网模型中格网点坐标的规则算式不同，三角网模型的文件中需要记录三角形各个顶点的位置及边的拓扑关

系。图 10.18 给出了一个局部三角网数字高程模型示例,其所对应的文件信息如表 10.4~表 10.6 所示,包括顶点列表、三角形列表和三角形拓扑关系列表;分别记录为顶点数据文件和拓扑信息文件,各文件结构均包括三部分:文件头、主体和脚注,各部分内容如表 10.7 和表 10.8 所示。

表 10.3　典型的格网数字高程模型文件

文件组成部分	内容	说明
文件头	坐标原点、坐标数据类型、高程范围、高程数据类型、格网间距、行列数、行列顺序、文件主体地址、脚注地址、压缩标记	脚注信息也可记录在文件头中
主体	各格网点的高程数据	按网格单元的行与列排列
脚注	该模型基本信息有名称、生产者、投影参数、版本、精度、生产日期、空值标记等	元数据

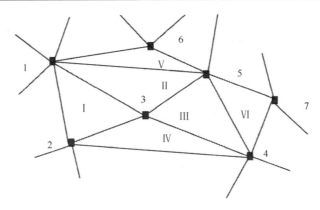

图 10.18　局部三角网数字高程模型

表 10.4　三角网数字高程模型的文件信息:顶点列表

顶点序号	X	Y	Z
1	429.1	269.6	57.5
2	437.3	200.3	60.2
3	504.7	234.1	55.3
4	607.2	190.5	56.1
5	555.4	265.8	50.2
6	506.7	280.3	52.5
7	621.2	251.4	53.8
...	...	...	...

表 10.5　三角网数字高程模型的文件信息:三角形列表

三角形序号	顶点 1	顶点 2	顶点 3
I	1	2	3
II	1	3	5
III	3	4	5
IV	2	4	3
V	1	5	6
VI	4	7	5
...	...	...	...

表 10.6　三角网数字高程模型的文件信息：三角形拓扑关系表

三角形序号	X	Y	Z
I	—	IV	II
II	I	III	V
III	IV	VI	II
IV	—	III	I
V	II	—	—
VI	—	—	III
…	…	…	…

表 10.7　典型的三角网数字高程模型文件：顶点数据文件

文件组成部分	内容	说明
文件头	坐标原点、坐标数据类型、顶点数据范围、顶点数据类型、格网间距、行列数、行列顺序、文件主体地址、脚注地址、压缩标记	脚注信息也可记录在文件头中
主体	各顶点序列	数据块形式
脚注	该模型基本信息有名称、生产者、投影参数、版本、精度、生产日期、空值标记等	元数据

表 10.8　典型的数字高程模型文件：拓扑数据文件

文件组成部分	内容	说明
文件头	三角形个数，表 10.5、表 10.6 的数据量	脚注信息也可记录在文件头中
主体	表 10.5、表 10.6 的数据	按网格单元的行与列排列
脚注	其他相关信息	元数据

3）包含地形特征的文件结构

当数字地形模型中包含如特征点、特征线等信息时，通常将地形特征数据保存为分别记录特征点和特征线的单独文件。其中，特征点文件的结构和三角网数字地形模型的顶点文件类似；而特征线文件稍有不同，主要体现在文件头中，特征线的需要被特别标记出来，如图 10.19 所示。在建模和内插时，将相应规则格网数据根据地形特征数据剖分为三角形。

1(line ID), N_1 (No. of points on line 1)
X_{11}, Y_{11}, Z_{11}
X_{12}, Y_{12}, Z_{12}
......
$X_{1N_1}, X_{1N_1}, X_{1N_1}$
2(line ID), N_2 (No. of points on line 2)
X_{21}, Y_{21}, Z_{21}
X_{22}, Y_{22}, Z_{22}
......
$X_{2N_2}, X_{2N_2}, X_{2N_2}$
......
......

图 10.19　地形特征线的文件结构

10.4.3 传统关系型数据库管理系统

数据库管理系统是一个非常复杂的软件系统，其基本职能有：

（1）管理数据库，包括控制整个数据库系统的运行，控制用户的并发性访问，执行对数据库的安全、保密、完整性检验；实施对数据的检索、插入、删除、修改等操作；

（2）维护数据库，包括初始时装入数据库；运行时记录工作日志，监视数据库性能；在性能低下时，重新组织数据库；在系统软硬件发生故障时，恢复数据库等；

（3）数据通信，负责处理数据的流动。

利用数据库系统管理空间数据是 GIS 技术发展的里程碑之一，所采用的数据库系统可以是关系型数据库（RDBMS）、对象关系数据库（ORDBMS）或面向对象的数据库管理系统（OODBMS），利用同一数据库管理空间数据和其属性的目的是利用数据库系统的特点来使空间数据管理规范化。DEM 数据库管理系统的实现主要有两种方式：一是基于文件系统和空间索引的方式；二是基于关系型数据库的方式。在数据的分层次组织和基于格网或四叉树的空间索引机制方面，这两种方式的实质是一样的。在一个关系数据库里最普通的对象是关系表（table），其他对象如索引、视图、序列、同义字和数据字典等都是用来进行查询和数据存取用的。表是基本的存储结构，是一个由若干行和列的数据元素组成的二维矩阵。表的每一行包含了描述一个实体的所有信息，而其中的一列则表示这个实体的一个属性。由于关系数据库对大数据量的 DEM 的访问要经过比文件系统更多的步骤，在同样的条件下，基于文件系统的数据库效率因此要高一些。但基于文件系统的数据库管理系统在事务处理、多用户访问、网络协议和安全机制等方面的能力是十分有限的。

有别于数据库内容，允许本地和远程存取数据库，以及将数据库与其他信息系统进行连接是数字高程模型从单一的文件向未来复杂的信息系统发展的关键步骤。表 10.9 表示的是 DEM 数据库的不同发展层次。

表 10.9　DEM 数据库的不同发展层次

信息水平	系统
地形表面特征的几何描述	CAD 模型、DTM
信息系统和数据库管理系统	二维或三维 GIS
对数据库的本地与远程存取	地学服务器
与其他信息系统的连接	数字地球

DEM 数据库管理系统不仅能够支持数据录入和分发，还要能支持以下基本功能：

（1）DEM 数据显示与查询功能，包括按图幅、经纬度、坐标等任意范围条件进行查询和多种图形显示如格网、晕渲和具有真实感的图形等；

（2）基本的 DEM 分析与应用示范功能，如坡度/坡向分析、可视域分析等；

（3）数据提取功能，包括提取任意范围并以多种格式和不同投影输出 DEM 数据；

（4）建立空间索引和 DEM 数据递交入库功能，包括接受多种格式、不同投影的数据和范围检查等；

（5）DEM 数据库与其他数据库（包括元数据库）的连接和数据复合显示等功能；

（6）权限控制等。

10.4.4　非关系型数据库管理系统

传统关系型数据库在海量数据存储、高并发访问，以及扩展性方面的瓶颈，制约了网络环境下多时态 DEM 的存储管理。近年来，以键-值数据库（key-value）为代表的非关系型数据库（NoSQL）迅猛发展，其具有高性能访问、大数据量存储和易扩展架构的系统优势（申德荣等，2013；Cattell，2011；Stonebraker，2010），能有效支持多时态 DEM 随时间积累，数据量线性增加的数据特点。因此，将非关系型数据库与海量多时态 DEM 结合是当前大数据背景下 GIS 空间数据管理技术发展的必然趋势。

非关系型数据库包括键值存储数据库、列存储数据库、文档型数据库和图形数据库四大类，其特征包括如下三方面。

（1）易扩展，大数据量存储。摒弃了关系型数据库的关系特性，在架构层面带来了可扩展能力。其可在系统运行时动态增删数据结点，并实现数据的自动迁移与平衡。

（2）高性能并发读写。关系型数据库在对事务一致性的维护中有很大的开销，非关系型数据库通过最终一致性和软事务，极大提高了大数据环境下的实时读写性能。

（3）自由的模式定义。无需事先定义属性字段，可存储自定义的数据格式，并自由增加或删除属性字段。

非关系型数据库遵循 CAP 理论和 BASE 原则，不适合事务一致性和读写实时应用（申德荣等，2013）。考虑到 DEM 数据的应用特点是面向多用户的并发访问，追求数据调度的高效性和可视化的流畅性，读写实时一致性要求不高，很好的契合非关系型数据库的性能特点。非关系型数据库采用键值查询，因此在地形金字塔划分的规则格网基础上，为每一个地形格网块建立唯一标识码进行索引。地形格网块唯一标识码由三方面信息（$L,(x,y)$）组成，其中 L 表示 LOD 的层级；x 表示格网行号；y 表示格网列号。考虑到地形数据格网划分的规则相同，同一视域不同时态地形格网的名称相同，故建立格网 ID 和时间戳的混合索引（吴晨等，2014）。通过视域范围内的格网 ID 和时间信息，能够快速调度目标区域和目标时态的地形数据。

此外，以文档型数据库 MongoDB 为例，在多时态 DEM 的数据管理过程中，可以通过建立地理空间索引，支持坐标平面查询，如查询距离当前经纬度坐标最近的 N 个目标，基于矩形和圆形的范围查询等（Chodorow，2013）；可以通过内存映射，将空闲内存当缓存使用，并通过地形瓦片时间戳的逆序排列，在内存中管理现势性数据，实现高频访问的现势性 DEM 的高效调度（吴晨等，2014）；对于弱一致性带来的海量地形瓦片入库的安全隐患，提供客户端阻塞方式，将缓存数据强制写入磁盘，并返回操作是否成功的信息提示（许伟平，2014）；通过自动分片（auto-sharding）的分布式存储功能，自动建立一个水平扩展的数据库集群系统，将数据拆分并透明分散存储在不同数据服务器的节点，提高 I/O 的吞吐能力；通过主从复制（master-slave）和复制集（replica set）的数据复制模式，提高集群的安全性，实现自动容错（auto-failover）和自动恢复（auto-recovery）功能；通过扩展读取实现读、写分离，利用从节点分担主节点的数据读取压力。

10.4.5 SOA 架构下的数据管理与服务

空间数据共享和地理处理的互操作是提高网络环境下空间信息资源整体利用率的有效手段。传统桌面型地理信息系统和网络地理信息系统（WebGIS）均存在系统内部耦合度高，系统之间相对孤立，数据和功能相对绑定、缺乏良好的可互操作性等不足。面向服务架构（service oriented architecture，SOA）将服务实现与服务接口分离，通过服务发现、服务绑定和服务执行的方式，实现服务请求者和服务提供者之间松散耦合的数据互操作和功能互操作（Erl，2008；Newcomer and Lomow，2004），为多源、异构、海量 DEM 数据的共享与交互提供了新的解决方案。

SOA 服务架构的特点是服务实现与接口分离。服务提供者将服务发布在第三方注册中心（UDDI），服务请求者需要服务时通过该注册中心去申请服务，注册中心将满足服务请求者要求的服务以服务接口的形式返回给服务请求者。服务使用者可以将服务进行"动态地组装"和"按需增减"，无须关注服务是如何执行其请求的具体过程，而且只需要调度支持其请求的服务接口，无须进行系统维护，降低了工作量和维护成本（曾鸣，2011）。因此，SOA 改变了数据和功能组件间的紧密耦合方式，能够支持更为广泛而灵活的 DEM 数据应用。

在空间信息共享需求和基于 SOA 的 Web Service 技术发展的推动下，DEM 数据管理也开始朝着空间信息服务的方向发展。在统一的技术架构下，将网络中的 DEM 数据资源（包括文件系统和数据库系统等）组织成一张统一的逻辑视图，而不是一个完整的不可分割的 DEM 数据管理系统，发布其结构化的元数据目录信息；在调用过程中，根据应用需要实时处理，动态地转化为目标结果，并以空间数据服务的形式发送给服务使用者，最大限度地实现 DEM 共享（卢战伟等，2009）。这种空间信息共享方式，使得多源异构的 DEM 数据不再需要转换到统一的 DEM 数据管理平台，而是通过联网和元数据的抽象描述，实现跨平台的统一管理。DEM 分析功能也可以通过 SOA 共享方式，封装成粒度适宜的空间处理服务（易敏，2008）。

空间信息服务改变了传统 DEM 数据组织管理的设计与应用模式，形成了以网络为中心的全新的地理信息系统服务模式，可以为公众、行业和政府等提供在线的个性化的 DEM 数据服务和 DEM 分析服务。考虑到不同用户对 DEM 数据空间信息服务的不同需求，需要建立 DEM 数据资源分级服务的服务策略、服务方式和服务模式。因此，需要在空间信息服务通用模型的基础上，建立基于 SOA 架构和层次模型思想的 DEM 数据空间信息服务分层体系结构，以及基于 DEM 数据空间信息服务业务流程的服务发布模型（陈应东等，2008）。

10.5　数字高程模型数据压缩

随着干涉合成孔径雷达、激光扫描测量和多角度摄影测量等 DEM 数据获取技术的迅速发展，DEM 空间分辨率不断提高，数据量急剧增大。因此，对 DEM 数据进行压缩，以压缩的形式存储和传输，是节约空间和提高传输效率的有效方法之一。

10.5.1 有损压缩与无损压缩

数据压缩指的是减少给定信息量之间的数据冗余，根据重建过程中有无信息丢失分为无损压缩和有损压缩。

（1）无损压缩。无损压缩是对文件本身的压缩，和其他数据文件的压缩一样，是对文件的数据存储方式进行优化，采用某种算法表示重复的数据信息，文件可以完全还原，不会影响文件内容。

（2）有损压缩。有损压缩是对文件本身的改变，在保存文件时合并和综合部分信息，根据合并的比例不同，压缩的比例也不同，由于信息量减少了，所以压缩比可以很高，文件质量也会相应的下降。值得注意的是，虽然有损压缩可以获得比无损压缩更高的压缩比，但它会丢失部分信息，并且压缩过程不可逆。

10.5.2 无损压缩的 Huffman 编码

Huffman 编码是目前最常用、效率最高的变字长编码技术之一。该方法的基本思想是数据中特征的出现频率存在差异，Huffman 编码则完全依据字符出现概率来构造异字头的平均长度最短的码字。以下举例说明利用 Huffman 编码实现数字高程模型数据无损压缩的过程。

图 10.20 展示了一个格网 DEM 数据示例，数据中格网点高程值在 212~216，因此，每个高程值需要一个 8-bit 的空间来存储，图 10.20 中的数据总计需要 8×36 bits （288 bits）。

213	213	213	212	212	213
216	212	213	212	212	216
421	215	215	213	216	215
212	213	213	213	214	214
212	213	215	214	213	212
212	213	213	213	213	212

图 10.20 格网 DEM 数据示例

从表 10.10 可见，高程值 213 出现最频繁而高程值 216 出现最不频繁。由此，根据 Huffman 编码方案，码字长度严格按照对应高程出现的概率大小逆序排列，则最终保证其平均码字长度为最小。

表 10.10 DEM 数据库的不同发展层次

原数据			压缩信息						压缩结果
Value	Occurrence	Frequency	1st	Code 3	2nd	Code 2	3rd	Code 1	
213	15	0.42	0.42	1	0.42	1	0.58	0	1
212	10	0.28	0.28	01	0.30	00	0.42	1	01
214	4	0.11	0.19	000	0.28	01			001
215	4	0.11	0.11	001					0000
216	3	0.08							0001

其执行过程首先根据高程出现频率由大到小排序，在这个过程中，遵守以下两条原则：

（1）最后两个频率总是在每一轮压缩中表达为一个值；

（2）频率值总是按顺序排序，最大的频率值最高。

当出现频率的数量减少到两个，则可以对每个数据分配代码。在代码赋值过程中，涉及三个原则：

（1）采用二进制代码，即 0 和 1；

（2）编码由高层次向低层次传播；

（3）编码依据压缩过程的反向次序指定。

以上示例经过三轮压缩处理得到 5 个值。压缩编码后所需的存储位数变为 $1 \times 15 + 2 \times 10 + 3 \times 4 + 4 \times 4 + 4 \times 3 = 80$。因此，压缩比是 $288/80 = 3.6$。一般来说，该方法可实现压缩比为 5 的无损压缩。

10.5.3　其他无损压缩方法

算术编码也是一种常用的无损压缩方法。算术编码的基本思想是将每个不同的序列按照出现的频率映像到 0~1 的相应数字区域内，该区域表示成可以改变精度的二进制小数，出现频率越低的数据用精度越高的小数表示，源数据的出现频率决定该算法的压缩效果，同时也决定编码过程中源数据对应的区间范围，而编码区间则决定算术压缩算法最终的输出数据。算术编码是一种熵编码，熵编码对服从高斯分布的数据要比均匀分布的数据有更高的描述效率。

此外，第 9 章介绍的四叉树结构也是一种非常有效的无损压缩方法。其他常用的无损压缩方法还包括块编码，以及多用途的 gzip、bzip2。

10.5.4　有损压缩的 JPEG 法

JPEG2000 是一种基于小波的静态图像压缩标准，标准的核心是小波变换压缩技术，该方法不仅能取得 14~15 的高压缩率，而且能实现渐进传输，随机访问等特性，能很好地适应网络环境下的压缩传输需求，具有广泛的推广应用价值。

应用小波技术进行 DEM 数据无损压缩的基本思想是将规则网格 DEM 看为一个 M 行 N 列的图像，每个网格点的高程值即可看成该像素点的灰度值，根据图像的频率特性，可以将基本骨架地形看做低频信息；而相对应的精细地形看做高频信息。这样就将 DEM 数据压缩问题转变为一个二维图像的压缩问题（吴学文等，2004）。为达到 DEM 数据的无损压缩，在压缩时需要采用整数小波变换，所以需要把 DEM 数据的高程值经过预处理都转成整数。对于浮点高程数据，计算读取数据的范围，将每个高程值减去区域内的最低高程值，再移位取整后得到整型数据。对精度高的数据转换后可能存在一定的精度损失，但一般只需移动 2~3 位，单位由米转换为厘米或毫米。由于 DEM 数据不同于普通图像，位深度一般大于 8 位，需要设置位深和精度。

10.5.5　其他有损压缩方法

其他常用压缩方法包括整型量存储、差分映射、差分游程法和小模块差分法。其中：

（1）整型量存储的基本原理是将高程数据减去一常数 Z_0，$Z_i = \text{INT}\left[(Z_i - Z_0) \cdot 10^m + 0.5\right]$；

（2）差分映射的原理是针对相邻数据间的增量，对小范围数据，利用一个字节存储一个数据，使数据压缩至原有存储量的近 1/4；

（3）差分游程法，即增量游程法是当差分的绝对值大于 127 时，将该数据之前的数据作为一个游程，而从该项数据开始新的游程；

（4）小模块差分法，即小模块增量法，是将 DEM 分成较大的格网——小模块，每一模块包含如 5×5 或 10×10 个 DEM 格网，使每一记录长度是固定的，每一记录与各个小模块联系是确定不变的。

此外，第 4 章介绍的选取 VIP 是另一种有损压缩技术；同时，基于小波理论的新分支——多进制小波，也可以利用多进制小波变换有损压缩 DEM 数据（万刚和朱长青，1999）。

10.6　数字高程模型数据的数据交换标准

DEM 数据共享的意义十分简单明了，因为我们只有一个地球。随着诸如高分辨率卫星成像系统和数字摄影测量系统等技术的进步，DEM 数据获取的总量迅速增长，获取数据和使用数据的个人与组织也不断膨胀。30 多年来，许多研究或组织机构在其发展过程中逐渐形成了多个独立的 DEM 数据应用系统。一个部门内可能由于组织关系或研究目的的不同，又有许多独立的应用系统。大量的数据往往涉及若干不同的部门或单位、不同的软硬件环境和不同的数据源，数据模型和数据结构、数据库管理与操作、数据分析与应用功能、终端用户的计算机环境和地理位置等也都千差万别。为了更好地研究复杂的自然界的变化规律，了解各种要素的相互作用机制及响应模式，我们需要集成多个不同的系统，甚至将来自不同学科的相关数据集成在一起，从多学科多角度综合地去感知这个世界。显然，要达到数据或系统集成的目的必须首先实现数据的共享。通常解决空间数据共享的办法是在不同系统之间进行数据交换或称数据转换。本节主要介绍中国和美国数字高程模型数据交换标准并简要列举其他常用的数字高程模型数据交换标准。

10.6.1　中国的数字高程模型数据交换标准

我们国家颁布了如下的 DEM 数据交换格式标准，见表 10.11。

国家级的 DEM 虽然以栅格形式存储，但不宜直接采用 TIFF 或 BMP 文件。所以需定义 DEM 的数据交换格式。数据文件包含两部分：文件头和数据体。DEM 数据体采取从北到南，从西到东的顺序，并以 ASCII 码方式存储。

文件头分两类数据：一类是基本的必需的数据；另一类是扩充的附加信息。附加部分可以省略。文件头的基本组成单元是项目，格式为"项目名：项目值"，每个项目单独占一行。

表 10.11 中国 DEM 数据交换格式标准

项目名	对项目值的说明
datamark	中国地球空间数据交换格式-DEM 数据交换格式（CNSDTF-DEM）的标志。基本部分，不可缺省
version	该空间数据交换格式的版本号，如 1.0。基本部分，不可缺省
unit	坐标单位，K 表示千米，M 表示米，D 表示以度为单位的经纬度，S 表示以度分秒表示的经纬度（此时坐标格式为 DDDMMSS.SSSS，DDD 为度，MM 为分，SS.SSSS 为秒）。基本部分，不可缺省
alpha	方向角，基本部分，不可缺省
compress	压缩方法，0 表示不压缩，1 表示游程编码。基本部分，不可缺省
X_0	左上角原点 X 坐标，基本部分，不可缺省
Y_0	左上角原点 Y 坐标，基本部分，不可缺省
DX	X 方向的间距，基本部分，不可缺省
DY	Y 方向的间距，基本部分，不可缺省
row	行数，基本部分，不可缺省
col	列数，基本部分，不可缺省
valuetype	高程值的类型，基本部分，不可缺省
Hzoom	高程放大倍率，基本部分，不可缺省。设置高程的放大倍率，使高程数据可以整数存储，如高程精度精确到厘米，高程的放大倍率为 100
coordinate	坐标系，G 表示测量坐标系，M 表示数学坐标系。基本部分，缺省为 M
projection	投影类型，附加部分
spheroid	参考椭球体，附加部分
parameters	投影参数，根据不同的投影有不同的参数表，格式不作严格限定，但必须在同一行内表达完毕，附加部分
$minV$	格网最小值，附加部分，这里指乘了放大倍率以后的最小值
$maxV$	格网最大值，附加部分，这里指乘了放大倍率以后的最大值

DEM 文件的基本内容和格式如下所述。

datamark：字符型，表示国家空间数据交换格式（DEM 交换格式（NSDSF-DEM））的标志。

version：数值型，该空间数据交换格式的版本号。

unit：字符型，坐标单位。M 表示米，D 表示经纬度。

X_0：数值型，左上角原点 X 坐标。

Y_0：数值型，左上角原点 Y 坐标。

DX：数值型，X 方向的间距。

DY：数值型，Y 方向的间距。

row：数值型，行数。

col：数值型，列数。

H00，H01…：沿行列分布的格网点高程值。

Hzoom：数值型，高程的放大倍率。设置高程的放大倍率，使高程数据可以以整形方式存储，如高程精度精确到厘米，高程的放大倍率为 100。

10.6.2 美国的数字高程模型数据交换标准

和中国的数字高程模型数据交换标准类似，由美国地质调查局制定的美国的数字高程模型数据交换标准如表 10.12 也通过一系列数据项描述数字高程模型数据集。USGS DEM 文件格式由逻辑记录 *A*、*B*、*C* 组成，其中：第一部分是文件头记录 type *A*，主要记录了 DEM 数据有关的信息；第二部分是断面数据 type *B*，分为断面头数据和 DEM 数据实体；第三部分是精度信息 type *C*，可以省略。数据项见表 10.12（USGS，1998）。

表 10.12　美国 DEM 数据交换格式标准

项目名	对项目值的说明
filter	数据交换格式的标志。基本部分，不可缺省
origin code	该空间数据交换格式的版本号，如 1.0。基本部分，不可缺省
DTM level	1=DEM–1；2=DEM–2，3=DEM–3；4=DEM–5。基本部分，不可缺省
pattern	1 =正常，2 =随机的，保留以供将来使用。基本部分，不可缺省
coordinate system	0=geographic；1=UTM；2=state plane。基本部分，不可缺省
zone	UTM 投影参数。基本部分，不可缺省
map projection	指定映射的类型和/或参数预测。基本部分，不可缺省
unit for planimetry	0-radius；1=feet；2-meter；3=arc-second。基本部分，不可缺省
unit for height	1=feet；2=meter。基本部分，不可缺省
number of bounding polygon	*n*=4。基本部分，不可缺省
corner coordinates	四个角点坐标，从低左下角起，顺时针。基本部分，不可缺省
min & max heights	高程值的类型。基本部分，不可缺省
axis orientation	高程放大倍率。基本部分，不可缺省。设置高程的放大倍率，使高程数据可以整数存储，如高程精度精确到厘米，高程的放大倍率为 100
accuracy code	0=unknown；1=recorded
resolutions	*X*，*Y*，*Z*。附加部分
row and column	行列数。附加部分

以上数据项在版本更新中保持不变。

USGS DEM 数据以 ASCII 码形式存储，逻辑记录 *A*、*B*、*C* 都以 1024 字节长度作为逻辑记录单位，不足 1024 字节的用空格补齐。逻辑记录 *B* 通常包含多个 1024 字节长度的逻辑记录单位。为了有效利用空间每 4 个逻辑记录单位组成一个物理记录单位（4096 字节）。

10.6.3　其他数字高程模型数据交换标准

其他常用的数字高程模型数据交换标准包括北大西洋公约组织（NATO）发布的 STANAG 3809，美国国防部发布的 level 1 和 level 2 的数字高程数据格式（DTED），以及商业软件常用的数字高程模型数据文件格式 Arc ASCII Grid（左下角点像元左下角，后缀*.asc）、ARC Info GRID（左下角点像元中心，后缀*.grd）、ESRI FLOAT BIL（左上角点像元中心，后缀*.bil *.hdr，*.blw）等。

参 考 文 献

陈晓勇. 1991. 数学形态学与影像分析. 北京: 测绘出版社.
陈应东, 崔铁军, 卢战伟. 2008. 基于 SOA 的空间信息服务架构模式. 地理信息世界, 06: 49~52.
龚健雅. 1993. 整体 SIS 的数据组织与处理方法. 武汉: 武汉测绘科技大学出版社.

龚健雅. 1999. 当代 GIS 的若干理论与技术. 武汉: 武汉测绘科技大学出版社.

李德仁, 龚健雅, 朱欣焰, 梁宜希. 1998. 我国地球空间数据框架的设计思想与技术路线. 武汉测绘科技大学学报, 23(4): 297~303.

李朋德. 1999. 省级国土资源基础信息系统的设计与实施. 武汉: 武汉测绘科技大学博士学位论文.

卢战伟, 赵彦庆, 陈荣国, 陈应东. 2009. 基于 SOA 的空间信息资源整合与服务模式探讨. 计算机与数字工程, 09: 125~127.

申德荣, 于戈, 王习特, 聂铁铮, 寇月. 2013. 支持大数据管理的 NoSQL 系统研究综述. 软件学报, 08: 1786~1803.

万刚, 朱长青. 1999. 多进制小波及其在 DEM 数据有损压缩中的应用. 测绘学报, 28(1): 36~40.

吴晨, 朱庆, 张叶廷, 许伟平. 2014. 基于混合瓦片的海量 DEM/DOM 数据高效存储管理方法——以应急救灾数据库为例. 地理信息世界, 03: 69~72.

吴学文, 孙延奎, 唐龙. 2004. 基于 JPEG2000 的 DEM 数据无损压缩. 计算机应用研究, 21(1): 240~242.

易敏. 2008. 面向服务架构(SOA)的空间信息服务研究. 上海: 华东师范大学硕士学位论文.

曾鸣. 2011. 基于 SOA 的森林资源空间信息分级服务研究. 北京: 中国林业科学研究院博士学位论文.

朱庆, 李志林, 龚健雅, 睢海刚. 1999. 论我国"1∶1 万数字高程模型的更新与建库". 武汉测绘科技大学学报, 24(2): 129~133.

Cattell R. 2011. Scalable SQL and NoSQL data stores. ACM SIGMOD Record, 39(4): 12~27.

Chodorow K. 2013. Mongo DB: The definitive guide. O'Reilly Media, IncEnvironmental Systems Research Institute (ESRI). 1992. Cell-based Modeling with GRID 6.1. ARC/INFO USER'S GUIDE.

Erl T. 2008. SOA: Principles of Service Design. Upper Saddle River: Prentice Hall.

Newcomer E, Lomow G. 2004. Understanding SOA with web services (independent technology guides). Addison-Wesley Professional.

Stonebraker M. 2010. SQL databases v. NoSQL databases. Communications of the ACM, 53(4): 10~11.

US Geological Survey (USGS). 1998. Standards for Digital Elevation Models. http: //rockyweb. cr.usgs.gov/nmpstds/demstds.html. 2004-4-3.

Xie X, Xu W P, Zhu Q, Zhang Y T, Du Z Q. 2013. Integration method of TINs and Grids for multi-resolution surface modeling. Geo-spatial Information Science, 16(1): 61~68.

第11章 从数字高程模型内插等高线

等高线是地面上高程相等的各有关相邻点所连成的封闭曲线,用等高线在地形图上表示地貌,不仅能正确反映地面的高低起伏、山脉走向、山体形状、坡度大小和山谷宽窄深浅等,而且能清楚显示一定地区的山势总貌。因此世界各国的地形图主要用等高线法表示地貌,仅在等高线基础上增加一些地貌符号和注记,或配合彩色晕渲以增加立体感。

从 DEM 内插等高线是 DEM 最重要的应用之一,主要包括两个步骤:首先选择等高线上的任一点为起点从 DEM 跟踪等高线点,然后进一步插补加密等高线点以形成光滑的曲线(即等高线的拟合或光滑)。根据数据点的分布密度,等高线的光滑则可以选择许多不同的曲线拟合方法,如果 DEM 格网点本身就很密集,将内插的等高线点直接用直线连接也可以满足许多图形显示和绘图对曲线光滑的需要(王春等,2015)。如果等高线点随地形特征不同而非均匀分布且十分稀疏,则还要选用合适的曲线拟合方法如分段三次多项式、B 样条、张力样条等进行曲线插补处理(王来生等,1993),以便绘制出光滑的等高线图形。由于曲线拟合的数学方法很多,且属于一般计算几何问题,本书将不再重复介绍,而重点讨论等高线的搜索与跟踪问题。

11.1 从规则格网 DEM 用矢量法内插等高线

从规则格网 DEM 内插等高线有多种方法,如果数据量很大,一般还要考虑分块处理。尽管不同方法各有差异,但它们在主要过程上是一致的,其基本问题有:

(1)计算各条等高线和网格边交点的坐标值;

(2)找出一条等高线的起始点并确定判断和识别条件,以跟踪一条等高线的全部等高点。

11.1.1 搜索格网单元边上的等高线点

这是一种按逐条等高线的走向进行边搜索边插点的方法。为了在整个 DEM 范围内跟踪等高线,首先根据 DEM 最低点与最高点的高程 $Z_{\min}$ 和 $Z_{\max}$ 求得最低和最高等高线的高程 $h_{\min}$ 和 $h_{\max}$,然后由低到高(或由高到低)逐条等高线进行搜索与跟踪。

设等高距为 Δh,则最低和最高等高线的高程为

$$\begin{cases} h_{\min} = \left[Z_{\min} \,/\!/\, \Delta h + 1 \right] \times \Delta h \\ h_{\max} = \left[Z_{\max} \,/\!/\, \Delta h \right] \times \Delta h \end{cases} \tag{11.1}$$

式中,"//"为整除,即对计算结果取整(舍去小数部分)。

搜索某一条等高线的算法是:分别遍历所有格网单元的水平边和竖直边,找到等高线起点所在的边和对应的格网单元。跟踪一条等高线的算法是:判断等高线在该单元中

的出口边，并将处理单元移至出口边所在的新格网单元。依此跟踪下去，直至等高线回到起点或到达 DEM 边缘为止。

由于开曲线的起点总是位于 DEM 格网的外围边上，为了保证开曲线的完整性，往往从 DEM 边缘开始进行搜索。而闭曲线的起点则位于格网的内部边上，所以，每个格网都要搜索一遍。

判断格网的一条边（如图 11.1 中的 $\overrightarrow{P_1P_2}$ ）是否与某一条高程为 h 的等高线相交，就要看这条边的两个端点的高程值是否"含有"这个 h 值。假如格网边两个端点 P_1、P_2 的高程分别为 Z_{P_1} 及 Z_{P_2}，那么

$$\begin{cases} Z_{P_1} \geqslant h \geqslant Z_{P_2} \Rightarrow 有 \\ 否则 \qquad\qquad \Rightarrow 无 \end{cases} \tag{11.2}$$

换言之，只要式（11.3）成立，$\overrightarrow{P_1P_2}$ 边便有等高线通过：

$$(Z_{P_1} - h)(Z_{P_2} - h) \leqslant 0 \tag{11.3}$$

式中，为等号时，等高线通过格网点。通常作为"退化"的情况给予处理，即将该格网点的高程减去或加上一个很小的常数值即可。

11.1.2 内插等高线点与等高线跟踪

在 $\overrightarrow{P_1P_2}$ 上确定高程为 h 的等高线位置时，一般采用线性内插，即

$$\begin{cases} X_h = \dfrac{\left(h - Z_{P_1}\right)\left(X_{P_2} - X_{P_1}\right)}{Z_{P_2} - Z_{P_1}} + X_{P_1} \\ Y_h = \dfrac{\left(h - Z_{P_1}\right)\left(Y_{P_2} - Y_{P_1}\right)}{Z_{P_2} - Z_{P_1}} + Y_{P_1} \end{cases} \tag{11.4}$$

跟踪等高线的基本原则是一个格网单元的出口边自然就是下一个相邻格网单元的进入边。如图 11.1 所示，假设等高线从位于 B 格网的下方，即边 $\overrightarrow{P_1P_2}$，进入格网 D，边 $\overrightarrow{P_1P_2}$ 既是 B 格网出口边又，又是 D 格网的进入边。进入格网 D 后，有三个可能的出口，即依次为左边、下边、右边。

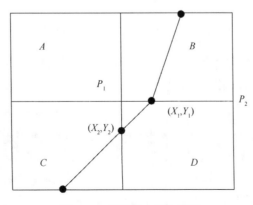

图 11.1　等高线内插与跟踪

通常同样高程的等高线在整个测图范围内可能有几条，因此在搜索完一条等高线后，还要搜索新的起点与新的等高线。用同样的方法完成 DEM 范围内所有等高线的搜索与内插。如图 11.2 所示为从正方形格网内插的等高线图形。这些等高线在拐弯的地方不太光滑，所以需要进一步的曲线光滑处理。

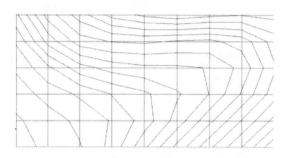

图 11.2　从规则格网 DEM 矢量法内插等高线

11.1.3　等高线的特殊处理：取向的二义性与光滑性

等高线取向的二义性指的是在一个格网单元的四边都有同一高程的等高点，这样导致走向的不确定性。图 11.3 表示等高线走向的二义性的五种不同情况，其中，第三种是不可能的情况。通常的解决方法是增加一个中心点，它的高程取四个格网点的均值参加内插，外加一个优先条件（如右边是高地）。

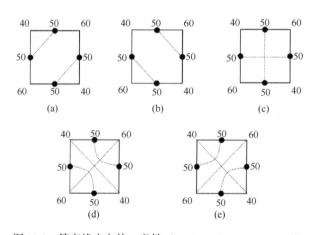

图 11.3　等高线走向的二义性（Petrie and Kennie，1990）

其实，用多项式在局部加密也是一种有效的方法。这样，产生的等高线也较光滑。图 11.4 表示加密后光滑性的改善情况。

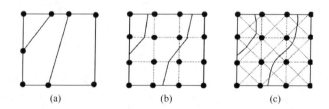

图 11.4　局部加密用于解决等高线的光滑性与走向的二义性（Petrie and Kennie，1990）

11.1.4 在跟踪等高线时顾及地形特征线

假如已经测得地形特征线为12345（图11.5），这时，我们在内插等高线时，就要考虑这条特征线。步骤如下：

（1）用已知的特征线上的高程点，内插出特征线与格网的交点（A、B、C 和 D），并求得它们的高程。

（2）然后，在内插等高线时，如有必要，则应将 A、B、C 和 D 点考虑在内。例如，用¢ò 点和 B 点来内插 Q 点高程；B 点和 C 点内插 R 点高程；B 点和¢õ 点内插 S 点高程。

（3）最后的等高线点为 P、Q、R、S、T、U。

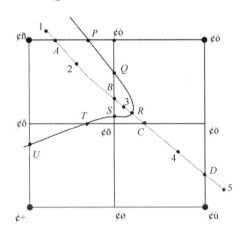

图 11.5 跟踪等高线时顾及地形特征线

11.2 从规则格网 DEM 用栅格法内插等高线

随着 DEM 分辨率的提高和数据量的急剧增加，有时使用栅格方法直接表示等高线比传统的矢量跟踪方法更简便。栅格方法特别适合于早期的高分辨率静电绘图仪绘图。用栅格法绘制等高线有两种方式：第一种称为二值等高线法，即等高线表示为不同色调的高程等级间的边界（无宽度）；第二种称为边界等高线法，用与格网单元尺寸相等的线宽显示等高线，该方法涉及边界查找算法。Eyton（1984）对这一方法作了全面的探讨。本章对 Eyton 提出的几种方法作一介绍。

11.2.1 边缘提取法

图像分割根据给定的高度范围（通常为等高线间距）划分一系列高程等级，并赋值为黑色或白色。不同高程等级的边界则成为等高线。为了获得边缘信息，边缘提取法被引入，其原理如下所述。

首先，计算最高等级和最低等级的等高线，此时，等高线数目则可用式（11.5）计算：

$$N_T = \frac{h_{\max} - h_{\min}}{\Delta h} \tag{11.5}$$

由此，可进一步得到格网高程等级：

$$N = \frac{Z - h_{\min}}{\Delta h} \tag{11.6}$$

零级被赋值为 $h_{\min}$。例如，某区域高程范围是 3~16m，等高线间距为 5m，则 $h_{\min} = 5$；$5 \leqslant Z \leqslant 10$ 范围内的点被划分为一级；同时 $10 \leqslant Z \leqslant 15$ 范围内的点被划分为二级；$15 \leqslant Z$ 的点则被划分为三级。分级之后，为每个级别指定颜色，在二值等高线表示中，只使用黑色和白色。简单的实现方式是黑色和白色交替表示。此外，也可以采用 Eyton（1984）提出的方式：根据式（11.6）指定高程等级，若 N 为奇数，则用黑色绘制相应像素，反之采用白色绘制。

为提取高程等级的边界轮廓线，需要进行边缘跟踪。许多图像处理算子支持边缘跟踪，其中，Sobel 是被广泛采用的一种算子。图 11.6 给出了该算子的两个模板。对任意方向边缘的跟踪通过分别计算针对两个模板在横向和纵向的平方根实现。

1	2	1	–1	0	1
0	0	0	–2	0	2
–1	–2	–1	–1	0	1

(a) 横向模板　　　　　(b) 纵向模板

图 11.6　Sobel 算子模板

图 11.7 给出了利用 Sobel 算子跟踪边缘的示例。特别的，由于高程等级内的像素点具有同质性，因此，搜索相邻高程等级像素的过程可以简化。例如，在图 11.7（a）中，若编码 2 被用于表达（5，10）的高程等级，编码 8 被用于表达等级区间[10，15），则所有和 2 相邻的像素点 8 构成了高程为 10 的等高线。

2	2	2	2	8	8	8	8	–	–	–	–	–	–	–	–
2	2	2	2	8	8	8		–	0	0	24	24	0	0	–
2	2	2	2	8	8	8		–	0	0	24	24	0	0	–
2	2	2	2	8	8	8		–	0	0	19	25	24	24	–
2	2	2	2	2	2	2		–	0	0	8	19	24	24	–
2	2	2	2	2	2	2		–	0	0	0	0	0	0	–
2	2	2	2	2	2	2		–	0	0	0	0	0	0	–
2	2	2	2	2	2	2		–	–	–	–	–	–	–	–

(a) 原始图像　　　　　　(b) 提取的边缘

图 11.7　利用 Sobel 算子跟踪边缘的示例

11.2.2　二值等高线法

该方法的基本思想是把具有相同等高距的高程等级用黑色和白色交替表示，然后定义黑和白的交界线为等高线。实现该方法时，先将一行 DEM 高程值读入内存，然后根据式（11.7）计算高程等级：

$$N_C = (Z_J - Z_M)/CI + 1 \qquad (J = 1, 2, \cdots, N) \tag{11.7}$$

式中，N_C 为一行 DEM 高程值的个数；Z_J 为高程值行向量；Z_M 为最小参考高程；CI 为等高距。其中，对等式右边的计算结果取整后赋值给高程等级数（N_Z）。如果 N_Z 为奇数，在相应位置画一黑色像素（灰度值为 0），如果 N_Z 为偶数则画一白色像素（灰度值为 255）。将所有 DEM 格网点都按照式（11.5）进行计算，可以得到一个关于高程等级数（N_Z）的矩阵，根据 N_Z 的奇、偶性，指定相应的像素为黑色或白色，这样就得到了一幅黑白二值图。黑色和白色的交界线就是等高线。使用式（11.7）时，首先要选择合适的等高距（CI）和最小参考高程（Z_M）。最小参考高程应小于最小实际高程，并且其他等高线的高程值依最小参考高程而定。例如，要从一个最小高程为 1282m 的 DEM 生产出二值栅格等高线图，如果选择 CI=200，Z_M=1200，则等高线的值应为 1200m、1400m、1600m、1800m 等。假设最大高程为 2243m，则有六个高程等级，可以绘制 5 条等高线，如表 11.1、图 11.8 所示。

表 11.1   二值等高线图的高程等级

高程等级数	高程下限/m	高程上限/m	等高线/m
1	1200	<1400	1400
2	1400	<1600	1600
3	1600	<1800	1800
4	1800	<2000	2000
5	2000	<2200	2200
6	2200	<2400	

注：引自 Eyton（1984）；Z_M=1200m；Z_1=1282m；Z_2=2243m；CI=200m。

图 11.8   二值等高线图（Eyton，1984）

11.2.3　边界等高线法

为了将实际等高线表示成各自独立的黑线，还需要采用边缘跟踪算法确定两高程等级之间的交界线。具体实现步骤如下所述。

（1）从 DEM 中将一行高程数据读入内存，按式（11.5）转化为高程等级数，将各个高程等级数存储在一个大小为 $2 \times N_C$（N_C 是 DEM 矩阵的列数）的矩阵 N_Z 中，并作为矩阵 N_Z 的第一行。

（2）从 DEM 中将相邻的下一行高程数据读入内存，按式（11.5）转化为高程等级数并存储为矩阵 N_Z 的第二行。用矩阵 N_Z 第一行中的每个高程等级数和与其相邻的三个高程等级数作比较，如图 11.9 所示，$N_Z(1, J)$ 和 $N_Z(1, J+1)$、$N_Z(2, J)$、$N_Z(2, J+1)$ 相比较（$J = 1, 2, \cdots, N_C - 1$），当 $J = N_C$ 时（N_C 表示一行 DEM 高程数据的个数），$N_Z(1, J)$ 只与 $N_Z(2, J)$ 相比较。

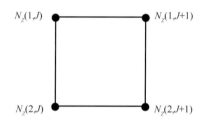

图 11.9　相邻格网数据的比较

如果参考格网单元的高程等级数不同于相邻的三个格网单元，该格网单元就是边界，指定其灰度值为 0（黑色）；如果参考格网单元的高程等级数与相邻格网单元均相同，就指定其灰度值为 255（白色）。

（3）矩阵 N_Z 第一行中的每个数据与其相邻的三个数据比较并指定了相应的灰度值后，把矩阵 N_Z 的第二行前移，作为第一行。反复执行以上步骤，直到 DEM 的最后一行高程数据被读入内存，按式（11.5）转化为高程等级数并存储为矩阵 N_Z 的第二行。该行数据与相邻数据比较时，只需用 $N_Z(2, J)$ 与 $N_Z(2, J+1)$ 相比较。按照上述方法，便可得到等高线图（图 11.10）。

以上介绍了用栅格方式绘制等高线的两种基本方法。对这两种方法稍作修改，可以形成许多新的方法，如三色等高线法、高亮边界等高线法、高程灰阶等高线法、明暗等高线法。

11.2.4　其他方法

（1）三色等高线法：三色等高线法是在二值等高线法的基础上经过一些改进得到的。先将 DEM 高程值读入内存，然后根据式（11.5）计算高程等级数。将高程等级数除以 3，根据余数指定灰度值。余数为 0、1、2 时，分别指定灰度值为 0（黑色）、127（灰色）、255（白色）（图 11.11）。其余过程与二值等高线法相同。

图 11.10　边界等高线图（Eyton，1984）

图 11.11　三色等高线图（Eyton，1984）

（2）高亮边界等高线法：在边界等高线法的基础上，用边界查找算法找出等高线后，指定其灰度值为 127（灰色）。每隔四条灰色等高线，使灰度值为 0（黑色），绘一条黑色等高线，从而使计曲线高亮显示（图 11.12）。

图 11.12　高亮等高线图（Eyton，1984）

（3）高程灰阶等高线法：将 DEM 高程数据用式（11.7）化为高程等级数，然后将高程等级数用式（11.8）转化为灰度值。用边界查找算法找出等高线，指定等高线的灰度值为 255（白色），非等高线处的高程按下式计算相应的灰阶（图 11.13）：

$$L_{(J)} = (N_{Z1} - N_Z(1,J))/(N_{Z2} - N_{Z1}) \times 255 \tag{11.8}$$

式中，L 为灰度值向量；N_Z 为一个关于高程等级数的矩阵；N_{Z1} 为最小高程等级数；N_{Z2} 为最大高程等级数；255 为灰度值。

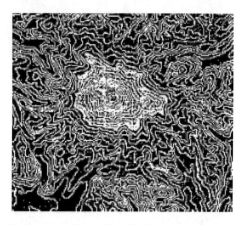

图 11.13　高程灰阶等高线图（Eyton，1984）

（4）明暗等高线法：根据高程值用边界查找算法找出等高线。根据坡向值确定等高线的灰度值，设光源在正西方向（270°），坡向在 1°~180°的等高线像元的灰度值为 0（即黑色），坡向在 181°~360°的等高线像元的灰度值为 255（即白色）。非等高线的地方，灰度值都指定为 127，这样就使等高线图具有了灰色背景及光照明暗效果（图 11.14）。

图 11.14　明暗等高线图（Eyton，1984）

11.3 从三角网 DEM 用矢量法跟踪等高线

从规则格网 DEM 跟踪等高线算法简明直接、易于实现。然而，这种由离散到规则的处理方法在采样数据不在格网中时，会产生精度损失。因此，对于不规则分布的数据，则常使用 TIN（见第 5 章所述）结构处理。

用矢量法从三角网 DEM 跟踪等高线的流程和从规则格网 DEM 跟踪等高线类似：首先，根据 DEM 最低点与最高点的高程，求得最低和最高的等高线高程；然后，由低到高（或由高到低）逐条等高线进行跟踪；最后，对通过加密的方法消除等高线走向的二义性并改善光滑性。

具体地，由于 TIN 的结构与格网存在差异，因此，在实际跟踪某一条等高线的算法时，处理方式也存在差异（图 11.15）。

（1）分别遍历所有三角形的三条边，找到等高线起点所在的边和对应的三角形。由于开曲线的起点总是位于 DEM 三角网的外围边上，为了保证开曲线的完整性，往往从三角网边缘开始进行搜索。

（2）判断等高线所在三角形的出口边，并将处理单元移至出口边所在的另一个三角形。依此跟踪下去，直至等高线回到起点或到达 DEM 边缘为止。

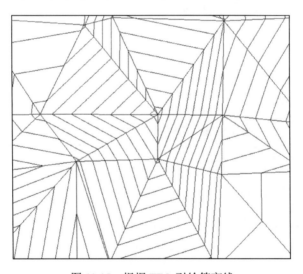

图 11.15 根据 TIN 引绘等高线

基于三角网（TIN）跟踪等高线由于直接利用了原始观测数据，不仅避免了由于 DEM 内插造成的精度损失，而且能更逼真地表达地形特征。同一高程的等高线穿过一个三角形最多一次，因而程序设计也较简单。

11.4 从规则格网 DEM 产生立体等高线匹配图

人类生活的世界是一个三维的立体的世界。在这个立体的世界里包含了丰富多彩的三维物体信息。人们通过双眼视差感知、接收这些信息，从而形成立体。视差的引入在我们把传统的二维投影向三维场景转换的过程中起到了至关重要的作用。

正射影像纠正了像片倾斜和地形起伏引起的像点位移，但单张正射影像不包括高程信息。因此为了观测立体，人们为正射像片制作出一张所谓的立体匹配片，正射像片与立体匹配片共同称为立体正射像片对。我们可以利用这种立体正射像片来勾绘等高线匹配片图。

11.4.1 立体视差的引入

要获得立体匹配片，其关键在于将 DEM 格网点的 X、Y、Z 坐标用共线方程变换到像片上的同时，引入一个立体视差。该视差的大小应反映实地地形起伏情况。引入视差的方法有多种，这里我们介绍最简单的基于斜平行投影的视差引入法（李德仁等，2001）。

以斜平行投影为例，制作立体正射像片的基本原理如图 11.16 所示。对于图 11.16（c）中地面上的任意一点 P，它相对于投影面的高差为 ΔZ，该点的正射投影为 P_0，斜平行投影为 P_1，正射投影得到正射像片，斜平行投影得到立体匹配片。立体观测所得到的

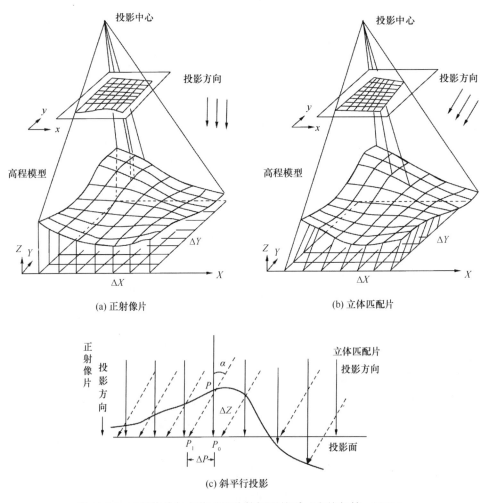

(a) 正射像片 (b) 立体匹配片

(c) 斜平行投影

图 11.16 正射像片与立体匹配片的投影关系（李德仁等，2001）

左右视差 P，显然有

$$\Delta P = \tan\alpha \times \Delta Z \tag{11.9}$$

由上式可知，高程越大则位移越大。由于斜平行投影方向平行于 XZ 平面，所以正射像片和立体匹配片的同名像点坐标仅有左右视差，而没有上下视差，这就满足了立体观测的先决条件，从而构成了立体正射像对。在这样的像对上进行立体量测，既可以保证点的平面位置，又可以方便的解求点的高程。

在以上的方法中，ΔP 可用于计算高差。但当只需要立体效果而无需量测时，视差可用以下近似的方法引入，即按比例通过移动格网 DEM 的 X 坐标。新的 X 坐标由加减一个偏移量后的一行 DEM 中的每个高程值决定，或者取决于原始格网的 X 坐标。偏移量是高程的函数，由以下公式计算（Eyton，1984）：

$$\text{SHIFT} = (Z_1 - Z_J)/(Z_2 - Z_1) \times S_F \tag{11.10}$$

式中，$J = 1,2,\cdots,N_C$，N_C 为 DEM 中高程值的个数；SHIFT 为每个高程值在 X 方向上的偏移（向左或向右）；Z_1=最小高程值；Z_2=最大高程值；S_F=DEM 最大偏移量（控制垂直伸缩，由试凑法决定，S_F=10 是常用起始值）。

11.4.2 立体等高线匹配图的产生

新的 X 坐标由每个原始高程值决定，新的高程值可由原始规则格网坐标线性插值获得。如图 11.17 所示，图（a）为原格网的一行；图（b）表示每格网点都向右按比例平移；平移后的点不再等间距，所以原来的格网形式已被破坏。为了方便，我们用平移后的点来拟合一曲线（图 11.17（c）），并用它来内插出所用原格网点的高程（图 11.17（d））。对 DEM 每行重复上述过程，一个带视差的 DEM 产生了。

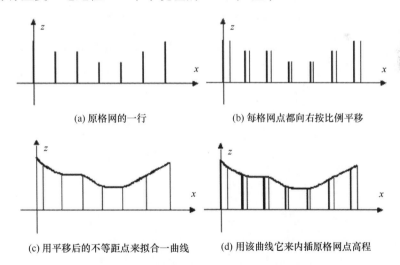

(a) 原格网的一行　　　　　　　　(b) 每格网点都向右按比例平移

(c) 用平移后的不等距点来拟合一曲线　　　(d) 用该曲线它来内插原格网点高程

图 11.17　带视差的新 DEM 的产生过程

利用新的 DEM 就可以产生一个等高线图，它就是所谓的等高线匹配图。这样，利用这个等高线匹配图就可以方便观察到真立体等高线形态。图 11.18 是等高线图的立体匹配对的实例。

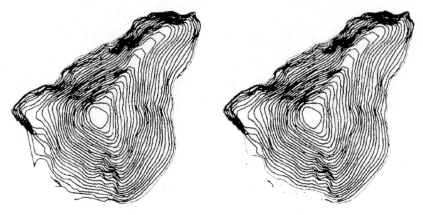

图 11.18　等高线图的立体匹配对

参 考 文 献

李德仁. 1996. 摄影测量新技术讲座. 武汉: 武汉测绘科技大学出版社.

李德仁, 周月琴, 金为铣. 2001. 摄影测量与遥感概论. 北京: 测绘出版社.

王春, 李虎, 杨军生, 杨灿灿. 2015. 新型格网 DEM 等高线生成技术与方法. 地球信息科学学报, 17(2): 160~165.

王来生, 鞠时光, 郭铁雄. 1993. 大比例尺地形图机助绘图算法及程序. 北京: 测绘出版社.

Eyton J R. 1984. Raster contouring. Geo-Processing, 2: 221~242.

Kennie T, Petrie G. 1990. Terrain Modelling in Surveying and Civil Engineering. Caitness, England: Whittles Publishing.

Li Z L. 1990. Sampling Strategy and Accuracy Assessment for Digital TerranModelling. Ph.D. The University of Glasgow.

Monmonier M S. 1982. Computer-Assisted Cartography: Principles and Prospects, Englewood Cliffs. NJ: Prentice-Hall.

Petrie G, kennie T. 1990. Terrain Modelling in Surveying and Civil Engineering. Caitness: Whittles Publishing.

第 12 章　基于数字高程模型的地形分析

数字高程模型数据的应用可以分为两类：第一类是一种直接应用，即将 DEM 本身作为测图自动化系统的重要组成部分和地理信息数据库的基本内容；第二类是将 DEM 经过某种变换产生满足各专业应用需求的各种派生产品，这是面向用户的间接应用。实际上，第一类应用也是为第二类应用服务的。长期以来，人们已习惯于用等高线、坡度与坡向、剖面、汇水面积、填挖方和三维透视等派生图形或数据来表达实际地形的各种特征。产生这些派生产品的过程被称为地形分析。

地形分析是地形环境认知的一种重要手段，传统的地形分析是基于二维平面地图进行的。从基于纸质地图的地形分析到基于数字地图的地形分析，大量的人工计算和绘制被计算机所替代，地形分析的手段、功能和产品样式等发生了一次飞跃；可视化技术和虚拟现实技术的发展，使得建立三维实时交互的虚拟仿真地形环境成为可能，同时也需要实现三维地形环境中的地形分析。三维地形环境中的地形分析，要求将地形分析的结果以可视化的形式更精确、更直观地表达出来，相比于基于数字地图的地形分析而言，又是一次新的飞跃。

从地形分析的复杂性角度，可以将地形分析分为两大部分：一部分是基本地形因子（包括坡度、坡向、粗糙度等）的计算；另一部分是复杂的地形分析包括可视性分析、地形特征提取、水系特征分析、道路分析等。这些地形分析的内容与地形模型是紧密相关的。不同结构的地形模型对应的地形分析方法也不同，如基于正方形格网的地形分析与基于 TIN 地形模型的地形分析，以及基于等高线的地形分析在算法与处理上都不尽相同。周启鸣和刘学军（2006）的《数字地形分析》一书对基本地形参数计算、地形形态特征分析、地形统计特征分析、复合地形属性和地形可视化及分析等数字地形分析内容有详细介绍，本书主要介绍 DEM 基础上的基本表面几何分析方法与算子。

12.1　基本地形因子计算

正如前面章节中所指出的，DEM 是地形的一个数学模型，如图 12.1 所示。从这个意义上讲，可将 DEM 看作一个或多个函数的和。实际上许多地形因子就是从这些函数中推导而出的。如果对函数求一阶导数并进行组合，则可得到一系列的因子值如坡度/坡向、变差系数、变异系数等的函数；如果求二阶导数并进行组合则可得坡度变化率、坡向变化率、曲率、凸凹系数等的函数。从理论上说，还可以继续求三阶、四阶等更高阶的导数直到无穷阶以派生更多的地形因子，但在实际应用中，对 DEM 进行高于二阶的求导意义已经很小，至少到目前为止还没有探讨过高于二阶的应用价值。这些地形因子也可称为地貌因子。

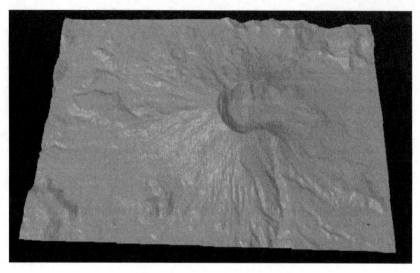

图 12.1　待处理的 DEM

本节将对一些常用的基本地形因子的计算分析进行详尽的阐述，为方便起见也是从实际应用的角度考虑，所有这些地形因子的计算主要是基于格网 DEM 的。

12.1.1　坡度/坡向的计算

地面上某点的坡度是表示地表面在该点倾斜程度的一个量。因此，它是一个既有大小又有方向的量，亦即矢量。坡度矢量从数学上来讲有两种表达方式：其一是过地表某点的切平面与水平面的夹角；其二是过地表某点的高程微分增量与水平微分增量的比值百分数。坡度矢量的方向等于在该切平面上沿最大倾斜方向的某一矢量在水平面上的投影方向，也即坡向；数学上不难证明：任一斜面的坡度等于它在该斜面上两个互相垂直方向上的坡度分量的矢量和。

坡度矢量直接影响地表物质流与能量转换的规模及程度，因此是制约生产力空间布局的重要因子。通过坡度分析，可以确定山脊线、山谷线等地形特征：由山顶点出发坡度变化最小的点顺序连接而成山脊线，以及由山顶点出发坡度变化最大的点顺序连接而成山谷线。通过坡度分析，还可得到地形表面的起伏变化状况与坡度大小，进而给道路规划选线、滑坡灾害隐患分析、建筑选址布置等提供基础数据；与坡向分析相结合，可为种植规划、作物选型提供依据。应当指出，在实际应用中，尽管人们总是将坡度值当作坡度来使用，但严格地讲，坡度值是坡度矢量的模，不能将二者混为一谈。为方便理解起见，本书仍使用"坡度"这个词来表示实际意义上的坡度值。

自从 DEM 理论形成以来，人们就对计算坡度的方法进行了大量的研究和试验。TIN 的每个三角形面片都具有自己独立的坡度/坡向属性，而对于 Grid 却有不同的计算方法。迄今为止，针对 Grid 的坡度计算方法可归纳为五种：四块法、空间矢量分析法、拟合平面法、拟合曲面法、直接解法。其中前三种方法是为解求地面平均坡度而设计的，后两种方法是为解求地面最大坡度而设计的（有关这些方法的详细内容请参见文献）。经证明，发现拟合曲面法是解求坡度的最佳方法。

拟合曲面法一般采用二次曲面，即 3×3 的窗口（图 12.2）。每个窗口中心为一个高程点。点 e 的坡度/坡向的解求公式如下所述。

坡度的计算公式：

$$\text{Slope} = \tan\sqrt{\text{Slope}_{we}^2 + \text{Slope}_{sn}^2} \tag{12.1}$$

坡向的计算公式：

$$\text{Aspect} = \text{Slope}_{sn} / \text{Slope}_{we} \tag{12.2}$$

式中，Slope 为坡度；Aspect 为坡向；Slope_{we} 为 X 方向上的坡度；Slope_{sn} 为 Y 方向上的坡度。

$e5$	$e2$	$e6$
$e1$	e	$e3$
$e8$	$e4$	$e7$

图 12.2　3×3 的窗口计算点的坡度/坡向

关于 Slope_{we}、Slope_{sn} 的计算可采用以下几种常用算法。

1）算法 1

$$\begin{cases} \text{Slope}_{we} = \dfrac{e_1 - e_3}{2 \times \text{cellsize}} \\ \text{Slope}_{sn} = \dfrac{e_4 - e_2}{2 \times \text{cellsize}} \end{cases} \tag{12.3}$$

2）算法 2

$$\begin{cases} \text{Slope}_{we} = \dfrac{\left(e_8 + 2e_1 + e_5\right) - \left(e_7 + 2e_3 + e_6\right)}{8 \times \text{cellsize}} \\ \text{Slope}_{sn} = \dfrac{\left(e_7 + 2e_4 + e_8\right) - \left(e_6 + 2e_2 + e_5\right)}{8 \times \text{cellsize}} \end{cases} \tag{12.4}$$

3）算法 3

$$\begin{cases} \text{Slope}_{we} = \dfrac{\left(e_8 + \sqrt{2}e_1 + e_5\right) - \left(e_7 + \sqrt{2}e_3 + e_6\right)}{\left(4 + 2\sqrt{2}\right) \times \text{cellsize}} \\ \text{Slope}_{sn} = \dfrac{\left(e_7 + \sqrt{2}e_4 + e_8\right) - \left(e_6 + \sqrt{2}e_2 + e_5\right)}{\left(4 + 2\sqrt{2}\right) \times \text{cellsize}} \end{cases} \tag{12.5}$$

4）算法 4

$$\begin{cases} \text{Slope}_{we} = \dfrac{\left(e_8 + e_1 + e_5\right) - \left(e_7 + e_3 + e_6\right)}{6 \times \text{cellsize}} \\ \text{Slope}_{sn} = \dfrac{\left(e_7 + e_4 + e_8\right) - \left(e_6 + e_2 + e_5\right)}{6 \times \text{cellsize}} \end{cases} \tag{12.6}$$

式中，cellsize 为格网 DEM 的间隔长度。

刘学军（2002）对有关坡度计算的算法进行比较后，得出结论：算法 1 的精度最高，计算效率也是最高的，其次是算法 2。同时也需要指出，在一些常见的商用 GIS 软件中，有关坡度/坡向计算的算法，采用的不是算法 1，如 ERDAS Imagine 采用的是算法 4，ARC/INFO 和 ArcView 采用的是算法 2。图 12.3 为坡向值处理流程。

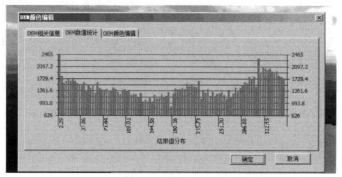

(a) 坡向值统计图

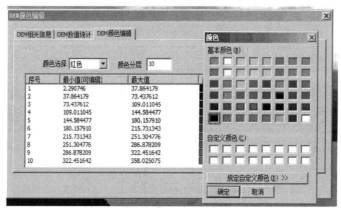

(b) 对坡向图进行颜色编辑

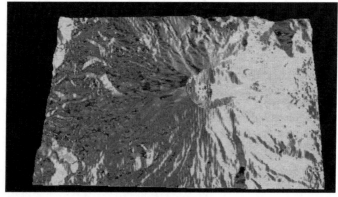

(c) 赋色后的坡向图

图 12.3 坡向计算

12.1.2 面积和体积的计算

1）表面积的计算

如果是格网 DEM，则将格网 DEM 的每个格网进一步剖分为两个三角形，计算三角形的表面积使用海伦公式：

$$
\begin{cases}
S = \sqrt{P(P - D_1)(P - D_2)(P - D_3)} \\
P = \dfrac{1}{2}(D_1 + D_s + D_3) \\
D_i = \sqrt{\Delta X^2 + \Delta Y^2 + \Delta Z^2} \quad (1 \leqslant i \leqslant 3)
\end{cases}
\tag{12.7}
$$

式中，D_i 为第 $i(1 \leqslant i \leqslant 3)$ 对三角形两顶点之间的表面距离；S 为三角形的表面积；P 为三角形周长的一半。整个 DEM 的表面积则是每个三角形表面积的累加。图 12.4 为三维物体表面积计算图。

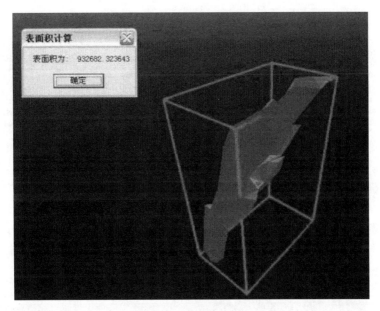

图 12.4　面积计算示例图

2）投影面积的计算

投影面积指的是任意多边形在水平面上的面积。当然可以直接采用海伦公式进行计算，只要将式（12.7）中的距离改为平面上两点的距离即可。而更简单的方法是根据梯形法则，如果一个多边形由顺序排列的 N 个点 $(X_i, Y_i\ i = 1, \cdots, N)$ 组成并且第 N 点与第 1 相同，则水平投影面积计算公式为

$$
S = \frac{1}{2} \sum_{i=1}^{N-1} (X_i \times Y_{i+1} - X_{i+1} \times Y_i)
\tag{12.8}
$$

如果多边形顶点按顺时针方向排列，则计算的面积值为负；反之为正。

3）体积的计算

DEM 体积可由四棱柱和三棱柱的体积进行累加得到。四棱柱上表面可用抛物双曲面拟合，三棱柱上表面可用斜平面拟合，下表面均为水平面或参考平面，计算公式分别为

$$\begin{cases} V_3 = \dfrac{Z_1 + Z_2 + Z_3}{3} \cdot S_3 \\ V_4 = \dfrac{Z_1 + Z_2 + Z_3 + Z_4}{4} \cdot S_4 \end{cases} \tag{12.9}$$

式中，S_3 与 S_4 分别为三棱柱与四棱柱的底面积。

根据这个体积公式，可计算 DEM 的挖填方，在对 DEM 进行挖或填后，体积可由原始 DEM 体积减去新的 DEM 体积求得

$$V = V_{\text{老DEM}} - V_{\text{新DEM}} \tag{12.10}$$

式中，当 $V>0$ 时，表示挖方；当 $V<0$ 时，表示填方；当 $V=0$ 时，表示既不挖方也不填方。图 12.5 为体积计算示例。

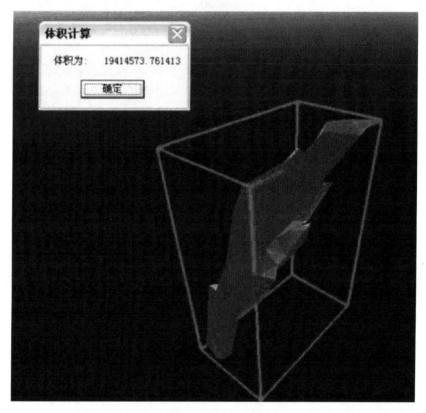

图 12.5　体积计算示例图

4）剖面积的计算

根据工程设计的线路，可计算其与各格网边交点 $P_i(x_i, y_i, z_i)$，则线路剖面积为

$$s = \sum_{i=1}^{n-1} \frac{Z_i + Z_{i+1}}{2} \cdot D_{i,i+1} \tag{12.11}$$

式中，n 为交点数；$D_{i,i+1}$ 为 P_i 与 P_{i+1} 的距离：

$$D_{i,i+1} = \sqrt{\left(x_{i+1} - x_i\right)^2 + \left(y_{i+1} - y_i\right)^2}$$

同理可计算任意横断面及其面积。

12.1.3　坡度变化率/坡向变化率的计算

如图 12.6 所示，假设"0"号格网点的坡度为 a_0，"j"号格网点的坡度为 a_j，$j=1$，2，…，7，8。

7	6	5
8	0	4
1	2	3

图 12.6　九个相邻格网点的编号

记

$$S = \begin{cases} \dfrac{a_j - a_0}{D}, & j = 2,4,6,8 \\ \dfrac{a_j - a_0}{\sqrt{2}D}, & j = 1,3,5,7 \end{cases} \tag{12.12}$$

式中，D 为格网单元的边长。

于是，可定义"0"号数据点的坡度变化率 S_0 为

$$S_0 = \mathrm{SGN}_{S_{\max}} \left| S_{\max} \right| \tag{12.13}$$

式中，$|S_{\max}| = \max\left(|S_1|,|S_2|,|S_3|,|S_4|,|S_5|,|S_6|,|S_7|,|S_8|\right)$；$\mathrm{SGN}_{S_{\max}}$ 为 S_0 的方向与 $S_{\max}$ 相同。

这也就是说，在格网内部，任一格网点的坡度变化率应取该格网点相邻八个格网点坡度变化率中绝对值最大的一个，并与它有相同的符号。

对于位于四角的格网点，它的坡度变化率根据相邻三个格网点的坡度变化率确定，位于边沿但非四角的格网点，根据它对相邻五个格网点的坡度变化率确定。坡向变化率的求法与坡度变化率的求法非常类似，只要将坡度换为坡向即可。图 12.7 为计算坡度变化率示意图。

12.1.4　格点面元的参数计算

1）格点面元的相对高差

格点面元指的是在格网 DEM 的水平投影面上，以四个相邻格点 (i, j)，$(i, j+1)$，$(i+1, j+1)$ 和 $(i+1, j)$ 为顶点的面积范围。格点面元的相对高差指的是在格点面元的四个格点中，最高点与最低点之差，记做 Δh：

$$\Delta h = \max\left(h_{00}, h_{01}, h_{20}, h_{11}\right) - \min\left(h_{00}, h_{01}, h_{20}, h_{11}\right) \tag{12.14}$$

式中，h_{ij}（$i, j=0$，1）为四个格点的高程。

2）格点面元的粗糙度

格点面元的粗糙度指的是格点面元所对应的 DEM 上的表面积与其水平投影面积的比，记为 C_Z：

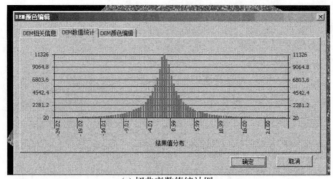

(a) 切曲率数值统计图

(b) 进行颜色编辑

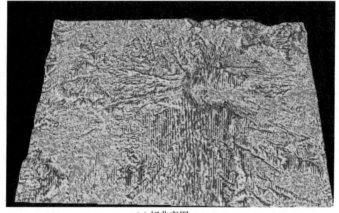

(c) 切曲率图

图 12.7　坡度变化率（切曲率）图

$$C_Z = S_{\text{表面积}} / S_{\text{投影面积}} \qquad (12.15)$$

当 $C_Z = 1$ 时，粗糙度最小，格点面元的实际表面为水平面。图 12.8 为粗糙度计算图。

3）格点面元的凹凸系数

格点面元的四个格点中，最高点与其对角线的连线称作格点面元主轴，主轴两端点高程的平均值与格点面元平均高程的比，称作格点面元凹凸系数，记为 C_D：

$$C_D = \left(\frac{h_{\max} + h'_{\max}}{2} \right) \bigg/ \overline{h} \qquad (12.16)$$

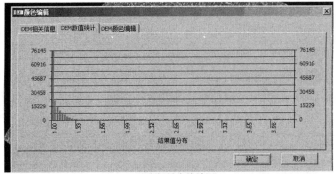

(a) 地表粗糙度统计图

(b) 地表粗糙度颜色编辑

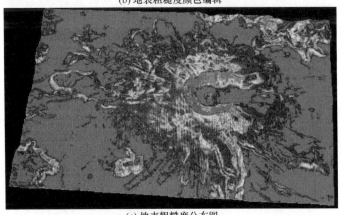

(c) 地表粗糙度分布图

图 12.8 粗糙度分析过程图

式中，h_{max} 为最高格点高程；h'_{max} 为最高格点对角格点的高程；$\bar{h}$ 为格点面元格点高程的平均值。当 C_D 为正值时，格点面元的实际表面为凸形坡；当 C_D 为负值时，格点面元的实际表面为凹形坡；当 C_D 为零时，格点面元的实际表面为平面坡。

12.2 地形特征提取

12.2.1 地形特征提取内容与方法

DEM 特征提取中最重要的有两部分：一是地形表面形态特征的提取；二是水文特

征的提取。地形表面形态特征是指对于描述地形形态有着特别意义的地形表面上点、线、面，它们构成了地形起伏变化的骨架。特征与地形表面的局部特性密切相关，曲面上的点属于哪个特征类依赖于它周围的曲面结构。地形特征包括山峰点、谷底点、鞍部点等。地形特征线包括山脊线、山谷线等。地形面状特征包括地面的凸凹性，一般与两个垂直方向的曲率有关。实际上，水文特征与地形特征的提取内容大致相同，因为从物理意义上讲：山脊线具有分水性，山谷线具有合水性，因此提取分水线与合水线的实质就是提取山脊线与山谷线。水文特征分析与地形特征分析的最大不同点之一是许多应用中需要分析水系的流域范围如汇水流域等。

如何从数字化等高线数据和数字高程模型数据中自动提取其中所隐含的地形特征线来进行地形分析如图 12.9 所示，建立高逼真度的 DEM 和为应用部门提供有关地形特征线的数据一直是地学工作者面临的一个课题。特别是随着 GIS 技术的应用和发展，自动从数字化等高线数据和数字高程模型数据中提取地形特征线的方法和技术对于扩充 G1S 系统的应用功能具有特别的意义。同时，有关地形特征线数据的应用领域也十分广阔。在自动化地图制图领域中利用从数字化等高线数据中提取的地形特征线进行等高线成组综合。陈晓勇（1991）从扫描等高线数据中提取地形特征线用于扫描等高线图中等高线高程的自动推算。从数字化等高线数据中提取地形特征线，并将其用于高逼真度的地形表示。在地形数据压缩方面，利用高斯算子从数字高程模型数据中自动提取地形结构线上的点，并将其用于规则格网状的数字高程模型的数据压缩。在水利工程及地形分析中，利用流水物理模拟的方法从数字高程模型数据中提取水文数据（汇水线等）和进行地形区域的水文分析。

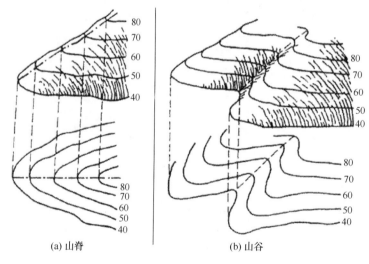

(a) 山脊   (b) 山谷

图 12.9 山谷线与山脊线
来源于百度图片

大多数有关地形特征提取的算法是基于规则格网 DEM 的，算法的原理大致可归纳为以下四种：

（1）基于图像处理的特征提取；

（2）基于地形曲面几何分析的原理；

（3）基于地形曲面流水物理模拟分析的原理；

（4）基于地形曲面几何分析和流水物理模拟分析相结合的原理。

基于 TIN 地形模型的特征提取可以利用三角形的边作为分段的地形特征线，相应的顶点为地形特征点。利用三角网的拓扑结构将这些分段地形特征线连接起来，即可得到地形特征线。基于等高线数据提取地形特征，相对而言则要复杂一些，主要的思路是通过分析地形曲面的几何特性，如等高线的曲率变化等来提取地形特征。

水文特征的提取方法与地形特征提取的方法基本相同。对于确定汇水流域的范围，可以通过对区域流水量进行跟踪，以及分析地形的凸凹变化等方法实现。

12.2.2　基于规则格网数字高程模型的特征提取

1. 基于图像处理的方法

基于图像处理的格网 DEM 特征提取的思路主要源于图像处理的特征提取。因为规则格网 DEM 可以看作是栅格的，所以总是可以使用栅格的方式来进行处理。图像处理的特征提取方法大都是采用各种滤波算子进行边缘提取。

简单的移动窗口算法的思路是将一个 2×2 的窗口对 DEM 格网阵进行扫描，在窗口中的具有最低高程值的点做标志，而剩余的未做标志的点将表示山脊线上的点。类似地，对在窗口中的具有最高高程值的点做标志，而剩余的未做标志的点将表示山谷线上的点。通过这样的计算，特征便被提取出来。显然，这种算法仅仅将 DEM 中可能的特征点提了出来，但并没有将它们连接为特征线。计算 DEM 每个格网点的汇水量，如果格网点的汇水量超过用户给定的阈值则此格网点将被认为是山谷中的点，山脊线被定义为汇水量为零的格网点的集合。但算法的一个主要问题是特征线的不连续性，特别是对于坡度比较小的地形。

实际上，基于图像处理的格网 DEM 特征提取的主要内容有两个：一是将特征点提出来；二是将这些特征点连成线。提取特征点并非特别困难，但必须排除 DEM 中噪声的影响。将特征点连成线可能是个难点，尽管许多学者对此提出许多算法，但并不能解决所有的问题。

2. 断面极值法

该方法的基本思想是地形断面上高程变化的极大值点是分水点，地形断面上高程变化的极小值点是合水点。该方法首先找出规则格网状数字高程模型上的纵、横地形断面上高程变化的极大值点和极小值点作为区域地形特征线上点的备选点，然后再根据一定的条件来判定这些所得到的地形特征线上的点各自所属的地形特征线（黄培之，1995）。

该方法在提取地形特征线时将地形特征线上的点的判定和其所属的地形特征线的判定分开考虑。在确定地形特征线上的点时，全区域采用一个相同的曲率阈值作为判定地形特征线上点的条件。因此，它忽略了每条地形特征线自身的变化规律。当阈值选择较大时，会丢失许多地形特征线上的点，使得后续所跟踪的地形特征线较短且存在间断。当阈值选择过小时，会将许多本来不是地形特征线上的点误认为地形特征线上的点，这将给后续地形特征线的跟踪带来麻烦。另外，该方法仅选取纵、横两个断面来确定其高程变化的极值点，因此，它所确定的地形特征线有一定的近似性，有些时候会遗漏某些地形特征线。有些学者在分析该方法后提出在规则格网状的数字地面模型数据中增加规则格网对角线方向上的一组断面用于克服上述缺陷，但仍不能很好地解决上述问题。

3. 基于地形曲面流水物理模拟分析的方法

其基本思想是，依照流水从高至低的自然规律，顺序计算每一地形点的汇水量，然后按汇水量的变化找出区域中的每一条合水线，即合水线上点依高程从高至低的顺序其汇水量单调增加。根据已得到的合水线通过计算找出各自的汇水区域的边界线，即为分水线。

从上面所述不难知道，该方法是以区域地形整体分析为依据确定地形特征线的方法。由于该方法所计算出的地形点汇水量的大小与该点的高程有关，其高程值大的地形特征线上的点的汇水量小，高程值小的地形特征线上的点的汇水量大，所以有时处于低处的非地形特征线上点的汇水量也很大。因此，用该方法所确定的地形特征线（合水线）的两端效果甚差，即处于高处的地形特征线上的点由于其汇水量小而被丢失，而处于地形低处的非地形特征线上的点由于其汇水量大而被误认为地形特征线上的点。另外，由于该方法是将各个汇水区域的公共边界视为分水线，因此，它所确定分水线均为闭合曲线，这与实际地形变化不相符合。

4. 基于地形曲面几何分析和流水物理模拟分析相结合的方法

基于地形曲面几何分析的方法通常分为两步，即先对地形曲面的局部变化进行几何分析，找出地形特征线上的点的备选点集，然后根据地形特征线的有关知识将已确定的地形特征线上的点的备选点集中的点归为各自所属的地形特征线；而基于地形曲面流水物理模拟的方法则是通过对区域地形曲面的流水物理模拟分析，逐条逐条地找出区域内地形特征线（黄培之，1995）。基于区域地形曲面几何分析的方法未顾及每条地形特征线变化的自身规律，即全区域采用同一个阈值，使得后续地形结构线的寻找判断不便，即使有些学者应用专家系统的有关理论来进行寻找，其效果也不尽理想。而基于地形曲面流水物理模拟分析的地形特征线提取的方法在寻找区域地形特征线时，由于方法本身原理限制在所寻找出的地形特征线的两端存在遗漏和多出。因此，有些学者提出将基于地形曲面几何分析与地形曲面流水物理模拟相结合的办法来实现区域地形特征线的提取。

这种方法的思路是，首先采用较稀的 DEM 格网数据用地形流水物理分析方法提取区域内概略的地形特征线，然后用其引导，在其周围邻近区域对地形进行几何分析来精确地确定区域的地形特征线。其方法如下：求出已提取的概略的地形特征线与 DEM 格网线的交点，在该交点附近的一个小区域，对 DEM 数据进行几何分析，即找出该区域内与概略的地形特征线正交方向地形断面上高程变化的极值点，该点即为该条地形特征线的精确位置。图 12.10 为基于地形几何分析与基于流水物理模拟方法相结合的地形特征提取过程。

12.2.3 基于等高线的特征提取

1. 等高线曲率判别法

等高线曲率判断法用于从数字化等高线数据（图 12.11）中提取地形特征线。该方

```
┌─────────────────────┐
│      DEM建立         │
└─────────────────────┘
          │
          ▼
┌─────────────────────┐
│   地形流水物理模拟    │
└─────────────────────┘
          │
          ▼
┌─────────────────────┐
│   概略地形特征线提取  │
└─────────────────────┘
          │
          ▼
┌─────────────────────┐
│     地形几何分析     │
└─────────────────────┘
          │
          ▼
┌─────────────────────┐
│   地形特征线精确确定  │
└─────────────────────┘
```

图 12.10 基于地形流水物理模拟和几何分析的特征提取流程（黄培之，1995）

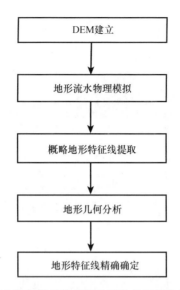

(a) 待分析DEM

(b) 等值线编辑对话框

图 12.11　等高线提取图

法在提取地形特征线时主要有两个步骤。首先计算出每条等高线上一定间距的离散点的曲率绝对值，然后将曲率绝对值大于一给定阈值的点选择出来，这些点被视为地形特征线上点的备选点。在计算等高线曲率值时，通常采用样条函数进行等高线内插。待全区域所有等高线处理完毕，找出区域内的山顶点和谷底点并以这些点为起始点，根据一定的条件和搜索策略将已确定的地形特征线上点的备选点确定为各自所在的山脊线和山谷线。

该方法在确定地形特征线时，将地形特征线上点的判定与该点所属的地形特征线的确定分开来考虑。因此，它有着同断面极值法一样的缺陷。另外，在地形破碎地区或等高线不光滑（存在噪声）区域，使得地形特征线的跟踪十分困难。

2. 等高线垂线跟踪法

等高线垂线跟踪法用于从数字化等高线数据中提取地形特征线，该方法以一定的步长在每条等高线上选取样点，并计算每个样点处的等高线的法线方向单位矢量。将该矢量分解为 X 坐标轴和 Y 坐标轴上的分量，然后通过内插得到所需点（非等高线上的点）处的等高线法线方向矢量。由已得到的各点处等高线的法线方向矢量按其高程从高至低的顺序进行等高线法线方向矢量跟踪，跟踪所得的各个等高线垂线轨迹线的交汇点所组成的线为地形特征线。在不规则随机三角网中进行等高线垂线跟踪的快速算法的基本思想是三角网中同一个三角形的三个点位于同一条等高线上的三角区域为等高线垂线跟踪区域，否则不属于跟踪区域。在已确定的跟踪区域中通过内插得出所需其中各点的等高线垂线方向矢量，然后进行跟踪。

该方法在确定地形特征线时跟踪等高线垂线，其实质是跟踪找出地形曲面上每点的流水轨迹线，这些流水轨迹线终点所组成的线就是合水线，起点所组成的线就是分水线。此方法在确定地形特征线时，通过分析区域流水状态，跟踪每点处的流水线，得到其端点作为地形特征线上的点。然后依据一定的条件，判定其所属的每条地形特征线。因此，该方法是以整体分析为基础，它比起局部分析法（如等高线曲率判断法）有着抗干扰（噪声）能力强的优点。但它只是间接分析与寻找地形特征线，因此有着计算量大和地形特征线上的点的确定比较麻烦的缺点。

3. 等高线骨架化法

骨架化法又称中心轴化法，近年来被广泛地用于图像、图形处理。所谓图形骨架就是二维图形边界内距其两侧边界等距离点的集合所组成的线。换句话说，图形的骨架或中心轴是二维几何图形内各个互不包含的所有最大内切圆的圆心轨迹线。武汉测绘科技大学的研究人员（陈晓勇，1991）用数学形态学的有关算法求取等高线二值影像的骨架，以此得到地形特征线。通过对等高线进行等距变换求取其中心轴线，认为同一根等高线上的中心轴线为地形特征线。用该方法和等高线垂线跟踪法对同一地形区域的等高线进行地形特征线的提取，其所得结果大致相同。

由上述介绍不难看出，骨架化法是将同一条等高线的中心轴线视为地形特征线。因此，该方法实质上是将地形特征线两侧的地形视为对称变化。显然这与大多数地形变化不相符合。因此，用该方法所提取的地形特征线有很大程度的近似性。当对同一地形特征线上相邻近的两条等高线用该方法进行处理时，所提取的地形特征线并不一致，当等高线不光滑或存在噪声时，其所得结果更令人失望。

4. 基于 Voronoi 图的骨架法

从数学和物理学可知，位于地形曲面某点处的质点在地形曲面上的运动方向为地形曲面函数在该点处的等高线的梯度反方向，该方向矢量在水平面上的投影方向垂直于过该点处的等高线。换句话说也就是位于地形曲面某点处的质点在地形曲面上运动方向为其高程下降的最快方向或坡度方向。这意味着地形特征线总是由垂直于等高线的线生成的。因此，正如 5.5.3 节所述，可以利用等高线数据生成 TIN，则显然它对应的 Voronoi多边形的各个顶点将构成地形的骨架点。由这些骨架点构成的内容有三部分：主要部分是骨架线或中心轴线；一部分是地形特征线；另一部分则是很小的毛刺，如图 12.12 所示。中心轴线上的点的高程值是两等高线高程的平均值，而地形特征线上的高程值则可通过内插方式求得。毛刺的形成主要是由于等高线的不光滑、许多小的弯曲造成的。

这种方法的一个最大优点是当建立起 TIN/Voronoi 图时，骨架线和地形特征线可立即得到。骨架线可用于等高线的简化、综合等方面，但必须对骨架线做处理，以消除其上的小毛刺。另外，地形特征线也需找合理的方法进行连接。

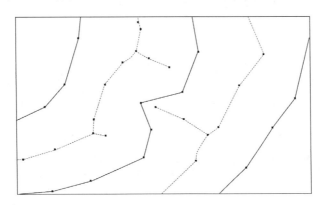

图 12.12　由 Voronoi 多边形的顶点构成的骨架 （Thibault and Gold，2000）

黑色的线为等高线，长的虚线为中心轴线，短的虚线为地形特征线

12.3 水文分析

从 DEM 生成的集水流域和水流网络数据，是大多数地表水文分析模型的主要输入数据。表面水文分析模型用于研究与地表水流有关的各种自然现象如洪水水位及泛滥情况，或者划定受污染源影响的地区，以及预测当改变某一地区的地貌时对整个地区将造成的后果等。在城市和区域规划、农业及森林等许多领域，对地球表面形状的理解具有十分重要的意义。这些领域需要知道水流怎样流经某一地区，以及这个地区地貌的改变会以什么样的方式影响水流的流动。本节先简要解释与水文分析有关的一些基本概念，然后叙述从 DEM 中提取水文信息的基本方法。

12.3.1 水文分析的内容与过程

水文分析的主要内容有：集水流域、水流网络及排水系统的分析。

1. 集水流域

集水流域是指水流及其他物质流向出口的过程中所流经的地区，与此相关的各种术语如集水盆地、流域盆地等都代表相同的意思，即流向集水出口的水流所流经的整个地区。集水出口是指水流离开集水流域的点，这一点是集水流域边界上的最低点。子流域是更大的集水流域网状结构中的一部分。两集水流域的相邻边界称分水岭或集水流域边界（图 12.13（a））。

2. 水流网络

水流网络是水流到达出口所流经的网络。它可视作一树状结构，在此结构中树之根部即集水出口，树的分支是水流渠道，两水流渠道之交点称汇合点或网链节点，连接两相邻节点或节点与集水出口之间的部分为网络中水流流经的内部网链，外部网链指树之分支的末端（也即没有其他的分支）（图 12.13（b））。

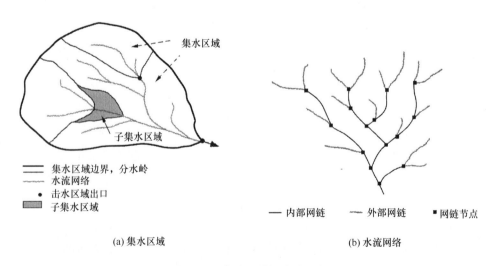

(a) 集水区域　　　　　　　　　　　　　(b) 水流网络

图 12.13　集水区域及水流网络

3. 排水系统

集水流域和将水流导向水流出口的水流网络称为排水系统。排水系统中水的流动是通常所称的水流循环的一部分，水流循环包括水的渗透和蒸发等过程。

地表的物理特性决定了流经其上的水流的特性，同时水流的流动将反过来影响地表的特性。对地表影响最大的水流特性为水流的方向和速度。水流方向由地表上每一点的方位决定。水流能量由地表坡度决定，坡度越大，水流能量也越大。当水流能量增加时，其携带更多和更大泥沙颗粒的能力也相应增加，因此更陡的坡度意味着对地表更大的侵蚀能力。另外由不同地表曲率决定的凸形或凹形地表也会对水流的流动产生影响，在凸形地表区域，水流加速，能量增大，其携带泥沙的能力增加，因而凸形剖面的区域为水流侵蚀地区。与此相反，在凹形剖面处水流流速降低，能量减少，导致泥沙的沉积。因此对水文分析来说，关键在于确定地表的物理特征，然后在此特征上再现水流的流动过程，最终完成水文分析的过程。

从数字高程模型中可提取出大量的陆地表面形态信息，这些形态信息包括坡度、方位及阴影等。在大多数栅格处理系统中，使用传统的邻域操作便可以提取这些信息。集水流域和陆地水流路径与坡度、方位之类的信息密切相关，但同时也需要一些非邻域的操作计算，如确定大的平坦地区范围内的水流方向等，因此简单的邻域操作对这些计算是不够的。为克服这些限制，达到提取地形形态的目的，一些研究者提出了既使用邻域技术又使用可称之为区域生长过程的空间迭代技术的算法，这些算法提供了从 DEM 中提取集水流域、地表水流路径及排水网络等形态特征的能力。

上述算法的发展大体上经历了两个阶段。前一个阶段的算法一般基于格网点与空间相邻的 8 个格网之间的邻域操作，但不能很好地处理洼地；后一阶段的算法与此类似，但能完整地处理洼地与平坦地区。

地形洼地是区域地形的局部最低处，洼地底点（谷底点）的高程通常小于其相邻近点（至少八邻域点）的高程。洼地在 DEM 中十分普遍，水流方向在洼地区域的不连续性，以及在平地区域的不确定性使得水流流向的判定出现不确定性，因此对洼地的处理成为 DEM 水文分析的焦点问题之一。普遍认为被高程较高的区域围绕的洼地是进行水文分析的一大障碍，因为在决定水流方向以前，必须先将洼地填充。有些洼地是在 DEM 生成过程中带来的数据错误，但另外一些却表示了真实的地形特征如采石场或岩洞等。一些研究者曾试图通过平滑处理来消除洼地，但平滑方法只能处理较浅的洼地，更深的洼地仍然得以保留。处理洼地的另一种方法是通过将洼地中的每一格网赋予洼地边缘的最小高程值，从而达到消除洼地的目的。

下面介绍的算法以第二种方法为基础。通过将洼地填平，这些算法使洼地成为水流能通过的平坦地区。整个水文因子的计算由三个主要步骤组成，即无洼地 DEM 的生成、水流方向矩阵的计算和水流累积矩阵的计算，下面将对此分别进行介绍。需要指出的一点是，在整个 DEM 水文分析基础数据的计算过程中，虽然无洼地的 DEM 数据应首先生成，但在确定 DEM 洼地的过程中，使用了每一格网的方向数据，因此 DEM 水流方向矩阵的计算应最先进行，作为洼地填平算法的输入数据，在无洼地 DEM 的计算完成之后，重新计算经填平处理的格网的方向，生成最终的水流方向矩阵。

12.3.2　无洼地数字高程模型的生成

洼地填平的方法有许多种，最简单的是通过数据平滑或者使用统一的高程直接抬升地形，但这种处理容易导致复杂起伏地形水面爬坡，以及平坦地形水位断流的情况。地形洼地一般有单点洼地、独立洼地区域和复合洼地区域三种。其中，单点洼地和独立洼地区域容易处理，而如图 12.14 所示的复合洼地填平处理则要复杂得多，绝大多数复合洼地都表现为一种循环洼地，由于许多洼地位于一个相对平坦的区域，邻近的洼地被填平后经常会产生新的洼地，因此洼地的检测与填平是一个循环递归的过程，直到没有新洼地的出现。所以复合洼地的填平处理常常效率非常低，为此一种矢量和栅格混合处理的洼地填平方法既保证了结果的合理性，又保证了算法的高效性（Zhu et al.，2006）。该方法的基本原理是采用矢量处理与传统的邻域栅格处理相结合的方法进行洼地填平处理，主要包括 4 个步骤。

（1）基于洼地检测过程中记录的格网点关系，识别出复合洼地中的循环洼地，如图 12.14 中的 Ⅰ、Ⅱ 和 Ⅲ 三个洼地，因为这些洼地的出口都具有相同的高程，所以相互形成一个环。

（2）合并这三个循环洼地形成新的洼地 Ⅴ，如果这个新洼地不溢出到任何其他洼地则是一个独立的洼地，直接进行填平处理。否则洼地 Ⅳ 和 Ⅴ 将形成一个新的循环洼地，并继续被合并。

（3）对于新的洼地，重复前面的两步处理，直到整个 DEM 范围内全部洼地均被处理完毕。

（4）选择其他未处理的复合洼地继续进行处理。

由于该方法记录了相邻洼地之间的矢量拓扑关系，在独立填平每个洼地前能判断是否已有的洼地会被合并形成新的洼地，这避免了全局性的洼地循环检测与填平，大大提高了处理效率。

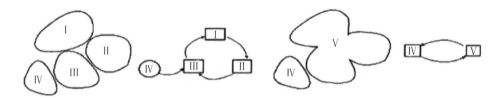

图 12.14　复合洼地及其填平处理

用上述方法对数字高程模型区域中存在的洼地及洼地区域进行填平，可以得到一个与原数字高程模型相对应的无洼地模型。在这个数字高程模型中由于无洼地区域存在，自然流水可以畅通无阻地流至区域地形的边缘。因此，我们可借助这个无洼地的数字高程模型对原数字模型区域进行自然流水模拟分析。

12.3.3　水流方向的计算

计算流向的基本原理是水往低处流，即从高处流向低处。在地形表面上，山峰是局部最高处，山谷是局部最低处，山脊线则是连接局部最高处的线，山谷线是连接局部最低处的线。所以，水将从最高处和山脊线流向山谷和最低处。利用 DEM 计算水的流向有如下两种通用的方法。

（1）单流向（single flow direction，SFD），总的流量应被单一的邻近单元接收，从当前单元到邻近单元具有最大坡降，只有 4 个可能的方向（图 12.15（a））或者全部 8 个可能的方向（图 12.15（b））。

（2）多流向（multiple flow direction，MFD），依据一定标准、坡度和水流宽度等，从当前单元分布式流向所有较低处的周围邻近单元。如图 12.15（c）所示。

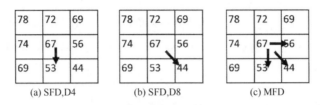

图 12.15　水流方向的确定方法

关于流向计算方法的系统分类可参阅文献（Zhou and Liu，2002），这里主要介绍 GIS 领域应用最广泛也是最简单的方法之一，即 D8 方法。其基本原则是水只能以最大坡降流向 8 个方向（左，右，上，下，左下，左上，右下，右上）之一。

对每一格网，水流方向指水流离开此格网时的指向。通过将格网 x 的 8 个邻域格网编码，水流方向便可以其中一值来确定，Arc/Info 采用的一种典型格网方向编码为：

$$32 \quad 64 \quad 128$$
$$16 \quad x \quad 1$$
$$8 \quad 4 \quad 2$$

例如，如果格网 x 的水流流向右边，则其水流方向被赋值 1。方向值以 2 的幂值指定是因为存在格网水流方向不能确定的情况，需将数个方向值相加，这样在后续处理中从相加结果便可以确定相加时中心格网的邻域格网状况。另外一个需要说明的是出现在下面步骤中的距离权落差概念，距离权落差通过中心格网与邻域格网的高程差值除以两格网间的距离决定，而格网间的距离与方向有关，如果邻域格网对中心格网的方向值为 1、4、16、64，则格网间的距离为 1，否则距离为 $\sqrt{2}$。确定水流方向的具体步骤如下所述。

（1）对所有数据边缘的格网，赋予指向边缘的方向值。这里假定计算区域是另一更大数据区域的一部分。

（2）对所有在第一步中未赋方向值的格网，计算其对 8 个邻域格网的距离权落差。

（3）确定具有最大落差值的格网，执行以下步骤：

（a）如果最大落差值小于 0，则赋予负值以表明此格网方向未定（这种情况在经洼地填充处理的 DEM 中不会出现）。

（b）如果最大落差大于或等于 0，且最大值只有一个，则将对应此最大值的方向值作为中心格网的方向值。

（c）如果最大落差大于 0，且有一个以上的最大值，则在逻辑上以查表方式确定水流方向。也就是说，如果中心格网在一条边上的三个邻域点有相同的落差，则中间的格网方向被作为中心格网的水流方向，又如果中心格网的相对边上有两个邻域格网落差相同，则任选一格网方向作为水流方向。

（d）如果最大落差等于 0，且有一个以上的 0 值，则以这些 0 值所对应的方向值相加。在极端情况下，如果 8 个邻域高程值都与中心格网高程值相同，则中心格网方向值赋予 255。

（4）对没有赋予负值、0、1、2、4、…、128 的每一格网，检查对中心格网有最大落差的邻域格网。如果邻域格网的水流方向值为 1、2、4、…、128，且此方向没有指向中心格网，则以此格网的方向值作为中心格网的方向值。

（5）重复第（4）步，直至没有任何格网能被赋予方向值；对方向值不为 1、2、4、…、128 的格网赋予负值（这种情况在经洼地填充处理的 DEM 中不会出现）。

图 12.16 为根据 6×6 格网单元大小的 DEM 计算流向及其编码的结果。

78	72	68	73	60	48
75	68	56	50	46	50
70	55	45	40	39	47
65	57	53	26	30	26
67	60	48	23	18	20
75	55	45	12	10	12

(a) 原始DEM

(b) 水流方向

2	2	2	4	4	8
2	2	2	4	4	8
1	1	2	4	8	4
1	128	1	2	4	4
2	1	2	4	4	4
1	1	1	1	4	16

(c) 流向编码

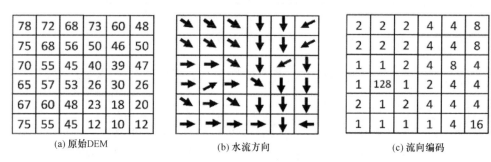

图 12.16　基于 DEM 的流向计算

12.3.4　水流累积的计算

区域流水量累积数值矩阵表示区域地形每点的流水累积量，根据前面计算得到的流向矩阵很容易计算水流累积矩阵。其基本思想是，以规则格网表示的数字地面高程模型每点处有一个单位的水量，按照自然水流从高处流往低处的自然规律，根据区域地形的水流方向数字矩阵计算每点处所流过的水量数值，便可得到该区域水流累积数字矩阵。在此过程中实际上使用了权值全为 1 的权矩阵，如果考虑特殊情况如降水并不均匀的因素，则可以使用特定的权矩阵，以更精确地计算水流累积值。

图 12.17 为同一区域的水流累积矩阵。其中，每个单元中的数值等于流向其中的所有单元数。水流向累积最低的单元，因此最低处将收集到整个区域所有的水流。如图 12.17（a）

0	0	0	0	0	0
0	1	1	2	2	0
0	2	7	5	4	0
0	1	0	20	0	1
0	0	1	0	22	2
0	2	3	7	35	3

(a)

0	0	0	0	0	0
0	1	1	2	2	0
0	2	7	5	4	0
0	1	0	20	0	1
0	0	1	0	22	2
0	2	3	7	35	3

(b)

图 12.17　水流累积矩阵

所示，最大的数值是 35，因为总共有 35 个单元的水流向最后这个单元。可见，累积矩阵中数值较大的单元形成一条清晰的流线。如果一个单元中的数值为 0，则意味着没有从其他单元流入的水，这个单元也就是局部最高处，对应山峰和山脊线的位置。所以基于这个水流累积矩阵可自动提取出山脊线。

上述算法是传统的水文分析模型的基础算法，已经在一些商业软件中得到了实现。但在实际使用中这个算法存在下面一些问题：

（1）计算复杂，计算量大，且随 DEM 格网的增大而成数倍增加；

（2）当 DEM 格网较密时，不仅增加了计算量，而且给地形流水分析带来困难并产生了各种错误。当 DEM 格网较稀时，所提取的地形结构线与实际地形的情况存在较大差距；

（3）由于地形点的积水量与该点的高程有关，因此处于地形高处的地形特征点由于积水量较小常常被丢失。而处于低处的非地形结构线上的点由于积水量大，所提取的地形结构线又与实际地形不符。

另外，由于此算法建立在假设从 DEM 格网点流出的水流将流向此格网 8 个邻域格网所决定的方向之一的基础上，与实际的流水情况并不十分相符。因此有研究者认为此算法过于简单，有时会产生明显的错误，并提出如果以根据 8 个方向的梯度按比例来分配从格网中流出的水流的话，在非平坦地区将会产生更理想的结果。

12.3.5 水流网络形成

1）排水网络

如果预先设定一阈值，将方向累积数据中高于此阈值的格网连接起来，便可形成排水网络。当阈值减少时，网络的密度便相应增加。如果 DEM 经过填充处理，则以此方式得到的排水网络将是一完整连接的图形，对此图形进行从栅格到矢量的转化处理，便可得到矢量格式的数据。

由于区域地形经洼地填平后，区域地形上各点的水流经各个支汇水线流入主汇水线，最后流出区域。因此，主汇水线的终点在区域的边界上，且该点具有较大的水流量累积值。当主汇水线终点确定后，按水流反方向比较水流流入该点各个邻近点的水流量累积值，该数值最大的一个地形点，即是主汇水线的上一个流入点。依此方法进行，直至主汇水线搜寻完毕。当主汇水线确定后，沿主汇水线按从低至高的顺序对其两侧的相邻地形点进行分析。当某点的水流量累积数值较大时，则该点是此主汇水线的支汇水线的根节点，该点的水流量累积值就是该支汇水线的汇水面积。对所得到的各条一级支汇水线进行同样的分析，确定它们各自的下一级支汇水线，依此进行，便可建立区域地形汇水线的树状结构关系，如图 12.18 所示。

2）汇水区域

汇水区域提取往往是水文分析和环境分析的第一步，如土地利用、土壤侵蚀、污染扩散、矿物质分布、水资源保护等分析处理中所使用的大量地形特征数据往往是以汇水子区域边界为基础。而进一步的分析处理需要对汇水子区域合并或再次划分，形成具有水文特征（高程、坡度、坡向、土壤类型等）一致性的区域单元，这些区域单元被称为

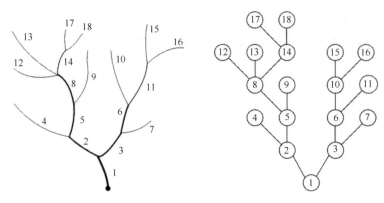

图 12.18　排水网的树状结构图

水文响应单元。汇水区域，又称作集水区域、集水盆地、流域盆地，是指地表径流或其他物质汇聚到一共同的出水口的过程中所流经的地表区域，它是一个封闭的区域。出水口是指水流离开汇水区域的点，这一点是汇水区域边界上的最低点。通常，一条河流的汇水区域没有其他的地表径流流入且只有唯一的一个出水口。汇水区域常以多边形区域或栅格的形式存在。

　　汇水区域提取是以水流方向为依据进行的，基于堆栈的种子填充算法基本步骤如下（朱庆等，2005）所述。

　　（1）初始化标志矩阵，将其清零。

　　（2）将指定的出水口点作为种子点入栈，并将标志矩阵中对应的格网赋值 1。

　　（3）当堆栈非空时，从堆栈中弹出一个格网点，判断该格网的八邻域格网。如果其中有格网高程值不低于该格网、指向该格网且尚未处理过（标志矩阵中相应格网值为 0 且不属于其他汇水区域），则将格网压入栈，并将标志矩阵中对应的格网赋值 1。

　　（4）通过上述处理，所有水流最终流向出水口的格网都可以被检测出来，并可识别出某个汇水区域。

　　（5）将汇水区域顶部的最左侧边缘点入栈并加入汇水区域边缘线中，然后以该点为起始点将汇水区域的边缘线跟踪出来，如图 12.19 和图 12.20 所示。

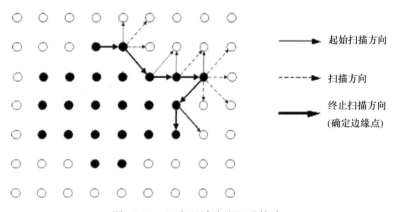

图 12.19　汇水区域边缘跟踪算法

　　（6）在汇水区域的基础上，根据从主流到支流的顺序，通过递归方法提取汇水子区域。对于每一河段首先提取其上游河段的汇水子区域。一个区域完整的汇水子区域结果如图 12.21 所示。

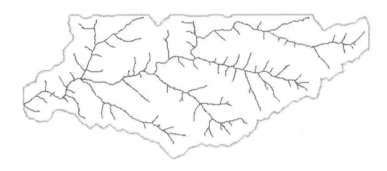

图 12.20 汇水区域

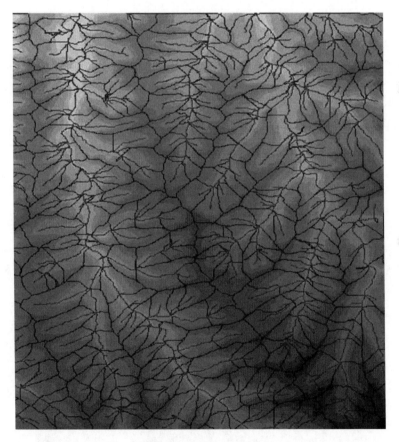

图 12.21 汇水子区域

3）陆地水流路径

如果需要格网或格网群的水流路径，则在水流方向数据中通过格网到格网的跟踪直至数据边缘，便可产生所需的路径。这个过程与集水流域生成过程有些相似，这就是当计算集水流域时，流向集水流域起始格网的格网被赋予起始格网的集水流域标志，而追踪水流路径时，水流路径起始格网流向的格网被赋予起始格网的水流路径标志。水流路径的一个实际应用是追踪污染源进入排水网络的污染路径。

12.4 可视性地形分析

可视性分析也称通视分析，它实质属于对地形进行最优化处理的范畴，如设置雷达站、电视台的发射站、道路选择、航海导航等，在军事上如布设阵地（如炮兵阵地、电子对抗阵地）、设置观察哨所、铺架通信线路等。

可视性分析的基本因子有两个：一个是两点之间的可视性（intervisibility）；另一个是可视域，即对于给定的观察点所覆盖的区域。

12.4.1 可视线分析

可视性是可视地形分析的基本因子之一。可视线即指两点之间的可视性的连线。

判断两点之间可视性的一种基本思路如下：

（1）确定过观察点和目标点所在的线段与 XY 平面垂直的平面 S；

（2）求出地形模型中与 S 相交的所有边；

（3）判断相交的边是否位于观察点和目标点所在的线段之上，如果有一条边在其上，则观察点和目标点不可视。

另一种方案是所谓的"射线追踪法"。这种算法的基本思想是对于给定的观察点 V 和某个观察方向，从观察点 V 开始沿着观察方向计算地形模型中与射线相交的第一个面元，如果这个面元存在，则不再计算。显然这种方法既可用于判两点相互间是否可视，又可以用于限定区域的水平可视计算。

需要指出的是，以上两种算法对于基于规则格网地形模型和基于 TIN 模型的可视分析都适用。对于基于等高线的可视分析，适宜使用前一种方法。对于线状目标和面状目标，则需要确定通视部分和不通视部分的边界。图 12.22 为确定是否可视的过程图。

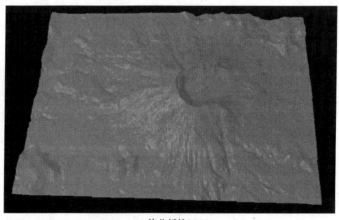

(a) 待分析的DEM

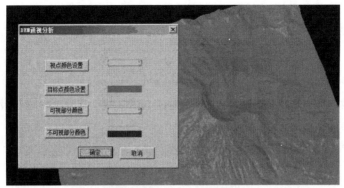

(b) 点击视点和目标点后编辑颜色

(c) 颜色编辑完成后显示分析结果

图 12.22   可视线分析过程图

12.4.2   可视域分析

可视域（viewshed）是可视地形分析的另一基本因子。可视域即对于给定的观察点所覆盖的区域。

计算可视域的算法对于规则格网 DEM 和基于 TIN 的地形模型则有所区别。基于规则格网 DEM 的可视域算法在 GIS 分析中应用较广。在规则格网 DEM 中，可视域经常是以离散的形式表示，即将每个格网点表示为可视或不可视，这就是所谓的"可视矩阵"。

计算基于规则格网 DEM 的可视域，一种简单的方法就是沿着视线的方向，从视点开始到目标格网点，计算与视线相交的格网单元（边或面），判断相交的格网单元是否可视，从而确定视点与目标视点之间是否可视。显然这种方法存在大量的冗余计算。总的来说，由于规则格网 DEM 的格网点一般都比较多，相应的时间消耗比较大。针对规则格网 DEM 的特点，比较好的处理方法是采用并行处理。

基于 TIN 地形模型的可视域计算一般通过计算地形中单个的三角形面元可视的部分实现。实际上基于 TIN 地形模型的可视域计算与三维场景中的隐藏面消去问题相似，可以将隐藏面消去算法加以改进，用于基于 TIN 地形模型的可视域计算。这种方法在最复杂的情形下，时间复杂度为 $O(n^2)$。各种改进的算法基本都是围绕提高可视分析的速度展开的。

在实际应用中，有些分析的目的要求将地物的高度加入到 DEM 中，这时可视性的计算就不仅仅是上述所采用的只关心地形的计算，而应该采用新的计算方法。如图 12.23 所示，计算图中所示建筑物 A 的顶层能看到的地面范围。设不可视的部分长度为 S，则有

$$S = \frac{V \times \left[(h+t) - (o + \text{tw})\right]}{(H+T) - (h+t)} \qquad (12.17)$$

式中，S 为不可视部分的长度；V 为可视部分的长度；H 为建筑物高度；T 为建筑物所在位置的地面高程；h 为中间障碍物的高度；t 为中间障碍物的地面高度；o 和 tw 分别为观察者的身高和所在位置的地面高程。图 12.24 为从建筑物表面任意位置处的可视效果。

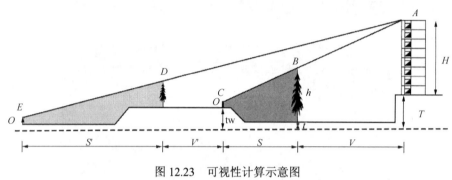

图 12.23　可视性计算示意图

引自朱庆和睢海刚，1999

图 12.24　兼顾地形地物起伏的可视域分析

12.4.3　基于 GIS 的可视性分析

在实际应用中，人们常常面临这样一个事实：在确定某一与可视性分析有关的问题时，常常需要大量的外部因素条件，而不仅仅是地形因素。例如，为了确定电视塔的最佳位置，除地形因素外，还不得不考虑地质、地理位置、社会经济条件（如不能修建在文物古迹处、不能修建在繁华的商业区中等），以及其他条件（如不能修建在军事禁地等）。对于这样复杂的应用，显然仅仅依靠 DEM 是无法完成的。一种较好的方法是利用 GIS 中的数据库，辅助数字高程模型进行可视性分析，这样得到的结果是令人满意的。

本节以一基于 GIS 的观察位置的自动确定为例。图 12.25 为使用 GIS 进行可视性分

析自动确定最佳观察位置的处理流程图。

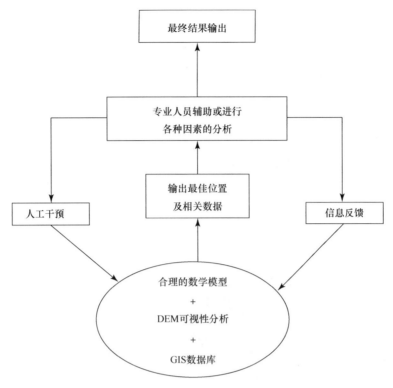

图 12.25　使用 GIS 进行可视性分析自动确定最佳观察位置的处理流程图

一般基于 GIS 的观察位置自动确定这类问题的解决步骤可归纳如下。

（1）采集一定格网的 DEM 数据。根据不同的具体情况可采用不同的采集方式，如可直接利用解析测图仪立体切准或先测等高线后进行转化，可使用数字摄影测量直接或交互式的获取 DEM，可对现有地图进行扫描矢量化然后转化为格网 DEM 等。

（2）建立 GIS 数据库。包括各种资料的输入，如地形数据、地质数据、经济数据、社会数据、规划数据等。

（3）建立合理的数学模型。一方面根据具体的情况建立适合专业的数学模型，如在确定电视塔的定位时，由于电磁波是以其辐射源为中心，以球面波的方式向各个方向传播，在传播的过程中必然有衰减效应，如何建立合适的模型来顾及这种情况等。另一方面在综合考虑时需建立分析模型，如线性回归模型、多元统计模型、加权统计模型、条件统计模型、系统动力学、模糊综合评判模型等。实际应用中采用其中的一个或几个组合。

（4）获取 GIS 数据库中的知识。从数据库中发现知识（knowledge discovery from database，KDD）是一项复杂困难而又极具广阔前景和挑战性的技术。可从 GIS 数据库中发现的主要知识类型有普通的几何和属性知识、空间分布规律空间关联规则、空间聚类规则、空间特征规则、空间分区规则、空间演变规则、面向对象的知识等。可采用的知识发现方法有统计方法、归纳方法、聚类方法、空间分析方法、探测性分析、Rough集方法等。对于一般的应用，从 GIS 数据库中获取的主要是属性信息。由于目前一般

GIS 采用关系数据库来管理属性数据库，故可通过对关系数据库获取数据的方法来获得 GIS 数据库中的知识。

（5）专业人员辅助进行或对各种反馈的数据进行分析。例如，某些要素权重的配置是否合适，可视的区域覆盖率（指当某一位置被确定后，从该位置出发，可以"看"到的区域表面积占整个范围的比例）是否合理，在一定的投资条件下对位置确定有何影响，在某种特殊条件下（如必须到达 90%的覆盖率）需要的要求等。

（6）人工交互干预，对信息进行反馈。当发现选择的位置达不到预想的要求时，或者发现由于对某些因素的过轻或过重的考虑而导致不合理的结果时，要进行重新调整，重新计算。图 12.26 和图 12.27 为可视性分析中最佳电视塔定位的确定的试验。图 12.26 为仅考虑地形因素进行可视性分析的结果，图 12.27 为考虑多种因素基于 GIS 的可视性分析的结果。尽管图 12.26 中所确定的位置覆盖率最高，但经实地考察，此位置为地质条件比较差的地区，不适宜做任何修建工作；而图 12.27 中确定的位置不是最优的，但它综合考虑了各种情况，因此也是最合理的位置。

图 12.26　仅考虑地形因素时的最佳电视塔位置，塔高=30m，覆盖率为 76%
深色部分为可视区域覆盖范围

图 12.27　考虑地形、地质等其他因素时的最佳电视塔位置，塔高= 30m，覆盖率为 68%
深色部分为可视区域覆盖范围

参 考 文 献

陈晓勇. 1991. 数学形态学与影像分析. 北京: 测绘出版社.

黄培之. 1988. 数字地面模型的应用开发. 武汉: 武汉测绘科技大学硕士学位论文.

黄培之. 1995. 彩色地图扫描数据自动分层与等高线分析. 武汉: 武汉测绘科技大学博士学位论文.

柯正谊, 何建邦, 池天河. 1993. 数字地面模型. 北京: 中国科学技术出版社.

刘学军. 2002. 基于规则格网数字高程模型解译算法误差分析与评价. 武汉: 武汉大学博士学位论文.

刘友光. 1997. 工程中数字地面模型的建立与应用及大比例尺数字测图. 武汉: 武汉测绘科技大学出版社.

闾国年, 钱亚东, 陈钟明. 1998. 基于栅格数字高程模型提取特征地貌技术研究. 地理学报, 53(6): 562~569.

王来生, 鞠时光, 郭铁雄. 1993. 大比例尺地形图机助绘图算法及程序. 北京: 测绘出版社.

张祖勋, 张剑清. 1996. 数字摄影测量学. 武汉: 武汉测绘科技大学出版社.

周启鸣, 刘学军. 2006. 数字地形分析. 北京: 科学出版社.

朱庆, 眭海刚. 1999. 基于DEM及GIS的最佳位置的自动确定. 武汉测绘科技大学学报, 24(2): 138~141.

朱庆, 田一翔, 张叶廷. 2005. 从规则格网DEM自动提取汇水区域及其子区域的方法. 测绘学报, 34 (2): 129~133.

Cazzanti M, DeFloriani L, Puppo E. 1991. Visibility computation on a triangulated terrain. In: Cantoni V, et al. Progress in Image Analysis and ProcessingII(Proceedings 8th International Conference on Image Analysis and Processing). Singapore: World Scientific.

Cole R, Sharir M. 1986. Visibility Problems for Polyhedral Terrains. Technical Report 32.New York University.

Domingue J O, Jenson K. 1988. Extracting topographic structure from digital elevation data for geographic information system analysis. Photogrammetric Engineering and Remote sensing, 54(11): 1593~1600.

Environmental Systems Research Institute (ESRI). 1992. Cell–based Modeling with GRID 6.1.

Floriani L D, Magillo P. 1994. Visibility algorithms on triangulated digital terrain models. International Journal of Geographical Information Systems, 8(1): 13~41.

Floriani L D, Montani C, Scopigno R. 1994. Parallelizing visibility computations on triangulated terrains. International Journal of Geographical Information Systems, 8(6): 515~531.

Gold C, Thibault D. 1999. Terrain reconstruction from contours by skeleton retraction. Proceedings of the 2nd International Workshop on Dynamic and Multi-dimensional GIS.

Goodchild M F, Lee J. 1989. Coverage problems and visibility regions on topography surfaces. Annals of Operations Research, 20: 175~186.

Monmonier M S. 1982. Computer-Assisted Cartography: Principles and Prospects. N J Prentice-Hall: Upper Saddle River.

Thibaut D, Gold C M. 2000. Terrain reconstruction from contours by ske leton constru ction. Geoin for Matica, 4(4): 349~373.

Zhu Q, Tian Y X, Zhao J. 2006. An efficient depression processing algorithm for hydrologic analysis. Computers & Geosciences, 32(5): 615~623.

Zhou Q M, Liu X J. 2002. Error assessment of grid-based flow routing algorithms used in hydrological models. International Journal of Geographical Information Science, 16(8): 819~842.

第13章 可 视 化

13.1 可视化的概念与方法

13.1.1 可视化的概念

可视化是一种将抽象符号转化为直观的图形图像的计算方法，以便研究者能够观察其模拟和计算的过程和结果。数字高程模型可视化是对数字高程模型的视觉表达，运用地图学和计算机图形图像技术将 DEM 数据用符号、图形、图像和视频等可视化形式显示，并进行交互式处理的理论、方法与技术。DEM 可视化的本质是将抽象的数据形式转换为可视的图形图像形式，并允许用户通过交互的方式来观察数据中的细节信息，更加容易地发现数据中隐含的信息与知识。比起使用文本或数字描述，在可视环境中可以更加有效地帮助人们进行探索、分析、综合与表达。可视化打开了人们想象的空间，并提供了独一无二的强大工具，让人们可以对庞大复杂以致无法直接观察的地理空间信息进行分类、表达和交流。

毫无疑问，许多人关注的地形模拟最先进和最丰富多彩的形式在于其仿真和可视化领域，如飞行和雷达仿真。从 DEM 可以产生地球表面逼真的表示，并能实时模拟飞行员观察地面的动态情况。在军事战场规划与环境影响分析方面，精准的地形仿真也是十分重要的内容。

人类大脑半数以上的神经元细胞都致力于处理光学信息，这意味着人们具有识别和理解视觉图案的天然洞察力。可视化是人脑中形成对某件事物（人物）的图像，是一个心智处理过程，促进对事物的观察及概念的建立等。

在人类社会的发展整个过程中，人们一直致力于三维空间的合理表达，并在不同的历史时期尝试了不同的方法，但由于技术及条件的限制，并没有找到一种真正实用的方法。进入 20 世纪中叶后，伴随着计算机科学、现代数学和计算机图形学等的发展，各种数字的地形表达方式也得到了迅猛的发展。在计算机发展的初级阶段，讨论用图形图像来表达现实世界，在技术上和理论上都遇到了很多当时不可克服的困难。从 20 世纪80 年代（公认为计算机图形学年代的开端）开始，随着计算机软、硬件技术和显示技术的进步，可视化技术有了高速的发展。特别是多媒体技术、网络技术和虚拟现实技术的发展，为 DEM 的可视化提供了更加广阔的发展空间。从 DEM 可视化技术的纵深发展脉络来看，DEM 的可视化技术实际经历了从简单到复杂、从低级符号化到高级符号化、从抽象到逼真、从静态到动态的过程，如图 13.1 所示。

由于地理数据特有的空间性质和人类对自身生存环境已有的认知，地理数据处理（如 GIS）是可视化技术应用的一个重要领域。特别是三维地形的立体显示对于辅助空间决策有着十分重要的作用。今天，许多国家都已颁布明确的法令要求必须对一切大型项目和许多敏感的小项目进行全面的环境影响评估（environmental impact assessment），包括对环境景观的视觉影响分析（visual impact analysis）。很显然，三维地形显示是评价各种影响的基础。同样，地形的立体显示可以充分显示出概念上和客观实体间的关系，并可进行立体量测，这对于充分评价勘测成果质量、进行 CAD 优化决策等的影响也是越来越明显、越来越重要。

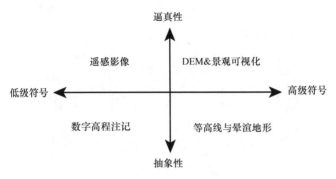

图 13.1　地形可视化技术

13.1.2　可视化的方法

常用的地形可视化方法大致有以下九种。

（1）写景法。在早期地图上（15~18 世纪），地貌形态的表示主要采用于原始的写景方法，表现的是从侧面看到的山地、丘陵的仿真图形。其描绘手法比较粗略，大多采用"弧行线"、"鱼鳞状图形"和类似"笔架山"的技法。这种方法对作者的绘画技巧有很大的依赖性，作品的艺术性多于其科学性，且大规模绘制比较困难。尽管后来有了一定的数学法则，也还是在小范围内使用。写景法一般有透视写景法、轴测法写景法和斜截面法等。

（2）半色调符号表示法。采用色调差异在平面上表示地形起伏。可以是不同的高程值对应不同的灰度符号，也可以是不同的坡度/坡向值对应不同的灰度符号。前者可以准确描绘高程等级，而后者则具有比较明显的立体感观。

（3）等高线法。等高线法的基本点是用一组有一定间隔（高差）的等高线的组合来反映地面的起伏形态。从构成等高线的原理来看，这是一种很科学的方法。它可以反映地面高程、山体、坡度、坡形、山脉走向等基本形态及其变化。但等高线的缺点在于无法描绘微小地貌、缺乏立体效果。

（4）分层设色法。分层设色法是在等高线地形图上的再次加工。其基本原理是，根据等高线设置色感高度带（一定的高度范围），按一定的设色原则，给不同的高度带设置不同的颜色如图 13.2 所示。如果直接对等高线数据进行分层设色处理，还能使等高线地形图给人以高程分布和对比更直观的印象，并使等高线具有一定的立体感，不那么单调。

（5）晕渲法。晕渲法是目前在地图上产生地貌立体效果的主要方法。其基本原理是，描绘出在一定的光照条件下地貌的光辉与暗影的变化，通过人的视觉心理间接地感受到山体的起伏变化。之所以叫做"间接"是因为其立体感完全是由于读者在日常生活中所积累的视觉经验使然，并非直接产生于生理水平的感知。晕渲法的关键是正确地设置光源和描绘光影。由此区分出斜照晕渲、直照晕渲和综合光照晕渲三种类型。

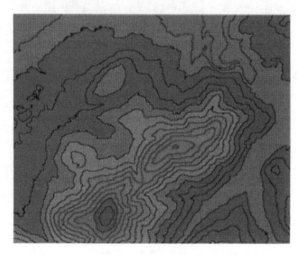

图 13.2　分层设色法

（6）拍摄实地景观照片。这种方法的应用主要有两条途径：一条是直接将设计的建筑物涂绘到相片上；另一条基于计算机的应用是通过扫描将相片数字化作为背景，再用"蒙太奇"的方法将建筑物的计算机造型按其设计位置剪辑上去。不管怎样，拍摄像片和进行剪辑在很大程度上取决于艺术技巧而缺乏某种客观性，并且由于视点严格受限，若要得到不同的观察效果必须分别拍摄不同的相片并进行相应的剪辑工作。

（7）建造三维几何相似的实物模型。尽管这种方法可以取得比较全面的观察效果，但由于按比例创建实物模型（如沙盘）非常费时费力，成本很高；加之看起来人工痕迹很浓，有时视角也会因为空间的局限而受到限制。所以，一般仅用于展示最后的设计结果，而不便用来支持对设计进行优化决策。

（8）三维线框透视投影。长期以来，线框形式（line frame）的透视投影图一直被用来表达三维地形模型，以支持计算机辅助设计。由于地形采样的数量非常有限，加之只在线划经过的地方才传递了图形信息，所以线框透视图往往过度平滑了地形表面的许多细节，特别是像断层这一类重要的线性地表特征通常都不很明显。

（9）真实感图形显示。随着光栅图形显示硬件的发展，以真实感图形为代表的光栅图形技术日益成为计算机图形发展的主流。由于自然地形是经过极其复杂的物理过程作用的结果，再加上人类活动的影响，一般都非常不规则且十分复杂，由于数据量和费用的限制各种勘测工作不可能完全翔实地获得关于地形各种微小细节的数据，而总是有所综合取舍。所以，逼真地形显示一直面临许多困难和问题。目前产生逼真地形显示的方法主要有两种。

一种是将航空像片或卫星影像数据映射到数字地面模型上，建立实际地形的逼真显示。由于这种方法可以逼真地显示地面各种地物和人工建筑的颜色纹理特征，而表现地形起伏产生的几何纹理特征时却不甚明显。所以，常用来表达地面较平缓、地物丰富和人类活动较频繁地区（如城镇、交通沿线等）的地形。

另一种是用一定的光照模型模拟光线射到地面时所产生的视觉效果，经明暗处理产生具有深度质感的灰度浓淡图像，并用纯数学的方法模拟地形表面的各种微起伏特征（几何纹理）和颜色纹理。基于分形模型的地面模拟被认为是最有希望的方法。

13.2 高度真实感图形的生成

随着计算机图形技术的发展，具有真实感的三维可视化表示越来越成为数字高程模型可视化的主流。将模拟场景的三维描述变成 CRT 显示的二维灰度阵列的过程称为描绘或者画面绘制（rendering）。描绘的计算机图像是一种连续的灰度曲面，由于这种图像用面来约束模型，因此弥补了在没有数据控制点的地方用传统线化图形表示可能出现的信息缺损。特别是将原始 DEM 通常细分到每个多边形只能用几个像素（pixel）显示的程度，这样也弥补了线性插补可能造成的误差。所以，将经过细分的 DEM 描绘成灰度浓淡图像，能使得实际地形的各种起伏特征一目了然。这种图形因具有像片的观察效果而称为真实感图形或逼真图形。

与线划图形不同，真实感图形的计算机合成需要根据光源的位置和颜色、地面的形状和方位、地面的光谱特性等计算画面中每一点的颜色灰度。其基本思想是由三维空间到二维平面的变换，基本原理包括投影变换和消隐处理两个主要处理过程，实施通常包括下列步骤：

（1）将地面模型分割为三角形面片的镶嵌；

（2）确定视点位置和观察方向，对地面进行图形变换；

（3）可见面识别；

（4）根据光照模型计算可见表面的亮度和色彩；

（5）显示所有可见的三角形面片；

（6）纹理映射。

13.2.1 地形表面的三角形分割

因为三角形是最小的图形基元，基于三角形面片的各种几何算法最简单、最可靠、构成的系统性能最优。所以，大多数硬件/软件/固件真实感图形描绘系统都是以三角形作为运算的基本单元。TIN 数据结构的 DEM 自然可以直接进行明暗处理（shading）；而栅格结构的 DEM 则先要进行三角形分割。由于每一个栅格数据点的邻域都是已知的，因而可以直接建立三角形结点的线性链表，如图 13.3 所示。当栅格间距很小时（如经分

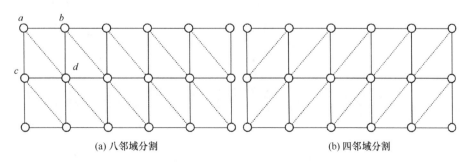

(a) 八邻域分割　　　　　　　　　　　　　(b) 四邻域分割

图 13.3　栅格 DEM 的三角形分割

形细分后的 DEM），邻域的不同选择（四邻域或八邻域）如 (a,b,d)、(a,c,d) 和 (a,b,c)、(b,c,d)，对于图形显示的影响不大，所以图 13.3 中两种分割方式均可。

13.2.2 图形变换

把三维物体变换为二维图形的过程称为投影变换。根据投影中心与投影平面之间的距离的不同，投影可分为平行投影和透视投影。

透视投影变换的原理如图 13.4 所示。假如透视投影的投影参考点（即投影中心）为 $P_c(x_c, y_c, z_c)$，投影平面在 Z_{xy} 处，形体上的一点 $P(x, y, z)$ 的投影为 (x_p, y_p)，那么应有参数方程：

$$\begin{cases} x' = x - xu \\ y' = y - yu \\ z' = z - (z - z_c)u \end{cases} \tag{13.1}$$

参数 μ 取值从 0 到 1，坐标位置 (x', y', z') 代表投影线上的任意一点。当 $\mu = 0$ 时，这一点位于 $P = (x, y, z)$ 处；当 $\mu = 1$ 时，该点在线的另一端处。投影中心点的坐标为 $(0, 0, z_x)$，在投影平面上，$z' = z_{vp}$，解关于 u 的方程得

$$u = \frac{z_{vp} - z}{z_c - z} \tag{13.2}$$

将 u 值代入 x' 和 y' 的方程，得透视变换方程为

$$\begin{cases} x_p = x \dfrac{z_{vp} - z}{z_c - z} = x\left(\dfrac{d_p}{z_c - z} \right) \\[4mm] y_p = y \dfrac{z_{vp} - z}{z_c - z} = y\left(\dfrac{d_p}{z_c - z} \right) \end{cases} \tag{13.3}$$

透视投影的投影中心与投影平面之间的距离是有限的，而对于平行投影，这个距离为无穷大。如果式（13.3）中 $\dfrac{d_p}{z_c - z}$ 项为常数，就得到平行投影变换方程。

阴极射线管（CRT）显示的内容完全由观察者的位置（称为视点（viewpoint））和

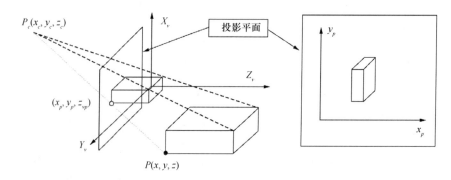

图 13.4　透视投影的原理

视线方向确定。所以，描绘开始往往先将实际地面从世界坐标系 $O\text{-}XYZ$ 变换到以视点为中心的坐标系——视坐标系（eye-coordinate system）$O_e\text{-}X_eY_eZ_e$，然后再将其投影到显示屏上，这一系列变换统称为图形变换。可见，图形变换是平移、旋转、缩放和投影等变换的组合。

世界坐标系和视坐标系都为右手三维笛卡儿坐标系。视坐标系的原点固定在视点，负 Z_e 轴指向观察方向。针对计算机数字运算的特点，三维空间矢量用三个方向余弦来表示。这使得三维空间变换关系简单明了，有利于两种坐标之间的转换计算。后续的可见面识别、投影变换、明暗处理等都将在视坐标系内进行。图 13.5 表示了这两种坐标系之间的关系和各视坐标轴的方向余弦。

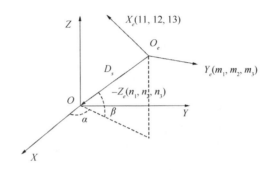

图 13.5　三维空间的坐标变换

根据给定的视点坐标 $(X,Y,Z)_{O_e}$ 和观察方向(方位角 α 和俯仰角 β)，即可算出视坐标轴的方向余弦。为了简化计算，笔者将从视点到世界坐标系原点的矢量 O_eO 和视线方向合二为一，并把该方向作为将来的投影方向。这样，只要给出视线方向和视距 D_s，即可算出视点的坐标：

$$\begin{bmatrix} X \\ Y \\ Z \end{bmatrix}_{O_e} = \begin{bmatrix} D_s \times \cos\beta \times \cos\alpha \\ D_s \times \cos\beta \times \sin\alpha \\ D_s \times \sin\beta \end{bmatrix} \tag{13.4}$$

根据下列公式便能计算新坐标轴的方向余弦：令 $r = \sqrt{n_1^2 + n_2^2}$，取 X_e 轴方向为水平位置。则

$$n_1 = \frac{X_{O_e}}{D_s}, \ n_2 = \frac{Y_{O_e}}{D_s}, \ n_3 = \frac{Z_{O_e}}{D_s} \tag{13.5}$$

$$l_1 = -\frac{n_2}{r}, \ l_2 = -\frac{n_1}{r}, \ l_3 = 0 \tag{13.6}$$

$$m_1 = -n_3 l_2 = -\frac{n_1 n_3}{r}, \ m_2 = n_3 l_1 = -\frac{n_2 n_3}{r}, \ m_3 = r \tag{13.7}$$

而世界坐标 $\begin{bmatrix} X \\ Y \\ Z \end{bmatrix}$ 与视点坐标 $\begin{bmatrix} X_e \\ Y_e \\ Z_e \end{bmatrix}$ 之间的关系如下：

$$\begin{bmatrix} X_e \\ Y_e \\ Z_e \end{bmatrix} = \begin{bmatrix} l_1 l_2 l_3 \\ m_1 m_2 m_3 \\ n_1 n_2 n_3 \end{bmatrix} \left(\begin{bmatrix} X \\ Y \\ Z \end{bmatrix} - \begin{bmatrix} X \\ Y \\ Z \end{bmatrix}_{o_e} \right) \tag{13.8}$$

将三维地面表示在二维屏幕上实际上是一个投影问题。为了取得与人类视觉相一致的观察效果，产生立体感强、形象逼真的透视图，在计算机图形处理领域广泛采用透视投影。如果将平行于 $X_e Y_e Z_e$ 平面且离视点的距离等于 f 的平面作为投影面，那么视坐标系中的一点在显示器上的坐标 (x, y) 可由下式进行计算：

$$x = \frac{X_e}{Z_e} \times f \tag{13.9}$$

$$y = \frac{Y_e}{Z_e} \times f \tag{13.10}$$

式中，f 类似于照相机焦距的作用，表示投影平面（屏幕）离观察者的距离。一般的经验表明，该值取屏幕大小的 3 倍时将获得最佳的视觉效果。

13.2.3 可见面识别

为了改善图像的真实感，消除多义性，在显示过程中应该消除实体中被隐蔽的部分。与线化透视图形的隐藏线消除不同，真实感图形合成面临的是消除隐藏面问题。即识别那些从当前观察者位置可见或隐藏的面片，视场外的面片当然被裁剪掉，而视场内的面片则必须查明被其他面片隐藏的部分，因此，这种处理叫做消隐，又称为可见面识别。消隐包括隐藏线的消除和隐藏面的消除。如图 13.6 所示为表面的三维线框模型（消隐与未消隐）。

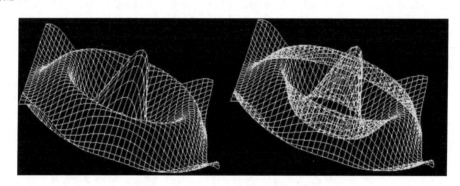

图 13.6　消隐与未消隐的表面三维线框模型

隐藏线的消除可以采用二分法（王来生等，1992）。由 Q 点至 P 点作线的延长，延长线的隐线判断按下面的条件进行。

（1）若两点都可以看见，则延长线是可见的线段。

（2）若两点都不可见，则延长线看不见，是隐线。

（3）若两点 P 和 Q 中一点可见，另一点不可见。设由点 $Q(x_q, y_q)$ 至点 $P(x_P, y_P)$ 作延长线，其中 Q 为可见点，P 为不可见点，为此，首先取两点的中心 $R = \left(\dfrac{x_P + x_q}{2}, \dfrac{y_P + y_q}{2} \right)$

进行隐点判断。若点 R 可见，再取 RP 的中心点进行隐点判断；若点 R 不可见，取 QR 的中心点进行隐点判断。这样反复进行，直至调查到可见点为止，把可见的线段连接起来。用这种方法对所有的延长线进行判断，把可见部分予以表示。

消隐处理曾是计算机三维图形绘制中的重点研究难题。隐藏面的消除现在已有多种成熟而有效的算法。其中代表性的算法有画家算法、深度缓冲区算法和光线跟踪法等。然而，尽管已开发许多可见面识别的算法，但没有一个对所有情况都是最好的。图 13.7 为不同可见程度的面片。

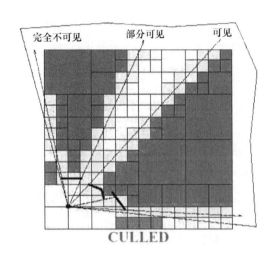

图 13.7　完全不可见、部分可见和可见的三种面片

所有可见面识别算法均使用某种形式的几何分类来识别可见和隐藏面。可见面识别技术分为两类，即图像空间算法和物空间算法。前者检查投影图像以识别可见面，而后者直接检查物体定义。对于 n 个三角形面片产生 N 个像素，因图像空间法检查每个像素，计算复杂度为 $O(nN)$；相反，物空间法要比较每个面片，计算复杂度为 $O(n^2)$。通过比较属于物空间法的深度排序和属于图像空间法的深度缓冲、面积细分、扫描线四种常用的可见面识别算法。对于三角形个数少于 10000 的大多数情况来说，深度排序是效率最高的方法。而当三角形多于 10000 个时，除深度缓冲外，其余方法的效率显著降低。因此，笔者认为，直接描绘 TIN 结构的 DEM 宜采用物空间的深度排序方法；而对于分形细分后的栅格 DEM，则应该用图像空间的深度缓冲方法识别可见或隐藏面。

所谓深度排序法，即首先将所有三角形根据其到视点的距离（在目坐标空间又称为深度）进行排序，然后再从远到近地处理每一个三角形。这种方法因此经常也叫做画家算法，因为其类似于画家的创作——首先画出背景，然后逐步在背景上添加前景物体。显然，近处的物体颜色将覆盖掉较远处物体的颜色，最后的结果自然已消除了隐藏部分。由于组成 DEM 的三角形面片均只在各三角形的边界处相交，不存在诸如相互穿插等复杂情况，所以采用深度排序是可靠的。深度缓冲方法的特点是要保留一个二维阵列（称 Z-buffer）用以存储计算机帧缓冲中当前显示像素的深度（Z_e 值）。三角形面片被分解为像素大小的部分，每一部分（假定为固定深度）的深度将与 Z-buffer 中的相比较。若某一部分比当前的像素更近，它将被写入帧存，Z-buffer 也被新的深度所更新。Z-buffer 的大小取决于所用的显示器分辨率大小，显然，1024×768 的分辨率将比 640×480 的分辨率占用更多的空间和处理时间。

不管用哪种可见面识别方法，处理的结果都只对一定的视点位置和观察方向有效。所以，动态改变视点和视线方向的实时图形显示都受到可见面识别即消隐效率的限制。值得注意的是，在视坐标系内，所有点的深度都是负的。

13.2.4 光照模型

数字高程模型可视化的基本原理可以分为两大类，即二维平面表示和三维立体表示。其中，二维表示主要指我们前面提到的等高线法、半色调符号表示法和分层设色法等，等高线法是基于二维介质平面精确表示三维地貌形态的有效方法，其基本原理在前面章节已有详细的介绍，分层设色法的原理与等高线法很类似，此处不再赘述。半色调符号法主要用于处理栅格形式的数据，直接根据最大最小高程值设定不同的色调进行显示。如图 13.8 所示，最低处设定为黑色（RGB 值为：0，0，0）、而最高处设定为白色（RGB 值为：255，255，255），其他高程值对应的色调则据此线性内插得到。该法实现简单、快捷，但由于显示层次固定（只有 256 个色阶），研究区域高差范围越大，显示的细节层次越少。常用于快速判定地形起伏特征及粗差检查，有时也可以代替小尺度的等高线图形使用。而采用半色调符号表示坡度/坡向主要是为了方便在早期的打印机上直接输出具有立体感的地形数据，随着计算机图形技术的进步已经很少使用，而普遍采用更具真实感的综合光照晕渲方法。

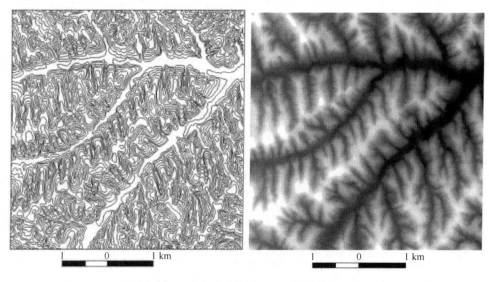

图 13.8　等高线图相应的 DEM 灰阶图像

一旦发现可见面，便要把其分解成像素并正确着色。这一过程叫做明暗处理。明暗处理的前提是要模拟各种光源照在地面上的效果，计算每一个像素点的颜色亮度。由于光照在三维物体表面上，各部分的明暗是不同的。因此，三维地面显示的逼真性，在很大程度上取决于明暗效应的模拟。物体的反射可见光能量包含了物体空间与光谱两方面的信息，是我们观察和识别物体的根本依据。由于自然地面各种物体的波谱反射特性千差万别，加之各种光源的混合作用，要完全逼真模拟自然景物的光照效果显然是不可能的。

从表面反射的光线可以分为两部分：漫反射和镜面反射。对于理想的镜面反射表面，再辐射光线只有一个方向即反射光方向；而理想的漫反射表面却等量地在各个方向再辐射。实际地面并不是理想的漫反射体，也不是镜面反射体，而是介于两者之间的物体。所以，要创建逼真图像二者都必须模拟。

光照模型就是要建立地面上任一点处光的反射强度与光源及地面特性之间的关系。

1. 漫反射光模型

描述漫反射的光照模型是著名的 Lambert 余弦定律。如图 13.9 所示，令地面在点 P 处的法向为 $\vec{N}$，指向光源的向量为 $\vec{L}$，两者的夹角为 θ，则 P 点处的漫反射光的强度为

$$I = I_d K_d \cos\theta \tag{13.11}$$

式中，I_d 为光源强度；$K_d \in (0,1)$ 为地面的漫反射系数。因漫反射光在所有方向等量反射，所以观察者看到的漫反射光量与视点位置无关。

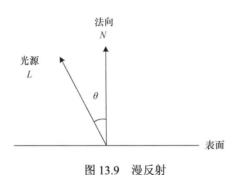

图 13.9　漫反射

式（13.11）还可以表示成规格化（normalized）矢量的点积形式：

$$I = I_d K_d (L \cdot N) \tag{13.12}$$

在大多数情况下，为了增加真实性，环境光也被考虑到。环境光的特点是来自许多光源的光经过多种反射形成的一种漫反射光，一般表示为

$$I = I_\alpha K_\alpha \tag{13.13}$$

式中，I_α、K_α 分别为环境光的强度和地面反射环境光的系数。由于其对整个场景的影响是一样的，所以一般也把其作为一个常数看待，其大小取 $I_d K_d$ 的 0.02～0.2 倍。

若考虑距离因子，离光源距离为 d 处之光强是 $I = d^2$。而许多经验表明，用观察者离物体的距离 r 加上某一常数 C 来代替 d^2，可以取得更柔和的图像效果。这样，总的漫反射光模型为

$$I = I_\alpha K_\alpha + I_d K_d L \cdot N / (r + C) \tag{13.14}$$

2. 镜面反射光模型

与漫反射相反，镜面反射光只在反射角等于光的入射角的方向被反射。然而，由于实际地面往往并非完全的反射体，其镜面反射也不是严格地遵从光的反射定律。模拟这种镜面反射光最著名的是 B.T.Phong 提出的模型：

$$I = I_s W(\theta)\cos^n \alpha \qquad (13.15)$$

式中，θ 为入射角；α 为全反射方向与视线之间的夹角，$W(\theta)\in(0,1)$ 为与实际表面特征相关的镜面反射的表面反射函数，通常简化为一个常量 K_s；n 为镜面反射光的会聚指数，表面越光滑，n 越大。如图 13.10 所示，当 $\alpha=0$，即全反射方向与视线方向一致时，将看到明亮的高光。

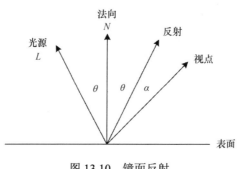

图 13.10　镜面反射

3. Phong 光照模型

综合上述的漫反射光和镜面反射光，则可得到实用的 Phong（1975）光照模型：

$$I = I_\alpha K_\alpha + \sum\left(I_d K_d \cos\theta + I_s K_s \cos^n \alpha\right) \qquad (13.16)$$

式中，"Σ" 为对所有特定光源求和；$K_d + K_s = 1$。实际上，应用一个点光源一般也能取得较强的真实感，而计算工作却大大简化。这样，I_α、I_d 和 I_s 均可用点光源的强度 I_p 代替。实际应用的难点在于恰当地估计地面的各种反射系数 K_α、K_d 和 K_s。由于自然地面的复杂性，往往只能凭经验得到从美学观点看比较满意的结果。

给定光源的亮度和颜色，以及地面的各种光反射系数，对于地面上的某一点，只要算出其法向量 N、光线向量 L、视线向量 V 和全反射向量 R，即可根据式（13.16）计算该点的颜色和亮度。

13.2.5　图形描绘

一旦知道如何对一个点着色，我们即可考虑如何去着色一个面片。最简单快捷的方法是使用常值明暗法，既然一个三角形的法向从不改变，那么可以使整个三角形面片仅有一个明暗值——三角形中心的灰度值。这样，用简单的面积填充方法即可进行图形显示。但不幸的是，该法无法表示有光泽的表面，特别是因为灰度明显不连续，其逼真性受到很大影响。

时间效率和真实感都比较好的方法是著名的 Gouraud（1971）明暗处理。该法首先根据式（13.16）确定三角形每个顶点处的灰度，而三角形内部各点的灰度则由这些顶点的灰度内插得到。三角形顶点处的法向（normal）取与其关联的所有三角形面片的法向之平均。灰度内插方法可用扫描线增量法，如图 13.11 所示。

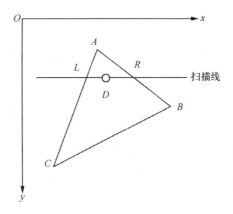

图 13.11　扫描线增量法

令 A、B、C 各点的屏幕坐标和灰度值分别为 $(x, y)_i$、$\text{graylevel}_i\ (i = A, C)$，那么先用顶点的灰度值线性内插当前扫描线 $(y = y_k)$ 与三角形的边之交点 $(L$ 和 $R)$ 处的灰度值：

$$\begin{cases} \text{graylevel}_L = \text{graylevel}_A + \dfrac{y_k - y_A}{y_C - y_A} \times (\text{graylevel}_C - \text{graylevel}_A) \\ \text{graylevel}_R = \text{graylevel}_A + \dfrac{y_k - y_A}{y_B - y_A} \times (\text{graylevel}_B - \text{graylevel}_A) \end{cases}$$

位于 L 和 R 之间的点 D 的灰度不是用常规的线性内插方法进行计算，而是用增量法沿扫描线从左到右逐像素进行计算。任一点 P 的灰度为

$$\text{graylevel}_P = \text{graylevel}_{P-1} + \text{graylevel}_{\text{increment}}\ (P = 1, \cdots, x_R - x_L)$$

其中：

$$\text{graylevel}_O = \text{graylevel}_L$$

$$\text{graylevel}_{\text{increment}} = \frac{\text{graylevel}_R - \text{graylevel}_L}{x_R - x_L}$$

由于扫描线增量法充分利用了画面沿扫描线的连贯性质，避免了对像素的逐点判断和反复求交运算，大大减少了计算工作量，因而被广泛用于实时图形生成。

Gouraud（1971）明暗法克服了常值明暗法的局限，但有时也会产生 Mach 带效应（即在光亮度变化不连续的边界处呈现亮带或黑带），高光也因顶点颜色的线性内插而被歪曲。对此 Phong（1975）提出了替代的表面法向内插的方法。由于该法于每一像素处都要按式（13.16）计算灰度值，所以很费时。因此，Phong 也只在期望出现高光的地方才执行这一方法，而其他的仍用 Gouraud（1971）明暗法。如图 13.12 所示为根据上述原理生成的 DEM 透视图像。

13.2.6　纹理映射

为了弥补上述灰度图像只是表示地形起伏情况的不足，就需要表现出地表的各要素

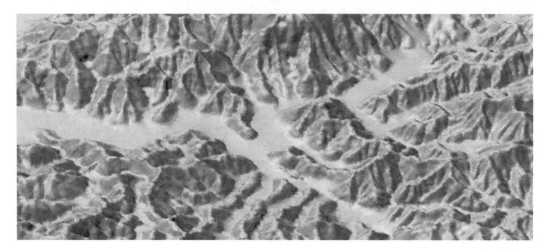

图 13.12　DEM 的明暗表示

特征，即可以通过添加表面细节来达成，这种在三维物体上加绘的细节称为纹理。根据纹理图像的外观可将其分为两类：一类是通过颜色相或明暗变化来体现表面细节，这种纹理称为颜色纹理；另一类则通过不规则的细小凸凹造成，叫作凸凹纹理。颜色纹理主要用来表现表面较为光滑但有纹理图案的物体，如刨光的木材、从较高的高空观察的地景等。凸凹纹理则用来表现外观凸凹不平的如未磨光的石材、从近处观察的地景（表现地景表面的植被等）或从高空观察的地景（把地球理解为一个表面光滑的球，面的起伏作为纹理）等。

　　生成颜色纹理的一般方法是在一个平面区域（即纹理空间）上预先定义纹理图案，然后建立物体表面的点与纹理空间的点之间的对应关系，此即所谓的纹理映射（texture mapping）。生成凹凸纹理的方法是在光照模型计算中使用扰动法向量，直接计算出物体的粗糙表面。无论采取哪种方法，一般要求看起来像就可以了，不必采用精确的模拟，以便在不显著增加计算量的前提下，较大幅度地提高图形的真实感。图 13.13 为映射航空影像后的 DEM 透视图像。

图 13.13　在 DEM 表面映射纹理图像

13.3　真实感地面景观生成

13.3.1　虚拟现实与地形三维显示

随着微处理技术的飞速发展及图形绘制技术、数字信号处理技术、传感器技术、图形硬件（特别是三维交互设备）的发展，20 世纪 80 年代末和 90 年代初，首先在计算机图形学领域，国际和国内形成了对虚拟现实（virtual reality，VR）的研究热潮。所谓虚拟现实即利用计算机产生逼真的三维视觉、听觉、触觉等感觉，使得用户可以通过专用设备自然的对虚拟环境（virtual environment，VE）中的实体进行交互考察与控制。图 13.14 为某区域虚拟现实场景。

图 13.14　虚拟现实地物实景

来源于百度地图

虚拟现实技术与一般的计算机图形技术相比有着重要区别。在普通计算机图形系统中，用户是外部观察者，只能通过屏幕来观察由计算机产生的环境，而虚拟现实技术则通过其各项功能的有机结合，让用户成为合成环境中的一个内部参加者，使人有一种身临其境的感觉。

虚拟现实技术具有两个基本特性，即交互和身临其境。其中身临其境特性要求计算机所创建的三维虚拟环境看起来、听起来和感觉起来都是真的。就虚拟现实的虚拟地形环境而言，其虚拟效果是否逼真，取决于人的感官对此环境的主观感觉，而人的信息感知约有 80% 是通过眼睛来获取的，所以，视觉感知的质量在用户对环境的主观感知中占有最重要的地位。换句话说，一个虚拟地形环境的好坏取决于其视景系统的好坏。因而，三维地形的实时动态显示作为三维视景仿真和虚拟现实的基础和重要组成部分是产生"现实"感觉的首要条件，舍此便无"现实"而言。因为虚拟地形环境面临的是巨量的地形数据和地面特征数据，利用这些地理空间数据建立一个逼真、实时、可交互的地形环境并实现具体应用是一个复杂的工作，大范围地形的实时动态漫游显示因此成为十分关键的技术。

13.3.2　数字高程模型与各种地面信息的叠加可视化

我们介绍过在 DEM 模型上使用纹理映射可以反映地表的细节，那么显然在 DEM 模型上叠加各种信息如初步设计的线路、河流、土地利用、植被和影像数据等可以很逼真地反映实际的地表情况。将 DEM 中已有的一些重要的线性要素叠加到灰度图像上并不需要特别的处理，但更好的还是将这些要素叠加到已作了纹理映射的 DEM 模型上。

在 DEM 模型上航空影像即可生成立体景观图，如果在 DEM 模型上叠加影像、矢量图（线化图），并将地表上的地物（如房屋、树木等）"立"起来，加上动画效果，则使人有"身临其境"的感觉。如果缺乏详细完整的颜色纹理，则用分形的方法模拟一些特定的植被纹理以增强图像的逼真效果。图 13.15 为在 DEM 表面叠加各种自然和人文特征数据后的逼真表示。

(a) DEM-纹理影像+二维地图信息

(b) DEM+纹理影像+三维地物模型

图 13.15　虚拟景观

下面将具体介绍在 DEM 模型上叠加航空影像以及地形的彩色显示。

13.3.3　摄影测量三维重建

在摄影测量领域，通常使用具有丰富景观信息和准确几何度量特征的正射影像（orthophoto image）。产生正射影像的技术称为正射纠正（orthographic rectification），即改正由于像片倾斜和地形起伏等引起的像变形。然而，正射影像由于受到视点的严格限制，其目视化效果远不能满足多种透视和景观动画的需要。

纹理映射源于对纹理的定义，这个定义可以是一个现存阵列或一个数学函数，可以是一维、二维或者三维的。纹理映射意指一个纹理函数到一个三维表面的映射。对于我们的目的而言，纹理函数由一个二维图像阵列——数字化航摄像片数据定义。由于这是一个离散的栅格数据，因此在映射之前，需要在纹理空间 (U,V) 用这些离散数据构造连续的纹理函数 $f(U,V)$。最简单易行的办法是对栅格数据进行双线性内插。纹理映射涉及纹理空间（像片平面）、景物空间和图像空间（屏幕）三个空间之间的映射。首先将纹理映射到三维地面，然后再映射到屏幕图像。从纹理空间到三维地面的映射，最精确的方法自然是根据中心投影原理建立纹理坐标 (U,V) 与三维视见坐标 (X_e,Y_e,Z_e) 之间的直接映射。这便是众所周知的从像点坐标到大地坐标的直接线性变换 DLT：

$$U = \frac{a_1 X_e + b_1 Y_e + c_1 Z_e}{a_3 X_e + b_3 Y_e + c_3 Z_e} \tag{13.17}$$

$$V = \frac{a_2 X_e + b_2 Y_e + c_2 Z_e}{a_3 X_e + b_3 Y_e + c_3 Z_e} \tag{13.18}$$

由于每个像素点都要进行这样的运算，计算工作量太大。实际上，采用一个简单的近似的仿射映射一般也都能取得令人满意的结果。如

$$U = a_1 X_e + b_1 Y_e + c_1 Z_e \tag{13.19}$$

$$V = a_2 X_e + b_2 Y_e + c_2 Z_e \tag{13.20}$$

建立这样一个映射至少需要 4 个已知其纹理坐标和视见坐标的控制点。控制点的选取可以直接利用摄影测量的控制，也可以用一般的 DEM 数据点。对数字摄影测量而言，所有 DEM 点的纹理坐标和物空间坐标均是已知的。而对常规数字化摄影测量来说，控制点对应的纹理坐标则可以在像片扫描数字化时人机交互式地得到，这时要求控制点在像片上的影像易于识别。

值得注意的是，对大多数工程应用来说，用于建立地面逼真重建的影像只有航空影像最合适。因为一般地面摄影由于各种地物相互遮挡，影像信息不全，地面重建受到视点的严格限制。而卫星影像也由于比例尺太小，各种微起伏和较小的地物影像不清楚，只适于小比例尺的地面重建。航空影像具有精度均匀、信息完备和分辨率适中等特点，因而特别适合于一般大比例尺的地面重建。

将具有纹理特征的三维地面映射到屏幕空间只是一个投影问题。利用具有消隐功能的逆映射——屏幕空间扫描法描绘深度排序的三角形面片。因每个三角形顶点的屏幕坐标和视见坐标均是已知的，便直接用其内插三角形内部各点的视见坐标，而不是用式（13.9）和式（13.10）的逆映射进行计算。这样处理的结果，计算效率和画面质量都是令人满意的。有了视见坐标，便可根据式（13.19）和式（13.20）计算每个像素点对应的纹理坐标。

另外一种选择是直接计算各三角形顶点对应的纹理坐标，进而双线性内插各像素点的纹理坐标。这样处理虽然可以提高效率，但笔者的实验发现会导致严重的图像混淆现象，即丢失微小细节，使得纹理图案变形，直线图纹变成锯齿状（图 13.16）。

图 13.16　摄影测量三维重建案例效果图

13.3.4　彩色显示

为了使地形显示图像更加动人，除用单一的黑白灰度进行表示外，当然也可以用其他的颜色灰度。特别的，还可以将不同高度的地形分别用不同的颜色予以表示，这使得三维图像也跟常规的等高线图形一样具有了对地面高程和不同地面之间高差直观的定量感知的功能。颜色的选择即高程分带的粗细只受所用的图形显示模式的限制，如用 VGA 标准的 320×200+256 color 模式，便可以利用四种不同的颜色灰度将地形分为四个不同的高程带进行描述。如图 13.17 所示为 DEM 的分层设色透视表示。每个像素点颜色和灰度的确定方法如下：

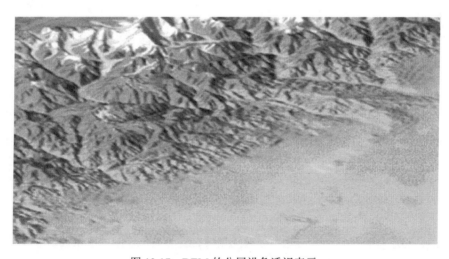

图 13.17　DEM 的分层设色透视表示

（1）令可用的颜色为 N 种，每种颜色具有 M 阶（一般取 64）灰度，那么对于最大高程差为 ΔH 的一个地区可以均匀（或非均匀）地分为 N 个高程带。对于均匀分带，每个高程带的高差为 $h = \dfrac{\Delta H}{N}$。这样，即可建立起每个高程带与颜色之间的对应关系表：

$$[H_I, H_i + h] \to color_i, \qquad i = 1, \cdots, N \qquad (13.21)$$

（2）在对每个三角形面片进行描绘时，各点的颜色根据扫描线增量法（由顶点高程）内插的高程查表得到。而相应的灰度则根据明暗处理进行计算。

13.4 地形的计算机动画生成

前面讨论的都是将整个地形显示成一幅图像。在实际工作中，对于一个较大的地区或者一条较长的线路，有时既需要把握局部地形的详细特征，又需要观察较大的范围，以获取地形的全貌。使用计算机动画便成为最佳的选择。一个动画序列实际上是一组连续的图像，以足够快的速度放出来，给人一个连续运动的错觉，电影和电视就是依此来愚弄人的眼睛的。本节中将详细介绍三维动态表达。

13.4.1 动态变量与计算机动画原理

最原始的动画方法是页切换技术（page flipping），即将每一帧（frame）画面存放在计算机内存中，动画程序依次把画面从内存拷贝到显示器，播放动画序列（图 13.18）。动画序列图像往往通过沿一定的轨迹移动视点生成，故又称视点动画。根据存储和显示每一帧画面的差别，动画又分为帧动画（frame animation）和图形阵列动画（bit boundary

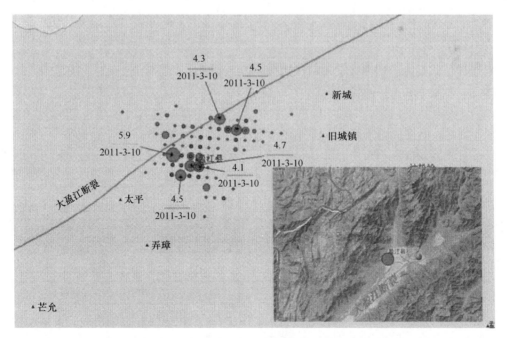

图 13.18　序列图像
来自百度图片

block transfer，bitblt）两种。

（1）帧动画：也称全屏幕动画和页动画。预先生成一系列全屏幕图像，并把每幅图像存在一个隔离缓冲区中，通过翻动页建立动画。帧动画被认为是复杂的充分浓淡表现的 3D 实体模型动画的最佳选择。

（2）图形阵列动画：即位组块传送，每幅画面只是全屏幕图像的一个矩形块。由于显示每幅画面只操作一小部分屏幕，节省内存，故可以取得极快的运行时间性能（可达到比显示器刷新速率还快的运动速度）。

不论哪种动画，都要预先建立序列图像。为了获得足够快的速度如 30 帧/s，必须把所有动画帧都存放在内存中。因此，帧的个数和每一帧图像的信息量要受计算机内存总量的限制。所以，基于 RAM 的动画、基于 EMS/XMS（扩展内存/扩充内存）的动画，以及基于磁盘的动画等都是经常使用的概念。例如，一个短的信息量少的动画序列（如 30 帧 160×100+256 色）经常使用 RAM 以产生平滑的动画效果。

与一般美术动画不同，实际地形往往范围较大，并且也需要比较高的图形分辨率和较大的显示比例尺，因此需要特别的数据组织和动态调度机制。有一种观点认为，三维地形的实时显示主要依赖具有高速计算能力和很强三维图形功能的高档工作站，即主要依靠硬件性能。这种看法并不全面，硬件功能固然重要，但算法和软件也有许多工作可做。采用优化算法和软件，可以降低对硬件设备的要求，或在相同硬件平台上，取得更好的是实时动态效果。从另一方面来讲，现今的图形工作站虽然得益于高速发展的 CPU 和专用图形处理器，性能有了很大提高。但随着移动智能应用的日益普及，如何利用中低档微机、智能手机或车载设备等来实现大范围地形的真实感动态显示，就显得尤为重要。因而，研究轻量化的三维地形动态实时显示的技术和方法具有重要意义和广泛应用价值（徐青，2000）。

13.4.2　飞行模式动画

飞行模式是地形计算机动画的基本技术之一。飞行模式提供了一个从高空俯视的连续视点，类似于从飞鸟的视角俯视地形景观，提供给用户一个从不同视角展示地形模型的视图。因此，飞行模式过程中的视点可以面向三维空间中的任何方位，并可以通过如鼠标、键盘、固定线路或自由漫游形式控制。类似对大范围数据的平移视角，飞行模式中只有可视区域的数据被动态加载和绘制，并随视点变化而更新。在大多数情况下，系统会采用一种多细节层次（LOD）模型（详见第 9 章）组织并应用数据。图 13.19 展示了飞行模式中的 4 帧示例。

13.4.3　行走模式动画

行走模式是地形计算机动画的另一基本技术。行走模式模仿行人的视角，它也可以被看作飞行模式的特例，如它可以被认为是一种视点较低且垂直方向受限的飞行模式。行走模式的视点也可以通过如鼠标、键盘、固定线路或自由漫游形式控制。

作为飞行模式的特例，在面向大范围地形数据时，行走模式也采用多细节层次模型结合动态加载和绘制的策略。图 13.20 展示了行走模式中的 4 帧示例。

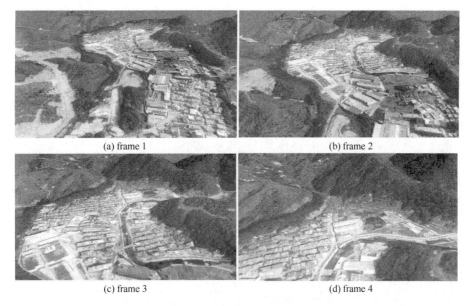

(a) frame 1　　　　　　　　　　　　(b) frame 2

(c) frame 3　　　　　　　　　　　　(d) frame 4

图 13.19　飞行模式中的 4 帧示例

(a) frame 1　　　　　　　　　　　　(b) frame 2

(c) frame 3　　　　　　　　　　　　(d) frame 4

图 13.20　行走模式中的 4 帧示例

13.4.4　大范围数字高程模型无缝漫游

随着计算机图形技术和网络通信技术的发展，基于瘦客户端开发面向全球的 DEM 无缝漫游技术已经成为可能。当然，微型计算机系统或移动终端设备等对于海量 DEM 数据的实时应用来说局限还是十分明显的。其限制主要在于内存空间大小、纹理内存（显存）的多少、CPU 浮点计算的精度、图形显示卡几何渲染的速度及磁盘的数据传输速率等方面。而实时可视化应用对系统交互性、数据脱机处理时间、场景显示的细节精度、图形质量等的要求又很高。影响实时效果的因素有很多，其中视景的逼真度与视景的刷新频率是两个关键。逼真的三维场景能够给用户带来直观的视觉效果，产生身临其境的感觉；而较高的视景刷新率，可以保证视景中运动目标的动作连续性，提高用户与三维场景的交互效果。但是，逼真的视觉效果会增加参与场景生成的数据量，使视景的刷新频率降低，影响三维视景的交互性。因此，怎样在保持一定视觉效果的前提下，尽量减少参与计算的模型数据量是提高三维仿真效果的关键。

然而，在减少参与视景生成的模型数量和模型复杂程度的同时，应该始终注意保持视景的原有效果。为此，对模型的简化往往需要通过误差量算来进行控制，只有当误差小于一定的阈值时才能进行简化操作，从而保证模型的精度。另外一种提高渲染效率的方法是利用 LOD。这种方法充分利用了人眼的视觉规律，即不同的观察距离和不同的角度，人眼所能看到的物体的细节不同。因而，在进行视景渲染时，并不是将所有的模型的最详细的细节都参与计算，而根据物体距离视点的远近和偏离视线的角度大小来使用细节详细程度不同的模型来参与计算。近年来在大范围地形景观的实时可视化方面，较好地解决了漫游过程中不同 LOD 拼接和变换过程中的裂缝与突跳等关键问题，视点相关的 LOD 技术已经相对成熟并被普遍采用。

大范围的地形数据因为数据量太大而通常不能全部用来参与显示，即使是利用一组 LOD 模型也很难。要实现对地形数据的可交互式实时渲染，每次只能取其模型的一部分来进行；同时，随着视点和视线的变化，参与计算的这一部分的细节详略程度也应动态地相应改变。维持这样一个与视点相关的基于动态三角构网的视景需要一个动态视景更新机制来对数据进行有效的组织与管理。这种机制能使视景中可见的部分进行反复地调入和卸载。视景管理必须通过设定相关参数来决定什么时候及视景的哪些部分将被卸载、更新（重新定义）或即将从数据库中调入。因此，那些包含有地形数据的数据库或数据结构必须能够支持空间数据的快速存取。大部分动态视景更新机制包含在地形数据上对空间范围的查询功能来调入新的或更新当前视景中的可见部分。

为解决一定精度下，大范围地形环境的实时可视化问题，常用的策略是将地形进行分块处理和内存数据分页，即当参与显示的整块地形细分成一定大小的等大数据块，在漫游的过程中根据视点的位置选择当前可见范围内的数据块参与视景生成，并根据数据块与视点的位置及视线的关系分别设定不同的 LOD，减小模型的数量，提高视景显示效率。地形数据经过分块处理后，建立实时显示的分页（paging）机制是非常方便的。假设漫游所涉及的地形数据块大小为 16×16，每次参与显示的数据页的大小为 8×8，视点始终位于数据页中点附近。在漫游过程中，随着视点的移动，需要不断更新数据页中的数据块。通过判断视点当前位置（x_e, y_e）与数据页的几何中心（x_c, y_c）间的两个方向的偏移量：

$$\text{Dist}X = x_e - x_c \tag{13.22}$$

$$\text{Dist}Y = y_e - y_c \tag{13.23}$$

当 DistX 为正时，视点向 x 的正轴方向移动，反之则向负轴方向移动。如果当 $|\text{Dist}X| > \text{cellSize}X$（数据块的宽）且 $|\text{Dist}Y| > \text{cellSize}X / 2$ 时，将移动方向上新的一列数据块读入数据页中，同时将相反方向的另一列数据块从数据页中删除，如图 13.21 所示。

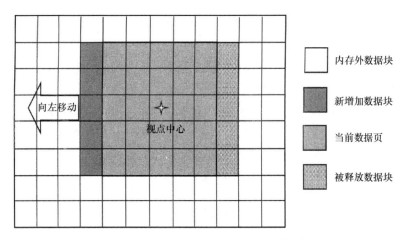

内存外数据块

新增加数据块

当前数据页

被释放数据块

向左移动

视点中心

图 13.21　基于分块数据的动态数据页的建立

同理，根据 DistX 与 DistY 将进行八个方向移动，将移动方向上新的一行或一列数据块读入数据页中，同时将相反方向的另一行或一列数据块从数据页中删除。

这样，根据视点与数据页几何中心的偏量大小情况，不断更新数据页中的内容，实现大范围内地形的实时漫游。实际上，每次显示时仅仅显示数据页范围内的数据，与原始数据的范围无关。因此，利用数据页的动态更新技术，可以实现任意范围的地景实时仿真。

即使采用高效的数据动态调度算法，从外存只载入有限的数据进行动态更新。但由于场景复杂性和真实感绘制效率之间的矛盾，视点相关的多分辨率调度成为大范围表面模型实时可视化的常用策略。其原理是需利用人眼的视觉规律，根据物体距离视点的远近和偏离视线的角度大小来使用细节详细程度不同的模型来参与计算，从而尽量减少对精细模型的渲染代价；同时建立数据库的自动分页和存储机制，在视点移动过程中，不断更新数据页中的数据块，达到大范围表面模型实时动态显示的效果。值得注意的是，为了减少更新数据块造成的视觉延迟，一般还常用多线程机制来充分利用 CPU 资源。这种多线程的方法实际上是将数据读取的时间拆分为几段，分别插在视点移动的过程中，即将一个连续的、较漫长的视觉延迟时间拆分为几段、间断的小时间段。一般这种动态的数据装载需要建立前后台两个数据页缓冲区，并通过多线程技术来实现 2 个缓冲区之间内容的交换。前台缓冲区直接服务于三维显示，后台缓冲区则对应于数据库，这也是典型的以空间换时间的做法。

13.4.5　数字高程模型的网络实时可视化

随着传感网和信息通信技术的发展，运行在广域网中的虚拟地球近年来在地理信息门户和可视化服务等应用方面取得了重大进展（Goodchild et al.，2012）。虚拟地球发展主要经历了全球离散网格，全球多源多尺度海量空间数据无缝组织、管理和可视化，基于虚拟地球的多源异构空间信息集成应用等阶段。其中，在分布式网络环境中进行真实感地形可视化是关键基础。一般是将数据放到服务器端，客户端进行可视化浏览。根据客户端和服务器端负载的工作量，可分为瘦客户端、胖客户端，以及负载均衡的客户端服务器模式（胡海棠等，2003）。

在瘦客户端架构中，三维地形场景渲染的工作主要在服务器端完成。客户端向服务器发送一个渲染请求，该请求中包含用户当前的视点、方向和光照条件等参数。高图形性能的服务器负责进行渲染并把图像传回客户端进行显示。该架构下的三维可视化可跨平台支持用户通过各种终端设备的 Web 浏览器访问，对客户端的图形硬件性能要求较低。同时，模型存储于服务端，用户无须下载模型数据，数据安全性高，理论上可以支持无限大的模型（金平等，2006）。但该框架对服务器硬件性能要求较高，用户在浏览器端每次的"视景"更新，都需要请求服务器实时生成一个新的图片。在并发用户数量较大的情况下，会加重服务器负担，对渲染的实时性和系统的稳定性会有一定影响（谭庆全等，2008）。用户在浏览器端的交互性也较弱，主要以三维场景的浏览为主。

在胖客户端架构中，客户端往往通过插件技术或嵌入式应用程序（如 Java Applet）调用 OpenGL 或 Direct3D 实现 3D 硬件加速，进行三维场景的实时渲染和交互。服务器端接收客户端请求后，通过查询或计算输出满足网络三维数据交换格式（X3D、VRML等）的数据传输给客户端，并由客户端负责数据解析、模型的组织和渲染。该架构对客户端的硬件性能、插件的跨平台性有一定要求，并且模型数据需要下载，对于数据的安全性和网络带宽需要进行考虑。由于模型在浏览器端进行渲染，服务器端压力相对减少。由于数据缓存到本地，用户可在浏览器端进行一些简单的计算和分析，交互性强。

但这些客户端技术都依赖于各自的标准和体系框架，在多样化的用户终端适用这些技术开发的网络可视化应用时还要下载相应的插件，仍然无法真正满足跨平台的应用。随着 Web 标准化运动的进行，万维网联盟（W3C）提出 HTML5 规范，为浏览器在无需第三方插件的环境下提供富互联网应用（rich internet application，RIA）。目前，该规范已经得到了 Chrome、Firefox、IE 等主流浏览器的支持，已经有较多在多样化用户终端上进行虚拟地形场景可视化的成功应用（Calle et al.，2012；Kim et al.，2014；黄若思等，2014）。

在大规模网络地形可视化中，除了在场景动态调度、实时 LOD 优化技术等，还需要进行大规模场景数据组织，以便高效地支持网络数据传输，实现客户端实时可视化（张立强等，2005；谭力恒，2011；杨泽东，2013）。其核心思想是根据用户在三维空间中的可见区域（视景体），利用合理的空间索引机制，快速地获取所需的数据块，浏览器下载服务器端相应地图切片缓存，进行可见区域内数据的渲染，并卸载视域范围外的数据（王文涛，2011）。

建立高效的地形数据块空间索引是关键，这里以 osgearth 瓦片数据编码 ReadyMap 为例进行说明。ReadyMap 是以一开源代码，用于网络地图数据的加载，它采用 WGS-84 地心坐标系统，在全球范围内，以 180°E，90°S 为原点建立笛卡儿坐标系，进行分层分块处理。在 LOD 模型中，全球被分成东西两个半球，每个半球单独构建 LOD 模型，以四叉树的方式进行索引，如图 13.22 所示。

全球共分为 23 层（0~22），每层以左下角为坐标原点构建索引，层次为 Z，第 X 列的第 Y 行的瓦片的索引可以表示为 $T(Z, X, Y)$，并可计算该瓦片的父节点和子节点索引。在实时漫游虚拟地理环境的过程中，根据用户的视点位置对 LOD 进行遍历，直到找到符合用户要求的细节层次和瓦片块，并向服务器请求相应的影像和 DEM 切片缓存。当切片下载完成后，根据 DEM 切片构建规则格网并将对应的影像切片作为纹理映射到格网上，由此构建可视区域的三维地形场景。

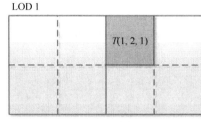

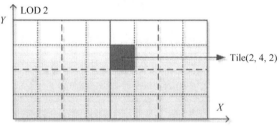

图 13.22 基于 LOD 四叉树索引的全球地形数据组织

参 考 文 献

陈刚. 2000. 虚拟地形环境的层次描述与实时渲染技术的研究. 郑州: 解放军信息工程大学博士学位论文.

高俊, 夏运钧, 游雄, 舒广. 1999. 虚拟现实在地形环境仿真中的应用. 北京: 解放军出版社.

胡海棠, 朱欣焰, 朱庆. 2003. 基于 Web 的 3 维地理信息发布的研究和实现. 测绘通报, 3: 27~30.

黄若思, 李传荣, 冯磊, 等. 2014. 基于几何的 WebGL 矢量数据三维渲染技术研究. 遥感技术与应用, 29(3): 463~468.

金平, 张海东, 齐越, 等. 2006. 基于远程渲染的三维模型发布系统. 北京航空航天大学学报, 32(3): 337~341.

谭力恒. 2011. 全球地形数据组织与可视化技术的研究. 长沙: 国防科学技术大学硕士学位论文.

谭庆全, 刘群, 毕建涛, 等. 2008. 瘦客户端 WebGIS 实现模式的性能仿真测试与分析. 计算机应用研究, 25(10): 3145~3147.

唐荣锡. 1990. 计算机图形学教程. 北京: 科学出版社.

王来生, 鞠时光, 郭铁雄. 1992. 大比例尺地形图机助绘图算法及程序. 北京: 测绘出版社.

王文涛. 2011. 地理栅格数据压缩与场景组织管理技术研究与实现. 长沙: 国防科学技术大学硕士学位论文.

徐青. 1995. 地形三维可视化技术的研究与实践. 郑州: 中国人民解放军测绘学院博士学位论文.

徐青. 2000. 地形三维可视化技术. 北京: 测绘出版社.

杨泽东. 2013. 三维地形模型的网络传输及可视化研究. 南京: 南京师范大学硕士学位论文.

张立强, 张燕, 杨崇俊, 刘素红, 任应超, 芮小平, 刘冬林.2005. 网络环境下三维可视化信息系统的方法研究.中国科学(D 辑: 地球科学), 35(6): 511~518.

朱庆. 1995. 分形理论及其在数字地形分析和逼真地面重建中的应用. 北京: 北方交通大学博士学位论文.

Calle M, Suárez J P, Trujillo A de la, et al. 2012. An open source virtual globe framework for IOS, And roid and WebGL compliant browser.Proceedings of the 3rd International Conference on Computing for Geospatial Research and Applications.

Fritsch D, Spiller R. 1999. Photogrammetric Week'99. Germany: Wichmann.

Goodchild M F, Guo H, Annoni A, Bian L, de Bie K, Campbell F, Woodgate P. 2012. Next-generation digital earth. Proceedings of the National Academy of Sciences of the United States of America, 109(28): 11088~11094.

Gouraud H. 1971. Illumination of computer-generated pictures. Communication of ACM, 18(60): 311~317.

Kim H W, Kim D S, Lee Y W, et al. 2014. 3-D Geovisualization of satellite images on smart devices by the integration of spatial DBMS. RESTful API and WebGL. Geocarto International, 1~19.

McLaren R A, Kennie T J M. 1989. Visualisation of digital terrain models: Techniques and applications. Three Dimensional Applications in Geographic Information Systems, 79~98.

Phong B T. 1975. Illumination for computer-generated pictures. Communication of ACM, 18(6): 311~317.

Phong B T. 1998. Illumination for computer generated pictures. Seminal Graphics ACM, 95~101.

Prunt B F. 1973. Hidden line removal from three dimensional maps and diagrams. In: Davis J C, Mccullagh M J. Display and Analysis of the Spatial Data. LODson: Wiley, 118~209.

第 14 章　数字高程模型的应用

DEM 自 20 世纪 50 年代末期被提出以来，便得到了越来越多的重视，发展非常迅速。特别是 2005 年 Google Earth 的发布开启了全球性 DEM 和高分辨率影像集成融合服务的新时代。随着 DEM 的不断发展，DEM 的重要性也日趋突出，在测绘、水文、气象、地貌、地质、土壤、工程建设、通信、资源、环境、军事等国民经济和国防建设，以及人文和自然科学领域得到了日益广泛和深入的应用普及，并已经成为虚拟现实和增强现实、数字地球和数字区域建设等不可缺少的关键基础信息。

14.1　在工程中的应用

土木工程是 DEM 应用得最早的一个领域。1957 年，Robert 建议使用数字高程数据来进行高速公路的设计，一年以后，Miller 和 Laflamme（1958）使用这种数据建立了道路的横断剖面模型，并首次提出 DEM 的概念，随后 Rober 和他的同事们开发了第一个 DEM 系统（Robert，1957）。这个系统不仅能进行沿剖面的内插，还能进行剖面之间填挖土方的计算，并提供一些在土木工程中使用的有用数据。到 1966 年，麻省理工学院已能提供利用 DEM 进行道路设计的各种程序，这些程序中的大部分都建立在填挖土方计算的基础之上。

为道路工程设计而开发的多项技术已逐渐应用到其他线状工程的设计当中，如 DEM 在水库与大坝的设计等其他土木工程应用。

14.1.1　工程项目中的挖填方计算

如图 14.1 所示，大型土木工程设计如高速公路和铁路等的首要任务是估算施工的土方量。进行施工土方量计算的常规方法为：首先是在地面设置适当点距的规则格网，实测每个格网点的高程；然后计算设计高程与格网点实测高程的较差，就是这个格点的挖、填方高度；再通过线性内插，在格网上划定挖、填方分界的施工零线，计算每个格网的挖、填方量；最后分别累加所有网格的挖方和填方，若两者不平衡，就要调整地面设计高程，再次计算，直到该地块挖、填方总量的较差不超过预定阈值为止。应用格网点数字高程模型，可提高作业效率。

估算道路、沟渠、管道、输配电线等工程土方量的常规方法描述如下：首先通过实测沿线路条形地带的纵、横断面，按照设计坡度和横断面的尺寸，计算相邻两横断面的挖、填方量；通过分别累加各段的挖方和填方，若挖、填方总量不平衡，一般须调整各段的纵断面设计坡度，重新计算，直到全线挖、填方平衡为止。线路土方估算中应用格网点数字高程模型，可大量节省内、外业工作量，所有数字计算和逻辑判断都由计算机自动完成，使得估算过程达到自动化和规范化水平。

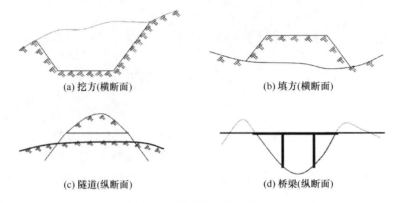

(a) 挖方(横断面)   (b) 填方(横断面)

(c) 隧道(纵断面)   (d) 桥梁(纵断面)

图 14.1　几种典型的填挖方情况

14.1.2　线路勘测设计中的应用

传统的铁路、公路和输电线路等线路设计方法不仅需要大量费时费力的野外勘测工作，而且所设计出的线路还不可避免地具有以下缺陷：

（1）所形成的方案不一定是经济、技术上的最优方案；

（2）方案受人的主观影响大；

（3）工作强度大，设计工作繁琐。

线路设计主要涉及平面、纵横断面、土方量、透视图等几个方面。在平面线形大体位置已定的情况下，DEM 用于公路设计主要表现在不必进行进一步的野外测量，而由所建立的带状 DEM 内插出现状纵横断面，自动绘制公路路线平面地形图。

为线路工程而建立的 DEM 是为了便于求得线路纵、横断面上的地形信息，自动或半自动地求得最佳线路的设计。对于线形工程（公路、输电线等工程），一般采用带状 DEM。为计算方便起见，可采用分段建立 DEM 的方式，但段与段之间所建立的 DEM 应有一定的重叠性，以保证待插高程点均不处于各 DEM 的边缘，从而内插精度不会因为点所处位置不同而有明显差异。建议采用顾及地形特征的带状 TIN 的快速建立法以提高效率，具体算法请参见文献（朱庆和陈楚江，1998）。

现行的纵断面设计方法，是把沿中心线测得的中桩地面高程绘制在坐标格网纸上，以设计标准为依据，对原地面线进行拉坡，最后获得纵断面设计曲线。显然，这种方法并不适合计算机的处理。将 DEM 及计算机引入到公路纵断面设计，就是先根据平面曲线分测点的平面坐标，利用带状 DEM，采用移动拟合法内插出线状纵断面，将所获得的线状纵断面以现行设计标准所规定的最小坡长作为起码的平滑范围进行平滑处理。

纵断面线上任一点的设计高可由以下计算。

纵断面直线部分：

$$z = z_i + \frac{z_{i+1} - z_i}{s_{i+1} - s_i}\left(s - s_i\right) \tag{14.1}$$

竖曲线的曲线部分：

$$z = z_i + \frac{b_{i+1} - b_i}{2c_i}\left(s - s_i + c_i / 2\right)^2 + b_i\left(s - s_i\right) \tag{14.2}$$

式中，b_i 为坡度；c_i 为圆弧长；s 为桩号里程。

若已知某点的标高控制高程为 z，桩号里程为 s，可按上述两关系式计算该竖曲线的转坡点的高程。按计算得到转坡点的高程设计的纵断面在此标高控制点的设计高必为 z，从而达到了标高控制要求。

平滑后的初始断面线，通过约束检查与标高控制的处理所得到的新断面线，是供纵断面优化设计的基本纵断面线。同样，由式（14.1）和式（14.2）两式可算出纵断面上各分测点的设计高，从而完成纵断面设计的计算与绘图。

如图 14.2 所示，利用道路透视图可在道路施工前判断道路的构造是否良好，路线的选择是否合理，也可判断道路施工方案是否适当，环境是否友好等。透视图也是中心投影，所以其计算原理与解析空中三角测量相同，且一般 $\phi=0$，视轴一般取水平，即 $\omega=0$，由此可得到透视转换的坐标，绘出透视图。DEM 为透视图提供了横断面对应的道路中线的三维坐标。

图 14.2 基于地形的路线勘测与建模案例图

14.1.3 水利建设工程中的应用

一个水利枢纽要经过勘测、规划、设计等阶段，最后才能施工建成。传统的水利枢纽设计中的方案比选，由于涉及大量的重复计算，导致很难提出多种方案进行组合选择；加上设计周期较长，致使很难全面顾及多种优化设计方案，从而导致工程费用增加。如图 14.3 所示，采用计算机辅助设计（CAD）技术，可以实现水利枢纽设计半自动化，提高工作效率，通过在较短时间内进行多种方案的比较分析，从而选出最佳的布置方案。

在水利枢纽规划设计阶段，地形图的主要作用是进行枢纽的布置。利用库区数字高程模型自动绘制库区等高线地形图是 DEM 在水利工程建设方面的应用之一。具体实现方法可参见第 8 章中等高线的绘制。

水库工程规模的选择是库区规划的主要内容之一。为了确定水库的工程规模，需要计算水库的库容，选择水库的各种特征水位，确定输水位和泄水建筑物及其断面尺寸。水库容积和面积是水库的两项重要的特征资料。

传统的库容量算方法通常有图上量算和实地量测两种，这两种方法不仅工作量大，而且不易实现自动化。在多方案的比较中，设计人员要进行很多重复性量测工作。采用

图 14.3　基于地形的三峡大坝设计效果图

计算机辅助设计技术，只需一次性将库区地形图进行数字化，建立库区 DEM，即可针对不同的坝线，快速、精确地计算出各种库容，并自动绘出水位-库容、水位-面积关系曲线。这不仅避免了繁杂的重复性工作，且可加快设计速度，提高工作效率。计算库容的步骤如下：

（1）设坝轴线坐标为 $(x_A, y_A), (x_B, y_B)$，则坝轴线方程为

$$y = kx + b \tag{14.3}$$

式中，$k = \dfrac{y_B - y_A}{x_B - x_A}; b = y_A + kx_A$。

（2）通过坝轴线方程可计算一定高程下的坝轴线与有关等高线的交点 (x_i^0, y_i^0)，并形成一系列水平多边形。

（3）根据辛普生法则计算多边形的水平面积：

$$S_k = \frac{1}{2} \sum (x_{i+1} + x_i)(y_{i+1} - y_i) \qquad k = 1, 2, \cdots, m \tag{14.4}$$

（4）计算相邻两水平多边形之间的容积：

$$V = (S_K + S_{K+1}) * \Delta H / 2 \tag{14.5}$$

式中，ΔH 为相邻两水平面之间的高差。

（5）库容计算：

$$V = \sum \Delta V \tag{14.6}$$

（6）关系曲线绘制：针对不同水位的库容与面积，可绘制水位与库容、水位与面积的关系曲线。

坝址、坝线与坝型选择，是水利枢纽设计的重要内容。其中，坝轴线处河谷断面图是坝型选择的决定因素之一。在坝型选择与枢纽布置的方案选择时，为了进行多方案优化设计，利用 DEM 快速提供坝轴线处河谷断面图，可使设计人员及时了解该坝轴线处河谷断面图，而且可以在短时间内对多种坝型选择与枢纽布置方案进行分析比较，从而使设计达到既安全又经济的目标。

绘制坝线处河谷断面图是在库区 DEM 上实现的。首先由设计人员提供坝线两端点的坐标，然后建立坝线方程，进而计算该直线与格网的交点坐标，再内插这些点的高程，

最后根据交点坐标与相应的高程来绘制断面图。图 14.3 为三峡大坝设计效果图。

如图 14.4 所示,在大尺度的水利工程,如大型战略性水利工程南水北调项目中,由于施工区域跨越我国第一阶梯和第一阶梯向第二阶梯的过渡地带,地势由西北向东南倾斜,地形地势较为复杂。因此通过基于 DEM 数据和矢量数据将整个工程及周边地形地貌在计算机上进行了虚拟再现,创建具有可量测、可计算且逼真的 3D 模型仿真场景,能有效支撑工程中如最小生态径流量估算等实施方案评估和工程总体布局设计等。

此外,如图 14.5 所示,基于 DEM 数据,还能快速准确地进行各种水位的淹没分析与模拟评估(丁雨淋等,2013),准确提取洪水淹没范围、水深及历时等灾情信息,为防洪减灾科学决策提供支撑。

图 14.4　南水北调工程应用

(a) 复杂山区 t_1 时刻洪水演进过程可视化效果图

(b) 复杂山区 t_2 时刻洪水演进过程可视化效果图

图 14.5　淹没分析结果的动态模拟

14.1.4　在环境影响评估中的应用

　　由于地理数据特有的空间性质和人类对自身生存环境已有的认知，地理数据处理（如 GIS）是可视化技术应用的一个重要领域。三维地形的立体显示对于辅助空间决策有着十分重要的作用。当今许多国家都已颁布明确的法令要求必须对一切大型项目和许多敏感的小项目进行全面的环境影响评估（environmental impact assessment），包括对环境景观的视觉影响分析（visual impact analysis）。特别是那些对于环境有不良影响的工程项目如水坝的建设、发电站的建设、露天采矿等见图 14.6，必须使用多种手段、从不同的角度进行评估。很显然，三维地形显示是评价各种影响的基础。同样，地形的立体显示（如立体透视图、立体剖面图等）可以充分显示出概念上和客观实体间的关系，并可进行立体量测，这对于充分评价勘测成果质量、进行 CAD 优化决策等的影响也是越来越明显、越来越重要。

图 14.6　黄土高原的水土流失场景
http://image.haosou.com

14.2　在军事中的应用

14.2.1　虚拟战场

　　虚拟战场是在数字化基础上由计算机生成的一个另一类战场，是虚拟的，但人却可以"进入"。随着科技的发展，战争形态正由机械化战争向信息化战争演变，信息化战争的战场表现形式是数字化战场。战场环境仿真为作战模拟提供动态、立体的作战环境，重演战斗过程，评估作战成果，总结战斗经验。其中包括 DEM 在内的战场数据是建构战场环境模型的基础，也是战场环境仿真的基础。图 14.7 是虚拟战场环境的例子。

图 14.7　虚拟战场环境仿真

基于军事测绘成果实现战场环境仿真的研究始于 20 世纪 80 年代中期，在 90 年代中期已大量应用于作战指挥、训练模拟、武器实验，以及边界谈判之中等。发达国家起步较早，尤以美国军方为先。美国利用"奋进"号实施航天地图测绘，目的就是要获取最完整的地球高分辨率信息，以实现"单向透明"的有力保障。由工程兵测绘工程中心（TEC）开发的军事三维地形可视化软件（draw land）可以虚拟战场环境，辅助战术决策，在波黑维和行动中发挥了重要作用。

DEM 技术在军事测绘中扮演了重要角色，从作战指挥、战场规划、定位、导航、目标采集与瞄准，到搜寻、救援直至维和行动、指导外交谈判等，都发挥了重要的作用。今天，DEM 已成为军事测绘的有机构成，是军事测绘诸要素中不可或缺的基本要素；DEM 将在未来"数字化战场"的建立中发挥更加重要的作用（高俊等，1999）。

（1）展现战场景观，替代现地勘察。传统的测绘技术为指挥人员提供了解战场环境的方法无非是地图和资料，为了能够更加真实地了解战场还需要进行现地勘察。但是现地勘察受视野及自然条件的限制，而阅读地图和资料又缺乏真实感，而用虚拟现实技术展现战场或一个地区的面貌，给人的感觉是非常兴奋的，因为这种似实而虚的环境与根据自身的经验所建立的"心象"是不同的，犹如一种幻觉，但生理器官的感受却又十分真实，引人入胜。特别是当用户采用自主视点交互时，其真实感更强。利用虚拟现实技术能够逼真地模拟战场环境，而战场环境的范围和大小，以及详细程度均可以根据受训者的要求发生变化。指挥员可以通过调整视点的位置，从不同的角度、不同的高度对整个战场或局部重点地区进行"现场勘察"。既可以达到以往身临战区进行现地观察所得到的效果，又可以实现多种不可能通过实践来完成的勘察。虚拟场景的制作，不受区域大小的限制，取决于使用场合和用途的要求，并考虑保障的条件。

（2）为战场模拟提供地形环境。利用虚拟现实技术，可以轻松自如地了解作战区域的地形状况，包括地貌的特点、水系道路的分布等，了解区域中敌我兵力部署，以及各种兵力及战车武器在区域中的行动轨迹和趋势等，并可以在三维的环境中对兵力或任务进行重新部署；完成各种战役战术任务规划，或者构造一个假想的战场，使训练中红蓝双方的每个兵力可以在这种战场中进行各种战术作战对抗，而导演人员可以灵活地为双方设定各种军事设想。

（3）作战模拟中地形参数的获取。在现代作战模拟领域，地图有两个主要的用途：一是用于显示战场环境；二是为作战模拟提供地形数据。

在显示战场环境的应用中，地图所起的作用是，反映作战地区的地形特征、在地图背景上进行标图作业、在地图背景上显示战斗过程。在目前的模拟系统中，显示用的地形底图以扫描地图图像为主。由于图像的局限性，无法对显示区域做进一步的缩放。随着矢量地图数据库的建立，由矢量地图数据直接或间接生成的图形或图像已成为主要的显示用图。所谓的直接生成，是指直接将原始的地图数据与要素符号对应，其间不对地图数据做任何加工处理。由于显示速度及分辨率的局限，这种方法并未受到普遍认可。有效的方法是对地图数据进行一定的处理，处理的原则是使显示的结果能够符合人们对地图图形、图像的认知规律，处理的方法有对地形要素的分层管理和显示、对三维要素的三维建模和显示等。

构成现代作战模拟的战场要素有：对抗双方的数量、使用的武器装备、占据的地理环境、所处的天候条件，以及一定的交战样式。其中地理环境是非常重要的一个因素，所有陆上作战部队在战场上的活动严格受地形因素的制约。现代条件的地面战斗行动，交战双方都会投入大量的装甲机械化部队，地形因素的影响表现地更为突出，这些影响主要反映在部队的动机、各种武器系统对敌方目标的搜索、射击，以及射击的效果上。对这些影响的量化，建立在地形信息的量化上，即需要详细表述地形的通视情况、遮蔽情况、运动单位的暴露距离、目标的最近遮蔽距离和作战地域的通行性等主要参数。因此，确定地形处理方法是作战模型得以实现的关键环节。同时，提供恰当的量化地形参数，又是进行地形分析的基本依据。

14.2.2 其他军事工程

DEM 应用于军事工程方面，如对飞行器飞行的各种模拟，这种模拟能让飞行员对飞行计划进行预先的演习。如图 14.8 所示，有些模拟可以非常复杂，其中地形场景是真

图 14.8　逼真地形景观在飞行导航中的应用

实世界的再现——山地、起伏的树林、灌木、沼泽，以及城市和乡村在这种再现中能以逼真的面目出现，并还能在此基础上加载威胁气象和电磁场等时变空变信息，从而得到一个时空一致、语义统一的多分辨率动态三维信息场模型，大大提高飞行员的情境意识和对复杂空地环境威胁态势的快速感知能力（朱庆等，2015）。

DEM 在军事中还可用于对使用地形匹配导引技术的导弹的飞行模拟、陆基雷达的选址、特定区域对车辆的可达性分析，以及炮兵的互视性规划等方面。

14.3　在遥感与制图中的应用

在摄影测量中，DEM 可用于正射影像的制作（图 14.9）、单片修测，以及航测飞行路线的规划等方面。

图 14.9　正摄影像的制作
来源于百度图片

对任何航测项目来说，首先需要做的事情就是获取符合特定重叠度要求的航空影像。航空影像的重叠度受很多因素的影响，地形的起伏是其中一个因素。为了确定在任意位置地形对重叠度的影响，可以使用数字高程模型对飞行路线进行优化设计。

正射影像图是通过微分纠正技术从透视影像上获取的。微分纠正可消除由于地形起伏造成的影像位移。通过使用 DEM，影像上任意一点由地形起伏造成的位移都可被纠正过来。在正射影像图的制作中，使用 DEM 被证明是一种十分重要的方法。

另外可将 DEM 与航空相机的外方位元素结合起来，使用单张影像进行地面地物的绘制。这种技术称作单片制图，已被用于地图的修测。

DEM 在遥感中主要用于卫星影像的处理与分析。卫星影像处理的一个方面是卫星影像的排列。这是一种在两个或多个影像的元素中确定对应值，同时变换其中一幅影像以使其与另一幅影像对应排列的技术。影像排列过程可通过自动选择地面控制点而自动完成。在这种情况下，数字地面模型可用于产生对应影像获取时光照环境的地形表面的合成影像，此后使用边界提取技术检测线性地物，用于合成影像与卫星影像之间的变换。

从 DEM 能够派生的主要制图产品有平面等高线图、立体等高线图、坡度坡向图、晕渲图、通视图、纵横断面图、三维立体透视图、三维立体彩色图、景观图等。

14.3.1 单片修测用于正射影像制作

由于航天遥感探测器自身结构性能未能达到理想水平或偏离设计指标，卫星运行时姿态的随机变化，以及地球环境的影响，使遥感图像发生几何畸变。影响图像几何畸变的主要环境因素是地表曲率、地球旋转、大气折光和地面起伏等。消除这些影响的过程叫几何纠正，消除这些影响后的影像叫纠正影像。消除地面起伏影响后的几何纠正也叫微分纠正，产生的影像叫正射影像。

遥感图像几何纠正所采用的数学模型可分为参数法和非参数法两大类。参数法的数学模型通常采用多项式或共线方程。两种方法都需要量取足够数量的控制点，建立用于几何纠正的散点数字高程模型。目前较好的专题制图航天遥感数据源是 SPOT 高分辨率可见光图像。SPOT 图像因地面起伏引起的畸变按下式计算：

$$\Delta Y_h = h \cdot \tan \theta \tag{14.7}$$

式中，ΔY_h 为地面起伏引起的像点位移；h 为相对于基准面的高差；θ 为扫描倾角。

由于扫描倾角范围为±27°，当地面高差显著时，误差最大可达数十个像元，因此应该考虑地面起伏对图像畸变的影响。为此采用如下共线方程：

$$\begin{cases} x = -f \dfrac{a_1(X-X_s)+b_1(Y-Y_s)+c_1(Z-Z_s)}{a_3(X-X_s)+b_3(Y-Y_s)+c_3(Z-Z_s)} \\ y = -f \dfrac{a_2(X-X_s)+b_2(Y-Y_s)+c_2(Z-Z_s)}{a_3(X-X_s)+b_3(Y-Y_s)+c_3(Z-Z_s)} \end{cases} \tag{14.8}$$

式（14.8）与航空摄影测量的共线方程有相同的形式，但字母含义不同。其中，x，y 为图像上某像点的像平面直角坐标；X_s, Y_s, Z_s 为 SPOT 卫星瞬时位置的大地坐标；a_i, b_i, c_i（i=1，2，3）为坐标变换的旋转矩阵元素，它们是卫星姿态角的函数；f 为探测器的等价主距；X, Y, Z 为与像点对应的地面点大地三维直角坐标。为取得高程 Z，必须在图像覆盖地区建立数字高程模型。

单片修测的原理是先测地物，然后将测得的地物进行几何纠正或微分纠正，使测得的地物数据变成正射投影的结果。其步骤为：

（1）进行单张像片空间后方交会，确定像片的方位元素；

（2）量测像点坐标（x,y）；

（3）取一高程近似值 Z_0；

（4）将（x,y）与 Z_0 代入共线方程计算出地面平面坐标近似值（X_1, Y_1）；

（5）由（X_1, Y_1）及 DEM 内插出高程 Z_1；

（6）重复（4）、（5）两步骤，直至（$X_{i+1}, Y_{i+1}, Z_{i+1}$）与（$X_i, Y_i, Z_i$）之差小于给定的限差。

用单张像片与 DEM 进行修测是一个迭代求解过程。当地面坡度与物点的投影方向与竖直方向夹角之和大于等于 90°时，迭代将不会收敛。此时可在每两次迭代后，求出其高程平均值作为新的 Z_0，或在三次迭代后由下式计算近似正确高程：

$$Z = \frac{Z_1 Z_3 - Z_2^2}{Z_1 + Z_3 - 2Z_2} \qquad (14.9)$$

式中，Z_1、Z_2、Z_3 为三次迭代的高程值。此公式是在假定地面为斜平面的基础上推导出来的。

14.3.2 在航天遥感数字图像定量解译中的应用

航天遥感数字图像的定量解译，是指从航天遥感数字图像的灰度像元组合中，提取具有地理位置、长度、方向、面积和体积等准确量度的各种地面特性或地学信息。

数字高程模型在航天遥感数字图像定量解译中的应用，主要是借助数字高程模型提高遥感图像的解译和分类精度。早期的航天遥感图像解译，一般仅利用像元灰度数据。有按训练样本进行监督分类的，也有进行纯客观非监督分类的；有用统计模式识别的，也有用语法结构模式识别的；有结合纹理的，也有不结合纹理的。所有这些解译和分类方法都不容易获得与实际情况有较高符合率的结果。这是因为地物光谱响应深受环境条件干扰，往往会出现同物异谱和同谱异物等复杂现象，难以按地物光谱特性进行可靠的解译和分类。在经过几何纠正的遥感数字图像上，叠加描述地面起伏的数字高程模型，可提高图像解译和分类的准确度，起到相互校核和修正的作用。因为绝大部分有待解译和分类的地面特性，不论属于自然资源环境的，还是社会经济范围的，都与地面起伏形态有关，而且叠加数字高程模型，可减弱"本阴"和"遮荫"效应对图像解译的干扰。在一些发达国家，已经有全国范围或区域范围的不同点距的格网数字高程模型产品供用户使用（图 14.10）。

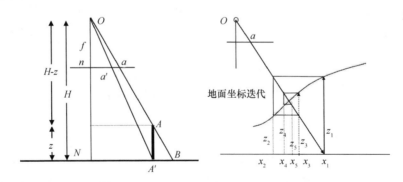

图 14.10　数字高程模型在图像解译中的应用

14.3.3 在数字制图中的应用

从高程矩阵中很容易得到等高线图，方法是把高程矩阵中各像元的高程分成适当的高程类别，然后用不同的颜色或灰度输出每一类别。这类等高线图与传统等高线图不同，它是高程区间或者可以看作某种精度的等高带，而不是单一的线。实际上两高程类别之间的分界线可视为等高线。这样的等高线图对简单环境制图来说已经满足要求，但从制图观点来看还过于粗糙，必须用特殊的算法将同高度的点连成线。连接等高线时如果原始等高程数据点不规则或间隔过大，必须同时使用内插技术内插到需要的密度。

从不规则三角网 DEM 数据中产生的等高线是用水平面与 TIN 相交的办法实现的。TIN 中的山脊、山谷线等数据主要用来引导等高线的起始点。形成等高线后还要进行第二次处理以便消除三角形边界上人为形成的线化。

坡度定义为水平面与局部地表面之间的正切值。坡度包含两个成分：倾斜度-高度变化的最大比值（常称为坡度）；坡向-变化比最大值的方向。坡度、坡向两个因素基本上能满足环境科学分析的要求（兰运超等，1991）。坡度的表示可以是数字，但人们还不太习惯于读这类数据，必须以图的方式显示出来。为此必须对坡度计算值进行分类并建立查找表使类别与显示该类别的颜色与灰度对应。输出时将各像元的坡度值与查找表对应，相应类别的颜色或灰度级被送到输出设备产生坡度分布图。坡向也用类别显示，因为任意斜坡的倾斜方向可取方位角 0°~360°中的任意方向。坡向一般分为 9 类，其中包括东、南、西、北、东北、西北、东南、西南 8 个罗盘方向共 8 类，另一类用于平地。虽然人们都想按照统一的分类定义，但坡度经常随地区的不同而变化，用统一的分类定义后不利于强调地区特征。于是最有价值的坡度和坡向图应按类别出现的频率分布的均值和方差加以调整。按均值、方差划分类别时，一般都这样定义类别：均值加或减 0.6 倍方差为另两类，均值加、减 1.2 倍方差再得到两类，其他为一类。这种分类法往往能够产生相当满意的效果。坡度、坡向还可以用箭头长度和方向表示，并能在矢量绘图仪上绘出精美的地图。

晕渲是地形表示的一种方法。传统的地貌晕渲图是凭借制图人员的美学修养由手工操作完成的。在数字制图环境下，可以方便地利用 DEM 数据实现地貌晕渲图的自动绘制。其基本原理是首先根据 DEM 数据矩阵计算研究区域各格网单元的坡度和坡向，然后将坡向数据与光源方向比较，面向光源的斜坡赋予浅色调灰度值，相反方向的斜坡则赋予深色调的灰度值，介于上述两者的斜坡则按坡度值大小赋予连续渐变的中间灰度值。

14.4   在地理分析中的应用

在气象学和环境研究以及其他一些应用科学和工程中，需要了解山地和破碎地貌地区有关风向模型的足够信息。例如，在研究森林防火和其他一些具有破坏性的自然现象时，就需要准确地预报风向分布。在这样一个复杂的领域，传统的建模方法在分析地表气流的变化及污染物的扩散模式时或者不太适用，或者不能完整地表达整个模型。而 DEM 可用于不同的模型研究，如风向模式的再现、污染物扩散、空气质量监测等等。

气候是一个时段的天气过程综合，山地气候深受山区地表起伏形态的影响。大山脉的走向和庞大的三维空间尺度，对大气产生动力学和热力学的作用，使山脉两侧区域形成截然不同的气候。海拔、坡面方位的不同组合，以及山脊的遮荫作用，能使山区各部分形成独特的局地气候。在分析山地气候时，不仅考虑地理纬度、地区平均海拔这些相对保持恒定的要素，而且特别重视局部高差、坡面方位和遮荫范围等微观地貌因素所起的作用。下面以日照和风场为例，介绍建立在数字高程模型基础上的山地气候分析模型。

14.4.1 山区日照分析模型

一般情况下，山区坡地日照都受到遮荫的明显影响，通常用解析法或图解法确定受遮荫坡地在一天中的日照时段。不同起伏形态的地表有不同的解析算法，非常复杂；图解法比较简易，但须以待测坡地的适当点位为中心，按方位角5°或10°间隔实地量取各个方位的可蔽视角，并画出可蔽视角图。从该图量算出坡地中心点位当天总的日照时间，然后按微小时间增量累加计算坡地的昼夜太阳辐射。可见图解法的内、外业工作也是相当繁重的，而且比较粗糙。采用数字高程模型，可提高作业效率和成果精度。格网数字高程模型的每个网格都有海拔、坡度和坡向的取值，也能方便地把格点坐标转换成经纬度。阳光入射方向是日期、时刻和格点面元所处经纬度的确定函数。使用计算机能迅速地算出阳光入射方向和格点面元外法线的夹角，并可按三维透视图的隐藏面算法，判定该格网点面元当时是否受到遮荫，从而能准确求得它的瞬时太阳辐射。格点面元日太阳辐射可由积分求得。或取较小的时间增量，将当天日照时段离散化，再用级数求和法累加。采用类似算法，可计算一个格点面元的月、季、年的太阳辐射。一个坡面在某时段的太阳辐射由该坡面内所有格点面元同时段的太阳辐射累加求得。

14.4.2 起伏地区的风场模型

建立起伏地区的风场模型，不仅具有自然地理学理论研究意义，对工程建设、环境保护、灾情监控等方面也有实用价值。

地表起伏形态对气流产生动力学和热力学效应。动力学效应是指庞大山脉在地球自转和重力作用下，迫使气流作各种尺度的波状运动，并引发锋面变化。热力学效应是指山地不同部位的昼夜温差，导致出现山风和谷风等局地环流。风向和风速也随海拔、坡度、坡向和地面粗糙度而明显变化，形成山区复杂多变的风场。所有这些与山区风场密切相关的地貌因子，都可以从数字高程模型中提取。

利用格网数字地貌模型建立山区风场模型，一般有以下数据类型：

（1）每个格点面元的最低高程、最高高程和平均高程；

（2）根据具体情况划定的方形地块中的最低高程、最高高程和平均高程；

（3）每个方形网格的平均坡度；

（4）每个方形网格中所含脊、谷、平地等地貌因素的百分比；

（5）高程和坡度的标准差；

（6）上述第（5）项数据是衡量地貌复杂程度的指标，其余用于描述山区各部位的起伏形态和粗糙度。

14.4.3 洪水灾害分析

我国是一个灾害频繁发生的国家，洪水的危害尤其巨大。在防洪减灾方面，数字高程模型是进行水文分析，如汇水区分析、水系网络分析、降水分析、淹没分析等在内的不可或缺的基础。长期以来，由于缺乏高精度精细化的 DEM 数据，大多数分析和应用受到很大局限。例如，根据粗略 DEM 进行城市洪涝模拟评估的结果与实际情况相差甚远。因此城市地区精细化的地表模型是防洪减灾关键的基础信息资源（李志锋等，2014）。

全国七大江河流域重点防范区数字高程模型数据库，为防洪减灾提供数字形式的测绘信息产品。其中包含有各地区的区域环境信息，描述了人口密度、土地利用现状、降水、土壤、气温、日照等相关的特性。各类地面特性从地形图、正射影像图和陆地卫星影像中提取。根据上述大量数据，利用计算机，可以在淹没损失、选择淹没区移民新址等应用中提供高效和高精度的辅助决策建议，从而在备选方案中做出最佳选择（图 14.11）。

图 14.11　叠加卫星影像的洪水灾害模拟

14.4.4 农业耕地分析

近年来，精细农业的概念受到越来越高的重视，这意味着农民可以根据农场土地的属性，如土壤类型和条件、边坡条件的作物等特定条件控制水量，肥料和杀虫剂的使用。此外，我国实施西部开发战略的重要政策之一——退耕还林工程，也要求本着宜乔则乔、宜灌则灌、宜草则草，乔灌草结合的原则，将易造成水土流失的坡耕地和易造成土地沙化的耕地，有计划、分步骤地停止耕种，实现因地制宜地造林种草，恢复林草植被。上述农耕应用中都涉及共同的重要地表条件——土地坡度信息。

坡度是土壤侵蚀中的一类重要空间信息，被定义为水平面与局部地表面之间的正切值。坡度包含两个成分：①倾斜度-高度变化的最大比值（常称为坡度）；②坡向-变化比最大值的方向。坡度、坡向两个因素基本上能满足环境科学分析的要求（兰运超等，1991）。在如中国的一些发展中国家，陡坡地区仍然耕种，导致严重的水土流失。然而，在 20 世纪 90 年代末，中国政府规定了可耕种土地的坡度限制。通过对土地坡度信息的评估，极大地改进了土壤侵蚀状况。而通过数字高程模式获取，就能有效提取坡度，为精细化农业耕作和因地制宜地退耕还林种植（图 14.12）提供定量化的适应性评估，支撑优化设计方案的实施。

图 14.12　退耕还林工程建设场景图

http://baike.haosou.com/doc/709009-750559.html

14.5　与 GIS 集成应用

作为地形表面的主要数字描述，数字高程模型已经成为空间数据基础设施（SDI）重要的框架数据内容。尽管 DEM 有许多直接的用途，如内插等高线、计算坡度等，但更广泛的应用还是与其他专题数据联合使用。特别是随着 GIS 技术的发展，将 DEM 紧密集成到现有的二维 GIS 中，不仅大大扩展了 DEM 的应用潜力，还极大地提高了 GIS 对空间数据的表现能力和分析水平，二三维一体化的深度应用已经成为当代 GIS 的基本特征（http://www.supermap.com/cn/xhtml/SuperMap-GIS.html）。由于 DEM 的引入，传统 GIS 也扩展了对 DEM 数据的处理功能，如数据输入、数据转换、数据内插和表面可视化等；同时，由于 DEM 不同于一般矢量数据，也对 GIS 的空间数据模型、数据结构和数据库管理等提出了挑战。

14.5.1　数字高程模型库与影像库和矢量库的集成

DEM 数据可以以单幅图为文件单位，与 GIS 软件主系统进行集成。影像和 DEM 可以作为一个背景层，用户可以对它进行查询、分析与制图。但这样显然割裂了各类数据间的有机联系，影响了工作效率。将影像和 DEM 建成逻辑上无缝的数据库联合使用，虽然它也是以一个工作区为一个文件单位，但是在此基础上建立了库连接机制，它们通过内部联接，可以相互调用与集成。用户可以在全库里面进行放大、缩小、漫游，复合显示各种专幅范围的数据。特别的，采用金字塔数据结构，根据显示范围的大小可以灵活方便地自动调入不同层次的数据，如既可以一览全貌，也可以看到局部地方的微小细节。现在，DEM、矢量与影像三库集成已经成为 Google Earth 和天地图等数字地球公共服务的基本模式。

DEM 和以影像为基础的系统之间的结合将产生更逼真的环境表示。例如，在山区，地形起伏因素（通过数字高程模型 DEM 表达）对景观的影响处于主导地位，而影像纹理则可以直观表示不同植被覆盖的分布情况。所以，可以创建一般虚拟陆地景观模型直接将实地的影像数据如航空影像或卫星图像等映射到 DEM 透视表面。当然，在景观模型表面还可以叠加各种人文的、自然的特征信息如植被覆盖和行政区划边界等空间数据。这类可视化的难点在于解决大范围多尺度 DEM 数据库和影像数据库的管理与无缝漫游问题。图 14.13 为 DEM 库、矢量库、影像库叠加的示意图。而关于纹理映射和一般图形显示与交互技术可以借助于诸如 OpenGL 之类的三维图形软件接口实现。

对于建筑物等如果具有高度信息，系统还可以重建逼真的三维模型并关联相应的表面纹理影像或材质属性，从而基于 3D GIS 数据就可以创建一个逼真的城市景观。图 14.14 显示了基于这种数据的三维城市模型。如果做进一步的工作，则可得到各种动画效果如沿任意路径（可以选择地面上的任意路线作为路径）的地面穿行和空中飞行，在行进过程中，人们可得到"身临其境"的感觉。

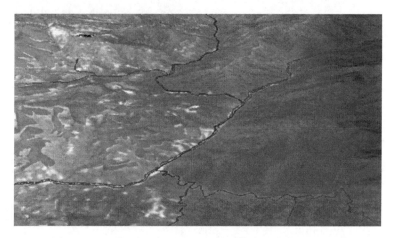

图 14.13　DEM 库、矢量库和正射影像库三库集成的示例

图 14.14　逼真的三维城市模型

美国从 1994 年起推行"地球空间数据框架"（digital geospatial data framework）的建库方案。该框架以数字正射影像为主，在生产数字正射影像的同时，生产数字高程模型，另外再叠加大地控制点、交通、水系、行政边界和公用地籍等矢量数据。这种框架使地理空间数据更新迅速，现势性强，内容直观，可加工性好。从我们的观点看，空间数据框架以影像为基础，将航空相片或卫星图像作为地理参考基础信息，地图仅作为次级的表现内容。DEM、数字正射影像和 GIS 的集成实际上是空间数据框架的核心。通过这种集成，DEM 不仅可以从正射影像或 GIS 中获取数据，而且可以用来辅助影像理

解及增强 GIS 的空间分析和可视化。

14.5.2　基于数字高程模型的三维 GIS 可视化

随着计算机、图形图像技术的发展，人们现在已经可以用丰富的色彩、动画技术、三维立体显示等手段，形象地显示各种地形特征和植被特征模型。而早期由于计算机处理能力的限制，人们只能用平面上的"等值线图"、"剖面图"、"直方图"及各种图表来综合这些特征数据。在 GIS 领域虽然所用的可视化技术看起来可能与通用的科学可视化技术相同，但实际上其"地理"（Geo）部分有其特别之处，这与现实世界中无处不在的所谓"背景"信息密切相关，或者说有用的可视化信息与特定的地理空间位置有关。

在机助地图制图和机助设计等领域，数字地形建模技术已被广泛用来代替传统的等高线图形实现对地形表面的数字描述，以便计算机自动处理。对于当前的二维 GIS 来说，主要基于数字高程模型（DEM）来实现各种表面分析，甚至三维表示。换句话说，数字高程建模是后续各项三维数字分析与表示的基础。

可视性分析最基本的用途可以分为三种。

（1）可视查询。可视查询主要是指对于给定的地形环境中的目标对象（或区域），确定从某个观察点观察，该目标对象是可视还是某一部分是可视。可视查询中，与某个目标点相关的可视只需要确定该点是否可视即可。对于非点的目标对象，如线状、面状对象，则需要确定某一部分可视或不可视。由此，也可以将可视查询分为点状目标可视查询、线状目标可视查询和面状目标可视查询等。

（2）地形可视结构计算（即可视域的计算）。地形可视结构计算主要是针对环境自身而言，计算对于给定的观察点，地形环境中通视的区域及不通视的区域。地形环境中基本的可视结构就是可视域，它是构成地形模型的点中相对于某个观察点所有通视的点的集合。利用这些可视点，可以将地形表面可视的区域表示出来，从而为可视查询提供丰富的信息。

（3）水平可视计算。水平可视计算是指对于地形环境给定的边界范围，确定围绕观察点所有射线方向上距离观察点最远的可视点。水平可视计算是地形可视结构计算的一种特殊形式，但它在一些特殊领域中有着广泛的应用，而且需要的存储空间很小。

可以将与数字高程模型问题有关的可视性应用，分为三个方面。

（1）观察点问题。比较典型的设置观察点问题是在地形环境中选择数量最少的观察点，使得地形环境中的每一个点，至少有一个观察点与之可视，如配置哨位问题、设置炮兵观察哨、配置雷达站等问题。作为这类问题延伸的一种常见问题，就是对于给定的观察点数目（甚至给定观察点高程），确定地形环境中可视的最大范围。另一类问题就是与单个观察点相关的问题，如确定能够通视整个地形环境的高程值最小的观察点问题，或者给定高程，查找能够通视整个地形环境的观察点。这方面的例子如森林烽火塔的定位、电视塔的定位、旅游塔的定位等。

（2）视线通视问题。视线通视问题就是对于给定的两个或多个点，找到一个可视网络（visibility network），使得可视网络中任意两个相邻的点之间可视。这类问题一般应用在如微波站、广播电台、数字数据传输站点等网络的设计方面。另一种形式是对于给定的两个点，确定能够使得两个点之间任意相邻点可视的最小数目如通信线路的铺设问题等，这种形式一般称之为"通视图"问题。

（3）表面路径问题。路径问题是指地形环境中与通视相关的路径设置问题，如对于给定两点和预设的观察点，求出给定两点之间的路径中，从预设观察点观察，没有一个点可通视的最短路径。相反的一种情况，即为找到每一个点都通视的最短路径。前者的应用例子如走私者设计的走私路线；后者的应用例子，如旅游风景点中旅游路线的设置。

基于 DEM 的三维可视化有助于用户对空间数据相互关系的直观理解，但只把三维可视化模型作为信息表示的一种输出媒体是远远不够的。对于各种各样的 GIS 用户来说，往往需要直接将其作为可交互查询的媒体，也就是说 GIS 中的三维模型不仅能可视化，还能交互查询分析。基于这样的三维模型，便能提供一个动态的环境，用以在相应空间氛围里逼真创建和显示复杂物体，并为进一步的空间查询与分析服务。特别是诸如环境仿真、设施管理、洪水淹没与火灾蔓延等复杂的模型分析和辅助决策需要三维可交互动态模型的支持。图 14.15 是三维动态交互式可视化模型的框架。

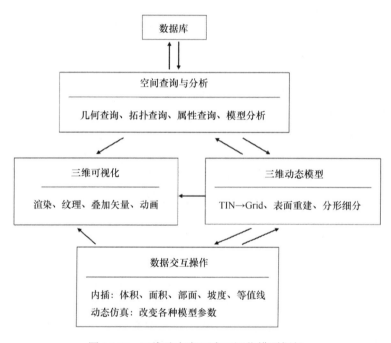

图 14.15　三维动态交互式可视化模型框架

图 14.16 为地形景观三维可视化的一个典型应用界面。这里的三维可视化模型的显著特点是它的可操作性和动态性。GIS 常规的所有任务其实都可以在这样一个动态的真实感环境里完成。二维平面显示与三维透视显示之间可以自由切换，能满足不同的应用需求。图 14.17 为三维缓冲区分析的结果。可见，我们不仅能得到三维空间静态的逼真表现，而且由于采用动态建模方法还可以反映模型的动态变化。随着信息技术的发展，大量的信息来源提供了海量的多维信息，包括许多实时和准实时的信息。这些时空信息加上属性信息对现实仿真，使得人们能准确地描述空间关系。

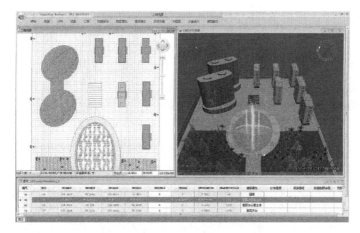

图 14.16　典型的二三维一体化可视化交互界面

图 14.17　缓冲区分析的二三维一体化表示

随着台式计算机价格越来越便宜且计算机图形功能日益强大，以及不断增长的移动设备，DEM 三维可视化已经成为 GIS 中信息导航的基本方式，场景中的位置和要素甚至还被热链接至图片、文字和声音等多媒体信息，从而创造地理交互的全新模式，使得更加具有表现力和交互性的 GIS 三维可视化被越来越多的人使用。从 GIS 到多媒体地图和虚拟地球，DEM 及其可视化已经成为重要且必要的组成部分，并在当今的网络社会，被视为普通大众可以使用的多种"按需"网站或门户服务中的一种，并且可以集成或"混搭"（mashed-up）到众多其他应用当中。

14.5.3　与 GIS 集成的水文分析应用

在水文分析的实际应用中，流域尺度水质时空分布规律，以及洪水演进规律等更准确可靠的模拟评估总是需要建立自适应的产汇流模型，充分考虑降水、排水和积水等影响，很多时候需要考虑水流网络中的水流运动，以及这种运动对整个地区的影响，如在分析集水流域内降水的流动情况，或者某污染源通过水流对这个地区的影响时，都必须对网络中的水流特性进行分析（程军蕊等，2014）。这里的"网络"可以是有地表形状所决定的自然流水网络，也可以是人工开凿的沟渠和埋设的水管，或者是二者的结合。但是网络分析有时并不是很容易的事情。考虑到 GIS 的强大网络分析功能，如果将水文分析与 GIS 的网络分析结合起来的话，应该可以得到所需的结果。而水文分析，正如第 12 章所叙述的，当然是以 DEM 为基础进行的各种处理。下面的实例给出了水文分析 GIS 在农业水资源管理和污染物中的应用管线及水渠缺乏的位置分布图（Zhou et al.，1997）。

此实验区域为一平坦地区，分布在这个地区的自然和人工水流网络已通过精密地面测量获取。实验的目的在于排水网络的分析和管理，因而其具体的设计任务是：

（1）评估本地区现有的网络系统；

（2）确定集水流域出口的等时流量图，以及每一条等时流量线所对应的集水流域；

（3）计算给定集水流域出口的污染物累积量。

在实验中，设计了专门的水文分析的系统。该系统从 GIS 数据库中获取各种数据如集水流域参数、网络拓扑结构、地形数据、水渠几何数据、土壤数据、土地利用数据及水质数据等。而 GIS 则从此系统的计算结果中得到有关排水量、水流流动时间，以及水流中污染物数量等不同数据。运用网络分析功能进行分析并将其以图表形式进行显示和绘图。对应上述三个主要任务，此次实验得出了下面三种结果数据。

（1）管线及水渠缺乏的位置分布图，如图 14.18 所示。

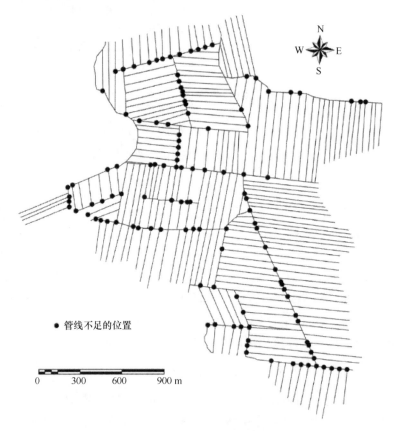

图 14.18　管线及水渠缺乏的位置分布图

引自 Zhou et al.，1997

（2）水流流向集水流域出口的等值时间图，如图 14.19 所示。

（3）污染物累积示意图，如图 14.20 所示。

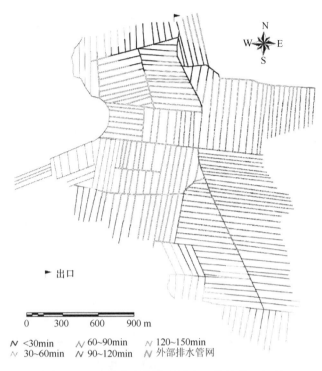

►出口

```
0      300     600     900 m
```

N <30min   N 60~90min   N 120~150min
N 30~60min   N 90~120min   外部排水管网

图 14.19 水流流向集水流域出口的等值时间图

引自 Zhou et al.，1997

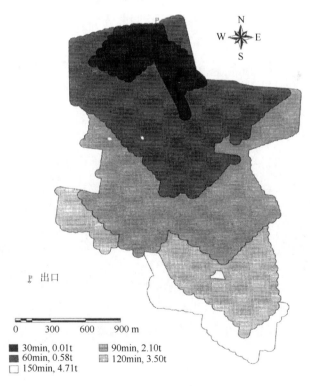

₣ 出口

```
0      300     600     900 m
```

■ 30min, 0.01t   ▨ 90min, 2.10t
■ 60min, 0.58t   ▨ 120min, 3.50t
□ 150min, 4.71t

图 14.20 污染物累积示意图

引自 Zhou et al.，1997

从这个实例可以看出，将水文分析和 GIS 网络分析结合起来，可以进行农业水资源管理和污染物的动态实时模拟。特别是在那些水流主要由自然或人工排水网络决定的平坦地区，这种结合能得到比较理想的结果，因而也显示了以这种方式进行水文分析的潜力和方向。

14.6 航海及其他应用

14.6.1 航海应用

DEM 在海洋领域最重要的应用之一无疑是舰船的导航，过去主要依据纸质的或电子的海图，但现在多采用三维的形式（Condal and Gold，1995；Gold et al.，2004），如图 14.21 所示，领航员视图中叠加了海图符号的香港东博寮海峡。图 14.22 则是使用动态三维的安全边缘，突出特定船舶吃水的安全通道。图 14.23 为用于主动避撞系统的潮汐海面与地面的动态相交，从 TIN 模型自动派生出动态的 Voronoi 图。

图 14.21 领航员视图中的香港东博寮海峡

图 14.22 基于水下地形图的航道安全边缘

14.6.2 其他应用

1）在地质和采矿工程中的应用

DEM 可应用到地质当中，绘制二维或三维的透视图，以显示各种地质信息，从而使得复杂的地质结构变得十分容易理解。在制作某一地区的地质示意图时，可以将从DEM生成的三维等高线透视图与地质图结合起来，这样便可以提供一幅倾斜的精确"鸟眼"视野图，同时提供丰富的地质与地理方面的信息。

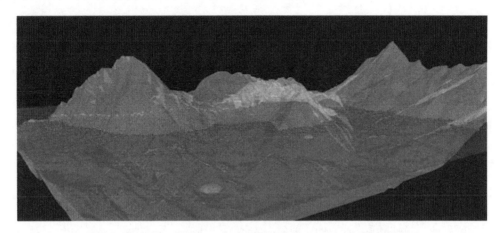

图14.23 地面与海平面的交线：使用动态Voronoi图的碰撞检测

2）在林业方面的应用

在林业制图中，尽管林业地图的精度要求远低于普通地图的精度要求，但由于这些地区难以到达，因此很难获得航空像片足够的几何控制，这时DEM便可应用于此。另外为减少木材管理与自然景观观赏之间的冲突，DEM也用来制作植被覆盖的透视图。

3）地形学方面的应用

地形学是地球科学的一个特殊分支，涉及地球表面的形态和演变。DEM在这方面可用于坡度图绘制、地形表面（如粗糙度等）分析、排水系统和集水流域的自动绘制、地形的分类，以及地表景观的变化监测等。

4）在通信中的应用

在通信系统中，隐蔽地段或"死角"对通信设备如电台和电视台发射机，以及通信网络等的选址具有非常关键的作用，利用DEM设计一些算法，可很方便地解决这些问题。

此外，非测绘应用的课题，通常都根据各自的具体需要，将某些专题信息如该专题的专业数据或地形信息结合在一起，叠加在数字高程模型上，构成综合的数字地面模型，直接提供辅助决策，以使设计结果从生态环境和社会经济收益角度达到最优。

在前文所讨论的线路工程机助设计中，大多局限于应用格网数字高程模型来估算土方。数字高程模型样点通常从航摄立体像对量取，或从大比例尺地形图采集。从20世纪60年代后期起，已逐步应用各种自然和社会环境地面特性的单项或综合数字地面模型。实际上线路条带下垫面的岩性和地下水位对挖填方的费用和进度有很大影响。因为$1m^3$岩石要比$1m^3$泥土的价格高得多；另外地下水位高，会使工程进展缓慢。此外线路通过地区的人口分布、土地利用、现有线路网络、工农业生产布局、生态环境条件等，对线路的选择和确定都有不同程度的影响。所有这些呈空间分布的地面特性（如人口分布、现有线路网络、工农业生产布局、生态环境等）都可以数字化为能与格网数字高程模型配准的综合性数字地面模型，从而使每一个网格都可由一个多维向量来描述。通过综合分析，使线路机助设计接近从生态环境和最高社会经济效益收益角度进行优化的水平。

参 考 文 献

程军蕊, 王侃, 冯秀丽, 王益澄. 2014. 基于 GIS 的流域水质模拟及可视化应用研究. 水利学报, 45(11): 1352~1360.

丁雨淋, 杜志强, 朱庆, 张叶廷. 2013. 洪水淹没分析中的自适应逐点水位修正算法. 测绘学报, 42(4): 546~553.

高俊, 夏运钧, 游雄, 舒广. 1999. 虚拟现实在地形环境仿真中的应用. 北京: 解放军出版社.

柯正谊, 何建邦, 池天河. 1993. 数字地面模型. 北京: 中国科学技术出版社.

兰运超, 利光秘, 袁征. 1991. 地理信息系统原理. 广州: 广东省地图出版社.

李德仁, 关泽群. 2000. 空间信息系统的集成与实现. 武汉: 武汉测绘科技大学出版社.

李德仁, 龚健雅, 朱欣焰, 梁宜希. 1998. 我国地球空间数据框架的设计思想与技术路线. 武汉测绘科技大学学报, 23(4): 297~303.

李朋德. 1999. 省级国土资源基础信息系统的设计与实施. 武汉: 武汉测绘科技大学博士学位论文.

李志锋, 吴立新, 张振鑫, 杨宜舟. 2014. 利用 CD-TIN 的城区暴雨内涝淹没模拟方法及其实验. 武汉大学学报(信息科学版), 39(9): 1080~1085.

刘友光. 1997. 工程中数字地面模型的建立与应用及大比例尺数字测图. 武汉: 武汉测绘科技大学出版社.

王来生, 鞠时光, 郭铁雄. 1993. 大比例尺地形图机助绘图算法及程序. 北京: 测绘出版社.

朱庆, 陈楚江. 1998. 不规则三角网的快速建立及其动态更新. 武汉测绘科技大学学报, 23(3): 204~207.

朱庆, 谭笑, 谢林甫, 张叶廷, 曹振宇. 2015. 机场环境威胁态势信息在语义空间的统一建模及其导航应用. 武汉大学学报(信息科学版), 40(3): 341~346.

祝国瑞, 王建华, 江文萍. 1999. 数字地图分析. 武汉: 武汉测绘科技大学出版社.

Catlow D R. 1986. The multi-disciplinary applications of DEMs. Auto-Carto London, 1: 447~454.

Chau M, Dzieszko M, Goralski R, Gold C M. 2004. A Window into the Real World. UK.

Condal A R, Gold C M. 1995. A spatial data structure integrating GIS and simulation in a marine environment. Marine Geodesy, 18: 213~228.

Gold C M, Chau M, Dzieszko M, Goralski R. 2004. A Window into the Real World. Proceeding Conference on Spatial Data Handling, Leicester, UK.

Gore A. 1998. The Digital Earth: Understanding our planet in the 21st Century. http: //www.regis.berkeley. edu/roome/whatsnew/gore_digearth.html. 1998-01-31.

Kennie T, Petrie G. 1990. Terrain Modelling in Surveying and Civil Engineering. Caitness. England: Whittles Publishing.

Laflamme R, Miller C. 1958. The digital terrain model–theory and applications. Photogrammetric Engineering, 24: 433~442.

Miller C L, Laflamme R A. 1958. The digtial terrain model-theory & application. MIT Photogrammetry Laboratory.

Roberts R. 1957. Using new methods in highway location. Photogrammetric Engineering, 23: 563~569.

Zhou Q M, Yang X H, Melville M D. 1997. GIS network model for floodplain water resource management. Taipei, Taiwan: Proceedings of GIS AM/FM ASIA'97 & GeoInformatics'97 (Mapping the future of Asia Pacific).

作 者 简 介

李志林，1960 年生于浙江，西南交通大学地球科学与环境工程学院教授，香港理工大学土地测量及地理资讯学系首席教授。于 1982 年获西南交通大学摄影测量与遥感专业学士学位，1990 年获英国格拉斯哥 (Glasgow) 大学博士学位。先后在英国新堡大学、南安普顿大学及德国柏林工大从事科研，在澳大利亚柯廷大学和香港理工大学任教。长期从事摄影测量、制图学、遥感及地理信息科学领域的研究，发表学术论文 200 多篇，其中杂志文章 120 多篇、SCI (或 SSCI) 论文 80 多篇，出版专著 3 部（两部英文、一部中文）。E-mail:dean.ge@swjtu.edu.cn。

朱庆，1966 年生于四川，西南交通大学地球科学与环境工程学院教授，测绘遥感信息工程国家重点实验室教授。1986 年于西南交通大学获摄影测量与遥感专业学士学位，1995 年于北方交通大学获得铁道工程专业博士学位。长期从事数字摄影测量、地理信息系统与虚拟地理环境领域的研究，发表学术论文 200 多篇，其中 SCI/EI 收录 100 多篇，出版专著 6 部。E-mail:zhuq66@263.net。

谢潇，1986 年生于湖北，中国科学院助理研究员，辽宁省环境计算与可持续发展重点实验室副主任；2009 年获武汉大学地理信息系统与管理学双学士学位；自 2014 年受德国慕尼黑工业大学和武汉大学联合培养，于 2016 年获武汉大学摄影测量与遥感专业博士学位，长期从事虚拟地理环境（VGE）与多维动态 GIS 研究，已发表论文 16 篇，提交发明专利申请 4 项，软件著作权 2 项。E-mail: xiexiao@iae.ac.cn。